Literatur und Film im Spiegel des Digitalen

Gegenwartsliteratur –
Autoren und Debatten

Literatur und Film im Spiegel des Digitalen

Intermediale Reflexivität in der Gegenwart

Herausgegeben von
Isabelle Stauffer

DE GRUYTER

Die freie Verfügbarkeit der E-Book-Ausgabe dieser Publikation wurde durch 37 wissenschaftliche Bibliotheken und Initiativen ermöglicht, die die Open-Access-Transformation in der Deutschen Literaturwissenschaft fördern.

ISBN 978-3-11-077426-9
e-ISBN (PDF) 978-3-11-077433-7
e-ISBN (EPUB) 978-3-11-077446-7
ISSN 2567-1219
DOI https://doi.org/10.1515/9783110774337

Dieses Werk ist lizenziert unter der Creative Commons Namensnennung 4.0 International Lizenz. Weitere Informationen finden Sie unter https://creativecommons.org/licenses/by-nc-nd/4.0/

Die Creative Commons-Lizenzbedingungen für die Weiterverwendung gelten nicht für Inhalte (wie Grafiken, Abbildungen, Fotos, Auszüge usw.), die nicht im Original der Open-Access-Publikation enthalten sind. Es kann eine weitere Genehmigung des Rechteinhabers erforderlich sein. Die Verpflichtung zur Recherche und Genehmigung liegt allein bei der Partei, die das Material weiterverwendet.

Library of Congress Control Number: 2024937893

Bibliografische Information der Deutschen Nationalbibliothek
Die Deutsche Nationalbibliothek verzeichnet diese Publikation in der Deutschen Nationalbibliografie; detaillierte bibliografische Daten sind im Internet über http://dnb.dnb.de abrufbar.

© 2024 bei den Autorinnen und Autoren, Zusammenstellung © 2024 Isabelle Stauffer, publiziert von Walter de Gruyter GmbH, Berlin/Boston.
Dieses Buch ist als Open-Access-Publikation verfügbar über www.degruyter.com.

Einbandabbildung: Ilya Lukichev / iStock / Getty Images Plus

www.degruyter.com

Open-Access-Transformation in der Literaturwissenschaft

Open Access für exzellente Publikationen aus der Deutschen Literaturwissenschaft: Dank der Unterstützung von 37 wissenschaftlichen Bibliotheken und Initiativen können 2024 insgesamt neun literaturwissenschaftliche Neuerscheinungen transformiert und unmittelbar im Open Access veröffentlicht werden, ohne dass für Autorinnen und Autoren Publikationskosten entstehen.
Folgende Einrichtungen und Initiativen haben durch ihren Beitrag die Open-Access-Veröffentlichung dieses Titels ermöglicht:

Universitätsbibliothek Augsburg
Universitätsbibliothek Bayreuth
Staatsbibliothek zu Berlin – Preußischer Kulturbesitz
Universitätsbibliothek der Freien Universität Berlin
Universitätsbibliothek der Humboldt-Universität zu Berlin
Universität Bern
Universitätsbibliothek Bielefeld
Universitätsbibliothek Bochum
Universitäts- und Landesbibliothek Bonn
Universitätsbibliothek Braunschweig
Staats- und Universitätsbibliothek Bremen
Universitäts- und Landesbibliothek Darmstadt
Technische Universität Dortmund
Universitätsbibliothek Duisburg-Essen
Universitäts- und Landesbibliothek Düsseldorf
Universitätsbibliothek Johann Christian Senckenberg, Frankfurt a. M.
Universitätsbibliothek Gießen
Niedersächsische Staats- und Universitätsbibliothek Göttingen
Fernuniversität Hagen, Universitätsbibliothek
Gottfried Wilhelm Leibniz Bibliothek – Niedersächsische Landesbibliothek, Hannover
Technische Informationsbibliothek (TIB) Hannover
Universitätsbibliothek Hildesheim
Rheinland-Pfälzische Technische Universität Kaiserslautern-Landau
Universitätsbibliothek Kassel – Landesbibliothek und Murhardsche Bibliothek der Stadt Kassel
Universitäts- und Stadtbibliothek Köln
Université de Lausanne
Universitätsbibliothek Marburg
Universitätsbibliothek der Ludwig-Maximilians-Universität München
Universitäts- und Landesbibliothek Münster
Bibliotheks- und Informationssystem (BIS) der Carl von Ossietzky Universität Oldenburg
Universitätsbibliothek Osnabrück
Universität Potsdam
Universitätsbibliothek Trier
Universitätsbibliothek Vechta
Herzog August Bibliothek Wolfenbüttel
Universitätsbibliothek Wuppertal
Zentralbibliothek Zürich

Inhalt

Isabelle Stauffer
Literatur und Film im Spiegel des Digitalen: Intermediale Reflexivität in der Gegenwart
    Eine Einführung —— 1

Teil I: Literatur schreibt den Film

Alexandra Müller
Vom Kinetoskop zum digitalen Kino
    Yoko Tawadas *Das nackte Auge* als intermediale Reise in die Geschichte des Kinos —— 21

Isabelle Stauffer
Remediation und Selbstreflexion in Thomas von Steinaeckers *Geister* (2008) und Benjamin Steins *Replay* (2012) —— 41

Kirsten von Hagen
Schreiben gegen das Vergessen
    Erinnerungsbilder im aktuellen französischen Roman in Alice Zeniters *Juste avant l'oubli* (2015) —— 55

Felix Hüttemann
Die kalte Linse des Samurai
    Die Montierung von Yukio Mishimas *yukoku* (*Patriotismus*) in Christian Krachts Roman-Aufblende in *Die Toten* —— 73

Teil II: Der Film zeigt Literatur

Annette Simonis
Sylvain Tessons Dokumentarfilm *6 Mois de cabane au Baïkal* (F 2011) als subtile zeitgenössische Erprobung des *Nature Writing*
    Medienkomparatistische Perspektiven —— 93

Claudia Schmitt
Reflexionen über literarische Autorschaft im Gegenwartsfilm —— 111

Barbara Straumann
„It is my story!"
    Medienreflexive Momente weiblicher Autorschaft im Film —— 125

Teil III: Zwischen Literatur und Film

Judith Niehaus
Flatternde Seiten statt ratternder Kinematographen
    Das Daumenkino als Ausgangspunkt intermedialer Reflexion —— 149

Vincent Fröhlich
Über intermediale Beziehungskrisen
    Frei werdende Reflexionsräume in Filmzeitschriften während der
    COVID-19-Lockdowns (2020) —— **169**

Teil IV: Mediale Collagen

Veronika Born
Opfer der Tasten
    Die Schreibmaschine in Ricarda Huchs *Der letzte Sommer* (1910) und Joe Wrights
    Atonement (2007) —— **203**

Michael Meyer
In Cold Blood* und *Capote
    Filmische Erzählung und Erzählung im Film —— 221

David Klein
Pedro Almodóvars abgehobene Medienapparatur
    Spielarten der Intermedialität in *Los amantes pasajeros* —— 237

Beiträgerinnen und Beiträger —— 253

Personen- und Werkregister —— 257

Isabelle Stauffer
Literatur und Film im Spiegel des Digitalen: Intermediale Reflexivität in der Gegenwart

Eine Einführung

In Literatur und Film der Gegenwart sind intermediale Bezüge, welche über die eigene Medialität und diejenige anderer Medien reflektieren, weit verbreitet. Thomas Metten und Michael Meyer sprechen sogar von einer „Normalität der medialen Reflexion seit den 1990er Jahren".[1] Diese Normalität gründet zum einen darin, dass Reflexion und Selbstreferenz als herausragende Merkmale der Moderne und Postmoderne gesehen werden;[2] zum anderen entwickelt sich im „Zeitalter der digitalen Reproduzierbarkeit"[3] durch die ständig wachsende Verfügbarkeit des literarischen und filmischen Materials ein breites Spektrum von Praktiken der intermedialen reflexiven Bezugnahmen.[4]

Auch Annette Simonis geht für die Jahrtausendwende von einer kulturellen Umbruchsituation aus, in der sich eine „Ästhetik der Intermedialität und des medialen Spiels" mit einer „Rückkehr zur Buchkultur im Medium des Films"[5] verbindet. Andrea Bartl, Corinna Erk und Jörn Glasenapp konstatieren 2022 eine „von Medientransfer und Intermedialität bestimmte Jetzt-Zeit".[6] Dabei ließe sich „im Kontext plurimedialer Konstellationen von prononcierten Wechselbeziehungen zwischen audiovisuellen Medien und Literatur sprechen".[7] Dominik Schrey

---

1 Thomas Metten und Michael Meyer. „Reflexion von Film – Reflexion im Film." *Film. Bild. Wirklichkeit. Reflexion von Film – Reflexion im Film.* Hg. dies. Köln: Herbert von Halem, 2016. 9–70, hier 26.
2 Vgl. Carsten Rohde. *Doppelte Vernunft. Lessing und die reflektierte Moderne.* Hannover: Wehrhahn, 2013, 9.
3 Metten/Meyer. Reflexion von Film: 37.
4 Vgl. Gloria Withalm. „Von Duschen, Kinderwägen und Lüftungsschächten. Eine Bestandsaufnahme zu den Methoden des Verweises im Film." *Zeitschrift für Semiotik* 14.3 (1992): 199–224, hier 220; Gisela Fehrmann u. a. *Originalkopie. Praktiken des Sekundären.* Köln: DuMont, 2004, 7. Zu diesen Bezugnahmen zählen Metten und Meyer einerseits Praktiken der Wiederaufnahme vorhandenen ästhetischen Materials, wie die einfache Wiederholung, aber auch Collage, Found Footage, Remake und Parodie, sowie andererseits explizite Formen der Übernahme, wie etwa das Zitat, vgl. Metten/Meyer. Reflexion von Film: 37.
5 Annette Simonis. *Intermediales Spiel im Film: ästhetische Erfahrung zwischen Schrift, Bild und Musik.* Bielefeld: transcript, 2010, 12, 47.
6 Andrea Bartl u. a. „Schnittstellen: Wechselbeziehungen zwischen Literatur, Film, Fernsehen und digitalen Medien – Zur Einführung in diesen Band". *Schnittstellen: Wechselbeziehungen zwischen Literatur, Film, Fernsehen und digitalen Medien.* Hg. dies. Paderborn: Brill/Fink, 2022. 1–9, hier 1.
7 Ebd.: 2.

∂ Open Access. © 2024 bei den Autorinnen und Autoren, publiziert von De Gruyter. Dieses Werk ist lizenziert unter einer Creative Commons Namensnennung 4.0 International Lizenz.
https://doi.org/10.1515/9783110774337-001

schreibt von einem goldenen Zeitalter der Nostalgie für angeblich tote Medien. Digitale Remediationen analoger Ästhetik bezeichnet er als analoge Nostalgie, die Potenzial für Selbstreferenz beinhalte.[8]

Florian Cramer beschreibt ebenfalls ein Revival älterer Medien in der Gegenwart, dem postdigitalen Zeitalter.[9] Sinnbildlich für dieses Phänomen steht zu Beginn seines Aufsatzes ein Meme von einem Autor, der mit einer Schreibmaschine im Park sitzt, das auf reddit.com viral ging. Dieses Meme zeigt die ‚analoge' Schreibmaschine als seinen polaren Gegensatz, obwohl streng technisch gesehen eine mechanische Schreibmaschine auch ein digitales Schreibsystem ist.[10] Als postdigital bezeichnet Cramer einen Zustand, in dem der durch die digitale Informationstechnologie hervorgerufene Umbruch des Mediensystems bereits stattgefunden hat.[11] In der Mitte der nuller Jahre des neuen Jahrtausends gab es eine Konsolidierung digitaler Techniken. Ab 2004 findet die Etablierung und Popularisierung des Web 2.0 statt und es gibt Facebook, ab 2006 Twitter, ab 2007 mobiles Internet und ab 2010 Instagramm.[12] Cramer führt aus, dass der Begriff ‚post-digital' dazu benutzt werden könne, eine zeitgenössische Entzauberung von digitalen Informationssystemen und Mediengeräten oder einen Zeitraum, in dem die Faszination mit diesen Systemen und Geräten historisch wurde, zu beschreiben.[13] Einerseits sei dann eine Verwischung der Grenzen zwischen alten und neuen Medien zu beobachten, die mit verschiedenen Retro-Media-Trends einhergehe.[14] Von Cramers Befund ausgehend, bestätigen dies auch Elias Kreuzmair und Eckhard Schumacher, die postulieren, nach der Digitalisierung „büßen die Dichotomien online/offline und digital/analog an Relevanz ein und der Blick für die Parallelität unterschiedlicher Medien wird geschärft".[15] Diese Verwischungen und Annäherungen haben letztlich damit zu tun,

---

8 Vgl. Dominik Schrey. „Analogue Nostalgia and the Aesthetics of Digital Remediation". *Media and Nostalgia. Yearning for the Past, Present and Future.* Hg. Katharina Niemeyer. Basingstoke und New York: Palgrave Macmillan, 2014. 27–38, hier 27–29.
9 Vgl. Florian Cramer. „What is ‚post-digital'?". *Postdigital Aesthetics. Art, Computation and Design.* Hg. David M. Berry und Michael Dieter. Basingstoke und New York: Palgrave Macmillan, 2015. 12–28, hier 13–14.
10 Vgl. ebd.: 12. Cramer weist darauf hin, dass etwas durchaus digital sein könne ohne elektronisch zu sein. Digital meine nur, dass etwas in diskrete, zählbare Einheiten geteilt werde, insofern sei auch die mechanische Schreibmaschine mit ihren einzelnen Buchstaben, Zahlen und Interpunktionszeichen ein digitales System, vgl. ebd.: 17–18.
11 Vgl. ebd.: 15, 20.
12 Vgl. Elias Kreuzmair und Eckhard Schumacher. „Literatur nach der Digitalisierung: Zeitkonzepte und Gegenwartsdiagnosen – Einleitung". *Literatur nach der Digitalisierung: Zeitkonzepte und Gegenwartsdiagnosen.* Hg. dies. Berlin und Boston: De Gruyter, 2022. 1–6, hier 4.
13 Vgl. Cramer. What is ‚post-digital'?: 13.
14 Vgl. ebd.: 20–21.
15 Kreuzmair/Schumacher. Literatur nach der Digitalisierung: 4.

dass digitale Medien nicht nur „die spezifischen Qualitäten, Formen und Strukturen vorgängiger Medien bzw. medialer Formen, sondern zusätzlich auch eine wahrnehmbare mediale Differenz simulieren".[16] Insofern geht es nicht nur darum, lediglich ältere Medientechnologien wiederzubeleben, sondern sie in Bezug auf die digitale Medientechnologie funktional neu nutzen.[17] Irina Rajewsky schreibt in diesem Zusammenhang von „einer ‚virtuellen' *intracompositional intermediality*", in der die „vorgängige ‚Realität' intermedialer kultureller Praktiken simuliert, mithin virtualisiert und damit zugleich ent-materialisiert würde."[18] Das bedeutet, dass digitale Medien nicht nur vorgängige Medien remediatisieren, sondern auch deren intermediale Relationen.[19]

1 Twitteratur, Algorithmen und postkinematographisches Kino

Die kulturelle Umbruchsituation durch die Digitalisierung zeitigt für Literatur und Film ähnliche Effekte: Schon 2009 postuliert Jessica Pressman, es sei modisch geworden vom Tod des Buches zu sprechen.[20] Am 13. Juni 2018 stellt Iris Radisch in der *Zeit* fest, die Buchbranche stecke in der Krise und habe Millionen Käufer verloren.[21] Zugleich wird vom „Kinosterben"[22] gesprochen. Die Besucherzahlen sinken seit Jahren, viele Kinos müssen schließen. Den Exklusivanspruch auf die besten Filme hat das Kino längst verloren. Das Streaming wird zum primären Distributionssystem.[23] Schon vor der Corona-Krise 2020–2021 landeten viele Produktionen direkt bei *Netflix* oder *Amazon Prime*, schreibt Josef Grübl am 20. März 2019 in der *Süddeutschen Zeitung* ebenso wie der berühmte Regisseur Martin Scorsese am 4. November

---

16 Irina Rajewsky. „Intermedialität und *remediation*. Überlegungen zu einigen Problemfeldern der jüngeren Intermedialitätsforschung". *Intermedialität – Analog/Digital*. Hg. Jens Schröter und Joachim Paech. Paderborn: Fink, 2008. 47–60, hier 59.
17 Vgl. Cramer. What is 'post-digital'?: 21.
18 Rajewsky. Intermedialität und *remediation*: 59.
19 Vgl. ebd.
20 Vgl. Jessica Pressman. „The Aesthetic of Bookishness in Twenty-First-Century Literature". *Michigan Quarterly Review* 48.4 (2009). http://hdl.handle.net/2027/spo.act2080.0048.402. (15. März 2022).
21 Vgl. Iris Radisch. „Buchhandel. Ein gesundes Lesevergnügen. Die Buchbranche hat Millionen Käufer verloren. Was tun?" *Zeit Online* vom 13. Juni 2018. https://www.zeit.de/2018/25/buchhandel-krise-verlust- kaeufer. (12. November 2019).
22 Anna Bohn und Michel Piguet. „Herausforderung Video-Streaming: Trends und Perspektiven für öffentliche und wissenschaftliche Bibliotheken". *Bibliothek Forschung und Praxis* 44.3 (2020): 313–327, hier 314.
23 Vgl. ebd.: 313.

2019 in der *New York Times*.[24] Die Corona-Krise hat zwar bisher in Deutschland bisher nicht zu den großen Kinoschließungen geführt, den Trend zum Streaming aber noch verstärkt.[25]

Die Literatur reagiert mit neuen Formen, als Blogbeiträge, Facebookpostings, „Twitteratur", Instagramstories, „Tinder Shorts".[26] Es handelt sich um kurze Formen, manchmal fragmentarisch und situativ, teilweise autofiktional, was den Sozialen Medien entspricht, da darin die Grenzen zwischen öffentlich und privat ebenfalls zerfließen.[27] Durch die Sozialen Medien verändert sich die Zeitwahrnehmung und die Zeitreflexion, die Gegenwart breitet sich aus.[28] Zwischen den Sozialen Medien und Büchern geht es hin und her: Texte erscheinen „auf Twitter, auf Facebook und dann in überarbeiteter Form in der nächsten Printveröffentlichung."[29] Zudem betreiben viele Gegenwartsautor:innen „Textexperimente zwischen Konzeptliteratur und algorithmischen Experimenten"[30], die an tradierte äs-

---

24 Vgl. Josef Grübl. „Kinosterben: ‚Das Kino steckt im Prozess der totalen Veränderung'". *Süddeutsche Zeitung* vom 20. März 2019. https://www.sueddeutsche.de/muenchen/kino-dokumentarfilm-scala-adieu-1.4374478. (12. November 2019); Martin Scorsese. „I Said Marvel Movies Aren't Cinema. Let Me Explain." *The New York Times* vom 4. November 2019. https://www.nytimes.com/2019/11/04/opinion/martin-scorsese- marvel.html. (12. November 2019); Bohn/Piguet. Herausforderung Video-Streaming: 315.
25 Vgl. Bohn/Piguet. Herausforderung Video-Streaming: 314; dpa. „Statistik: Bislang kein großes Kinosterben wegen Corona". *ZeitOnline* vom 23. August 2021. https://www.zeit.de/news/2021-08/23/statistik-bislang-kein-grosses-kinosterben-wegen-corona. (04. Dezember 2023); [Anonym]. „Kein deutsches Kinosterben: Die Filmbranche hat überlebt". *FAZ* vom 23. August 2021. https://www.faz.net/aktuell/feuilleton/kino/kein-kinosterben-in-deutschland-17497706.html. (04. Dezember 2023).
26 Vgl. Alexander Aciman und Emmett Rensin. *Twitterature: the world's greatest books retold through Twitter*. London: Penguin Books, 2009; Elias Kreuzmair. „Was war Twitteratur?" *Merkur Blog* vom 04. Februar 2016. https://www.merkur-zeitschrift. de/2016/02/04/was-war-twitteratur/. (7. November 2023); Elias Kreuzmair und Magdalena Pflock. „Mehr als Twitteratur – Eine kurze Twitteraturgeschichte". *54books* vom 24. September 2020. https://www.54books.de/mehr-als-twitteratur-eine-kurze-twitter-literaturgeschichte/. (7. November 2023); Sarah Berger. *Match Deleted. Tinder Shorts*. Berlin: Frohmann Verlag, 2017; Stephan Porombka. *Schreiben unter Strom: experimentieren mit Twitter, Facebook & Co*. Mannheim u. a.: Dudenverlag, 2012.
27 Vgl. Magdalena Pflock. „‚nicht NUR Twitter & nicht NUR das Internet'. Prozesshaftes Schreiben mit und auf Sozialen Medien am Beispiel von Sarah Berger". *Literatur nach der Digitalisierung: Zeitkonzepte und Gegenwartsdiagnosen*. Berlin und Boston: De Gruyter, 2022. 215–243, hier 231–232.
28 Vgl. Eckhard Schumacher: „Gegenwartsvergegenwärtigung. Über Zeitdiagnosen, literarische Verfahren und Soziale Medien." *Literatur nach der Digitalisierung: Zeitkonzepte und Gegenwartsdiagnosen*. Hg. Elias Kreuzmair und Eckhard Schumacher. Berlin und Boston: De Gruyter, 2022. 7–31, hier 23–24.
29 Pflock. „nicht NUR Twitter & nicht NUR das Internet": 234.
30 Stephanie Catani. „Generierte Texte. Gegenwartliterarische Experimente mit Künstlicher Intelligenz". *Schnittstellen. Wechselbeziehungen zwischen Literatur, Film, Fernsehen und digitalen Medien*. Hg. Andrea Bartl u. a. Paderborn: Fink, 2022. 247–266, hier 253.

thetische Konzepte, wie Dada, Situationismus, *conceptual art*, usw. anknüpfen.[31] Dazu gehört auch die Ästhetik der Buchhaftigkeit, die auf die Macht der Druckseite und auf das Buch als multimediales Format aufmerksam macht – vor dem Hintergrund digitaler Technologien.[32] So arbeitet Benjamin Stein in seinem Roman *Die Leinwand* (2010) mit zwei Anfängen und zwei Varianten derselben Geschichte – einmal von der Buchvorderseite und einmal von der Buchrückseite aus lesbar. Die beiden Geschichten treffen sich zum selben intradiegetischen Zeitpunkt in der Mitte des Buches an einem Wasserbecken. Dies ist so nur im Medium des Buches darstellbar.

Der Film im digitalen Zeitalter wird als postkinematographisch bezeichnet.[33] Damit ist der Verlust der Indexikalität filmischer Bilder, aber auch „des Kinos als Ort einer spezifischen Kollektiverfahrung und des Films als kulturell dominantes Medium bewegter Bilder"[34] gemeint. „Wir sehen Filme beim Reisen, im Wartesaal, im Haus, beim Flanieren auf der Straße."[35] So ist es legitim zu fragen, „ob uns das Kino abhanden gekommen ist oder bloß den Ort gewechselt hat".[36] Hinzu kommt eine Veränderung filmischer Zeitkonzepte, Technologien der Überwachung und ein neues nicht-anthropozentrisches Bildregime.[37] Gerade angesichts dieser harten Medienkonkurrenz durch Internet und digitales Fernsehen reflektieren die älteren und in gleicher Weise bedrohten Medien[38], Literatur und Kinofilm, in wechselseitiger Bespiegelung vermehrt ihre Potenziale und Grenzen – so die These dieses Bandes. Denn gemäß einer These von Friedrich Kittler machen neue Medien alte nicht obsolet, sondern weisen ihnen andere Systemplätze zu.[39]

---

[31] Vgl. ebd.: 254.
[32] Vgl. Pressman. The The Aesthetic of Bookishness.
[33] Vgl. Thomas Morsch. „Digitales Kino, Postkinematografie und Post-Continuity". *Handbuch Filmtheorie*. Hg. Bernhard Groß und Thomas Morsch. Wiesbaden: Springer, 2021. 567–585, hier 568.
[34] Ebd.: 573. Vgl. auch André Gaudreault und Philippe Marion. *The End of Cinema? A Medium in Crisis in the Digital Age?* New York: Columbia University Press, 2015.
[35] Francesco Casetti. „Die Explosion des Kinos. Filmische Erfahrung in der post-kinematographischen Epoche". *montage AV. Zeitschrift für Theorie und Geschichte audiovisueller Kommunikation* 19.1 (2010): 11–35, hier 30.
[36] Ebd.: 16. Malte Hagener beschreibt dieses Problem so, dass der Film „überall und nirgends zugleich" sei, vgl. Malte Hagener. „Wo ist Film (heute)? Film/Kino im Zeitalter der Medienimmanenz". *Orte filmischen Wissens: Filmkultur und Filmvermittlung im Zeitalter digitaler Netzwerke*. Hg. Gudrun Sommer u. a. Marburg: Schüren, 2011. 45–59, hier 47.
[37] Vgl. Morsch. Digitales Kino: 570, 573, 574, 578.
[38] Dominik Schrey sieht das Buch und den Film bedroht von Überalterung und überholt durch ihre digitalen Nachfolger, vgl. Schrey. Analogue Nostalgia and the Aesthetics of Digital Remediation: 27.
[39] Vgl. Friedrich Kittler. „Geschichte der Kommunikationsmedien". *Raum und Verfahren*. Hg. Jörg Huber und Alois Müller. Basel: Stroemfeld/Roter Stern, 1993. 169–188, hier 178.

2 Metafiktionale Reflexionen: Ein Roman als Film und ein Film als Roman

Auf eine Reflexion des Mediums in seiner Medialität zielen insbesondere reflektierte Formen der intermedialen Bezugnahme und der Medienkombination nach Irina Rajewsky. Bei den intermedialen Bezügen handelt es sich um Bezüge eines medialen Produktes „zu einem Produkt eines anderen Mediums oder zum anderen Medium qua System".[40] Elemente oder Strukturen des anderen medialen Systems können aber nur evoziert oder simuliert werden – mit der Bezugnahme entsteht lediglich eine „Illusion des Fremdmedialen".[41] Bei der Medienkombination geht es um die Kombination „mindestens zweier, konventionell als distinkt wahrgenommener Medien, die in ihrer Materialität präsent sind".[42]

In Christian Krachts Roman *Imperium* (2012) findet sich eine interessante intermediale Bezugnahme, indem plötzlich suggeriert wird, dass dessen Lesepublikum sich in einer Filmvorführung befinde. Der Protagonist von *Imperium*, August Engelhardt, reist gerade in einem Zug nach Colombo:

> Und dort, im Abteil sitzend [...] beginnt plötzlich der Kinematograph zu rattern: Ein Zahnrad greift nicht mehr ins andere, die dort vorne auf dem weißen Leintuch projizierten, bewegten Bilder beschleunigen sich wirr, ja sie laufen für einen kurzen Augenblick nicht mehr vorwärts, wie vom Schöpfer ad aeternitatem vorgesehen, sondern holpern, zucken, jagen rückwärts; Govindarajan und Engelhardt treten verharrenden Fußes in die Luft – fidel anzusehen – und tasten rückwärts Tempelstufen herab, überqueren ebenfalls rückwärts gehend die Straße, immer stärker flimmert der Lichtstrahl des Projektors, es knackt und knistert, und nun wird alles augenblicklich formlos [...] und dann manifestiert sich, nun freilich richtig herum und wieder in exakter Farbig- und Geschwindigkeit, August Engelhardt in Herbertshöhe (Neupommern) sitzend, im Empfangssalon des Hotels Fürst Bismarck [...].[43]

Über die Projektionsstörung wird deutlich, dass dieser Roman eigentlich ein Film oder zumindest das Protokoll eines Films ist.[44] Darauf deutet auch das Ende des Romans hin, das dessen Anfang – nur im Medium des Films – wiederaufnimmt:

---

40 Irina Rajewsky. *Intermedialität*. Tübingen: Francke, 2002, 17.
41 Irina Rajewsky. „Intermedialität ‚light'? Intermediale Bezüge und die ‚bloße Thematisierung' des Altermedialen". *Intermedium Literatur. Beiträge zu einer Medientheorie der Literaturwissenschaften*. Hg. Roger Lüdeke und Erika Greber. Göttingen: Wallstein Verlag, 2004. 27–77, hier 43.
42 Rajewsky. Intermedialität: 15.
43 Christian Kracht. *Imperium. Roman*. Frankfurt a. M.: Fischer, 2017, hier 47–48.
44 Vgl. Johannes Birgfeld. „Südseephantasien. Christian Krachts *Imperium* und sein Beitrag zur Poetik des deutschsprachigen Romans der Gegenwart." *Wirkendes Wort* 62.3 (2012): 457–477, hier 467.

[E]s rattert der Projektor [...] [d]ie Kamera fährt nah heran, ein Tuten, die Schiffsglocke läutet zu Mittag, und ein dunkelhäutiger Statist (der im Film nicht wieder auftaucht) schreitet sanftfüßig und leise das Oberdeck ab, um jene Passagiere mit behutsamem Schulterdruck aufzuwecken, die gleich nach dem üppigen Frühstück wieder eingeschlafen waren.[45]

Über das Rattern des Projektors wird eine „punktuelle filmbezogene Illusion"[46] hervorgerufen und es wird deutlich, dass der Protagonist des Romans, August Engelhardt, in Wahrheit eine Filmfigur ist. Durch die Störung tritt die Materialität des Films mit Filmrolle und Projektor akustisch und visuell kurzfristig in den Vordergrund. Wenn aber keine Störung ist, dann kann das Kino, heißt es in diesem Roman, Wirklichkeit so optimal abbilden, „wie sie geschah, zeitlich kongruent, als sei es möglich, ein Stück aus der Gegenwart herauszuschneiden und sie für alle Ewigkeiten als bewegtes Bild zwischen den Perforationen eines Zelluloidstreifens zu konservieren".[47] An dieser Stelle denkt die Erzählinstanz von Krachts Roman über den Medienumbruch in der Moderne und die Fähigkeiten des neuen Mediums Film nach. Die wirklichkeitsstiftende Funktion des Films wird hervorgehoben und damit reflexiv zugleich die Materialität, Medialität und Artifizialität des Textes selbst. Damit werden „der Inszenierungscharakter und die Simulakrenhaftigkeit jeder ‚Wirklichkeits'vermittlung"[48] – auch der textuellen – sowie die mediale Verfasstheit von ‚Wirklichkeit' ausgestellt. Es handelt sich um eine Form der intermedialen Bezugnahme, eine intermediale Systemreferenz, in diesem Fall der Literatur auf den Film.[49] Dabei wird das Bezugsystem „in seiner medialen Bedingtheit und somit *qua* Medium, *qua* ästhetisches und/oder fiktionales Konstrukt thematisiert und reflektiert" – es kommt also zu „einer metaästhetischen oder metafiktionalen Reflexion des aufgerufenen Mediums"[50], die die Differenzen und Analogien zwischen literarischem und filmischem System offenlegt.

Im Film *Stranger than Fiction* (2006) gibt es eine narrative Metalepse[51] als der Steuerbeamte Harold Crick der Schriftstellerin Karen Eiffel begegnet, deren Romanfigur er ist. In dieser Szene wird zwischen der Schreibmaschine schreibenden Autorin Karen Eiffel und den Handlungen ihrer Hauptfigur, dem Steuerbeamten

---

45 Kracht. Imperium: 245.
46 Rajewsky. Intermedialität light: 58.
47 Kracht. Imperium: 66.
48 Vgl. Rajewsky. Intermedialität light: 62.
49 Rajewsky. Intermedialität: 17, 19.
50 Ebd.: 81.
51 Wenn die Grenze zwischen der Welt, in der man erzählt und der Welt, von der erzählt wird, überschritten wird, handelt es sich um eine narrative Metalepse, vgl. Gérard Genette. *Die Erzählung*. Aus dem Französischen von Andreas Knop, mit einem Nachwort hg. Jochen Vogt. 2. Aufl. München: Fink, 1998. 168–169.

Harold Crick, hin- und hergeschnitten. Auf der Tonspur ist durchgehend mit Karens Stimme zu hören, was sie schreibt – zugleich hört man das Klackern der Schreibmaschine. In manchen Detailaufnahmen kann das Filmpublikum zusätzlich lesen, was Karen tippt. Dabei wird deutlich, dass das, was sie tippt, geschieht. So tippt sie, „the phone rang"[52] und das Telefon klingelt. Sie wird sich dieses Zusammenhangs zunehmend gewahr, lässt das Telefon erneut klingeln und nimmt schließlich ab. Am anderen Ende meldet sich ihre Figur Harold und sagt: „I believe you're writing a story about me".[53] Karen ist sehr irritiert und meint erst, es sei ein Witz. Als sie realisiert, dass die Sache ernst ist, fürchtet sie sich, willigt aber ein Harold zu sehen. Als sie sich treffen, beschreibt Karen diese Begegnung als „incredibly strange"[54] und fragt Harold, ob er nicht gedacht habe, er sei verrückt. Er bejaht es und erwähnt einen Literaturprofessor, der ihm auf die Spur geholfen habe. Dieser habe ihm erklärt, dass die Stimme in seinem Kopf eine allwissende Erzählperspektive einnehme, was bedeute, dass da jemand anders spreche und wegen dieses Professors habe er auch identifizieren können, dass es Karen sei, die da rede. Sie zu finden, sei dann nicht so schwer gewesen, da sie von der Steuerbehörde geprüft worden sei und ihre Telefonnummer in den Akten war. Da Karen ihre Hauptfiguren üblicherweise sterben lässt, aber Harold gerne weiterleben möchte, bittet er sie ihn nicht umzubringen. Karen, die gerade eine jahrelange Schreibkrise überwunden und ihr Buch von Hand zu Ende geschrieben, aber noch nicht getippt hat, zögert. Als die beiden beginnen sich darüber zu streiten, greift Penny, die Assistentin von Karen, ein und schlägt vor, dass Harold das Manuskript lesen soll. Er liest es und akzeptiert seinen Tod. Das wiederum bringt Karen dazu, das Ende umzuschreiben und ihn am Leben zu lassen.

Forsters Harold Crick ist der umgekehrte Fall zu Krachts August Engelhardt. Der Protagonist des Films *Stranger than Fiction* ist in Wahrheit eine Romanfigur. Die geschilderte Metalepse enthüllt Harold Crick, dass er fiktiv ist. Insofern legt eine Metalepse die Fiktionalität des Kunstwerks offen. Das macht die Metalepse zu einer impliziten Form der Metareferenz.[55] Auch in diesem Fall handelt es sich um eine intermediale Bezugnahme jedoch dieses Mal vom Film auf die Literatur in Form einer Einzeltextreferenz auf Karen Eiffels fiktiven Roman. Es wird aber auch anhand der Hand- und der Schreibmaschinenschrift systemisch auf das Medium der Literatur verwiesen. Der Film zeigt eindrücklich und augenzwinkernd überspitzt

---

52 *Stranger than Fiction*. Reg. Marc Forster, Columbia u. a., 2006, 01:14:45.
53 Ebd.: 01:15:37.
54 Ebd.: 01:17:38.
55 Vgl. Sonja Klimek. „Metalepsis and Its (Anti-)Illusionist Effects in the Arts, Media and Role-Playing Games". *Metareference across Media: Theory and Case Studies*. Hg. Werner Wolf. Amsterdam und New York: Rodopi, 2009. 169–187, hier 173.

die Macht des geschriebenen Wortes Realität zu erschaffen. Allerdings gilt das nur für diejenigen Wörter, die mit einer Schreibmaschine getippt wurden. Für den Film, der für seine Aufführung selbst eine Apparatur benötigt, scheint das handgeschriebene Wort wirkungsloser zu sein als die Maschinenschrift.

An diesen beiden Beispielen wird einsehbar, wie Medien anhand der Bezüge auf andere Medien sowohl ihre eigenen Potenziale und Grenzen als auch die der anderen Medien reflektieren, ebenso wie ihre diachrone Entwicklung.[56] Dieses Moment kann mit dem Begriff der „Remediation" von Jay David Bolter und Richard Grusin gefasst werden, bei dem sich jedes Medium erst durch den Bezug auf ein anderes definiert und Medien einander gegenseitig umgestalten.[57]

Medien fungieren insofern als Medien der Beobachtung anderer Medien und konstituieren deren Identität und Stellung mit.[58] Sie reflektieren damit wesentlich die gegenwärtigen Medienkulturen. Damit eine solche intermediale (Selbst-)Reflexion erkennbar wird, müssen in der einen Medialität verschiedene andere Formen von Medialität ausgestellt[59] und ein Nachdenken über wechselseitige Bezugnahmen angeregt werden.[60] Durch das Moment der (Selbst-)Reflexion können intermediale Bezüge ‚metaisierend', d. h. im Wesentlichen metareferenziell werden und sich vom Paradigma der realistischen Fiktion absetzen.[61] Romane der Gegenwartsliteratur, wie Yoko Tawadas *Das nackte Auge* (2004), Thomas von Steinaeckers *Geister* (2008), Thomas Lehrs *September. Fata Morgana* (2010), Benjamin Steins *Replay* (2012), Christian Krachts *Imperium* (2012) und *Die Toten* (2016) oder Alice Zeniters *Juste avant l'oubli* (2015) nehmen Bezug auf das Medium Film; Filme nach 2000 wie *Finding Forrester* (2000), *Adaptation* (2002), *A Cock and Bull Story* (2005), *Stranger than Fiction* (2006), *Atonement* (2007), *6 Mois de cabane au Baïkal* (2011), *Genius* (2016), *To Walk Invisible* (2016), *Mary Shelley* (2017) und *Little Women* (2019) be-

---

56 Vgl. Metten/Meyer. Reflexion von Film: 38.
57 Vgl. Jay David Bolter und Richard Grusin. *Remediation: Understanding New Media*. Cambridge, Mass. und London: MIT Press, 2000, hier 45, 50.
58 Vgl. Metten/Meyer. Reflexion von Film: 39.
59 Vgl. Kay Kirchmann und Jens Ruchatz. *Medienreflexion im Film. Ein Handbuch*. Bielefeld: transcript 2014, hier 15, 22.
60 Vgl. Werner Wolf. „Metaisierung als transgenerisches und transmediales Phänomen: Ein Systematisierungsversuch metareferentieller Formen und Begriffe in Literatur und anderen Medien." *Metaisierung in Literatur und anderen Medien. Theoretische Grundlagen – Historische Perspektiven – Metagattungen – Funktionen*. Hg. Janine Hauthal u. a. Berlin und New York: De Gruyter, 2007. 25–64, hier 36.
61 Unter Metaisierung versteht Werner Wolf „das Einziehen einer Metaebene in ein Werk, eine Gattung oder ein Medium, von der aus metareferentiell auf Elemente oder Aspekte eben dieses Werkes, dieser Gattung oder dieses Mediums als solches rekurriert wird". Wolf. Metaisierung: 31.

ziehen sich metafiktional auf das Medium Literatur, worüber intermediale Reflexionsräume zwischen Literatur und Film eröffnet werden.

3 Zum vorliegenden Band

Dieser Band fragt nach den Formen und Funktionen der gehäuft auftretenden intermedialen Reflexivität zwischen Literatur und Film der Gegenwart angesichts des digitalen Umbruchs: Wie positionieren sich Literatur und Film je einzeln und zueinander neu angesichts des digitalen Umbruchs? Inwiefern bilden sie „mediale Collagen"[62] mit anderen Medien? Wie sind sie innerhalb des Trends zu unzuverlässigem, metaisierendem und verstörendem Erzählen einzuordnen?[63] Dienen Literatur und Film als Gedächtnismedien[64] für andere Medien? Inwiefern wird digitale Medialität und ihre Omnipräsenz in unserer heutigen Gesellschaft als unheimlich und bedrohlich dargestellt? Wird die Materialität der Medien in den Vordergrund gerückt? Wird analoge Nostalgie spürbar? Nehmen hybride, multimediale Formen zu?

Der Band gliedert sich in vier Sektionen: *Literatur schreibt den Film*, *Der Film zeigt Literatur*, *Zwischen Literatur und Film* und *Mediale Collagen*. Die Beiträge der ersten Sektion, zum Thema *Literatur schreibt den Film*, behandeln Romane der Gegenwartsliteratur, die mit literarischen Mitteln Techniken und Rezeptionsweisen des Films nachahmen und kritisch deren Veränderung durch die Digitalisierung beleuchten. Damit reflektieren sie zugleich die Möglichkeiten und Grenzen von literarischem Schreiben.

Alexandra Müllers Beitrag „Vom Kinetoskop zum digitalen Kino: Yoko Tawadas *Das nackte Auge* als intermediale Reise in die Geschichte des Kinos" zeigt, wie Tawadas Roman die technische Entwicklungsgeschichte des Films anhand der sich beständig wandelnden filmischen Wahrnehmung ihrer fremden, vietnamesischen Protagonistin nachzeichnet. Im Zentrum der Medienreflexion steht vor allem die

---

[62] Vgl. Kirsten von Hagen. „Paradoxe sur Amélie: Jean-Pierre Jeunets Kinomärchen als mediale Collage." *Theater und Schaulust im aktuellen Film*. Hg. Michael Lommel u. a. Bielefeld: transcript, 2004. 111–125, hier 111.

[63] Vgl. Sabine Schlickers. „Lüge, Täuschung und Verwirrung. Unzuverlässiges und Verstörendes Erzählen in Literatur und Film". *DIEGESIS. Interdisziplinäres E-Journal für Erzählforschung / Interdisciplinary EJournal for Narrative Research* 4.1 (2015): 49–67.

[64] Vgl. Marion Gymnich. „Meta-Film und Meta-TV: Möglichkeiten und Funktionen von Metaisierung in Film und Fernsehen." *Metaisierung in Literatur und anderen Medien. Theoretische Grundlagen – Historische Perspektiven – Metagattungen – Funktionen.* Hg. Janine Hauthal u. a. Berlin und New York: De Gruyter, 2007. 127–154, hier 152.

sich verändernde Beziehung zwischen Zuschauerin und Leinwand. Der den Roman abschließende Kinobesuch, in dem die Filmbilder frei in eine taktile Fingersprache – dem Tippen und Wischen auf dem Touchscreen ähnlich – übersetzt werden, verweist auf die durch die Digitalisierung generierte Veränderung der filmischen Medialität. Verhandelt werden dabei Fragen intermedialer und interkultureller Übersetzung, wodurch der Roman auf seine eigene intermediale Übersetzungstätigkeit, die Film in Literatur transformiert, verweist.

„Remediation und Selbstreflexion in Thomas von Steinaeckers *Geister* (2008) und Benjamin Steins *Replay* (2012)" von **Isabelle Stauffer** behandelt zwei Romane der Gegenwartsliteratur, die sich intensiv mit verschiedenen Medien – insbesondere dem Film, aber auch einem smartphoneähnlichen Implantat – vor dem Hintergrund der Digitalisierung auseinandersetzen. Indem die Romane, deren Erzählinstanzen hochgradig unzuverlässig sind, die Immersionskraft der audiovisuellen und digitalen Medien sowie deren totalitäre Nutzbarmachung aufzeigen, machen sie deren Ambivalenz sowie das Unbehagen an ihrer Omnipräsenz in der heutigen Gesellschaft deutlich und heben die kritische Reflexionskraft der Literatur hervor.

Kirsten von Hagens „Schreiben gegen das Vergessen – Erinnerungsbilder im aktuellen französischen Roman in Alice Zeniters *Juste avant l'oubli* (2015)" beleuchtet, wie intermediale Formen oder Remediation bzw. Remediatisierung eine entscheidende Rolle für die Rekonstruktion von Erinnerung im Roman der französischen Gegenwartsautorin Alice Zeniter spielen. Der Roman, der sich um einen verschwundenen Krimiautor, dessen wissenschaftliche Fan-Gemeinde und einen Möchtegern-Autor dreht, fragt nach den idealen analogen und digitalen Speichermedien, indem er mit unterschiedlichen Wissensmedien, von Tagebüchern, über Briefe, Youtube-Videos, Wikipedia- und Zeitschriften-Artikel und natürlich auch Fotografien spielt. Zeniters intermediales Spiel ist mit Gilles Deleuzes Kristallbild beschreibbar: Es reflektiert die mediale Absorbierung und Derealisierung von Wirklichkeit.

Felix Hüttemann geht in „Die kalte Linse des Samurai. Die Montierung von Yukio Mishimas *yukoku (Patriotismus)* in Christian Krachts Roman-Aufblende in *Die Toten* von der intermedialen Bezugnahme am Anfang von Krachts Roman auf *snuff movies* aus. Im Unterschied zu diesen Filmen subvertiert Kracht mit sprachlichen Mitteln jedoch die vermeintliche Authentizität dessen, was die Kamera seines fiktiven Regisseurs Nägeli aufnimmt. Krachts von einer kalten, fiktiven Kamera inspirierte eisige *Écriture* mit intertextuellen und intermedialen Verweisen auf Ernst Jünger, George Bataille und Yukio Mishima gehört zu seiner Partizipation am transmedialen dandyistischen Diskurs.

Die zweite Sektion, *Der Film zeigt Literatur,* umfasst Beiträge, in denen Filme das Schreiben und die Produktion literarischer Texte zeigen. Die behandelten Filme partizipieren an der Nostalgie für ältere Medien und reflektieren darüber ihre eigene Medialität. Zugleich heben diese Filme Ähnlichkeiten zwischen Literatur und Film hervor, wie die Wichtigkeit kollaborativer Tätigkeit oder die Ausgrenzung von Frauen aus der künstlerischen Produktion und nachfolgenden Kanonisierung.

Annette Simonis' Aufsatz „Sylvain Tessons Dokumentarfilm *6 Mois de cabane au Baïkal* (F 2011) als subtile zeitgenössische Erprobung des Nature Writing – medienkomparatistische Perspektiven" erläutert wie Tessons Film auf der visuellen Ebene mit vielfältigen intermedialen Referenzen operiert und durch die Integration von zahlreichen Bild- und Schriftzitaten seine mediale und materielle Dimension hervorhebt. Der Akt des Schreibens, der Prozess der Naturbeobachtung und die Filmgenese werden im Verlauf des Geschehens immer wieder gezielt aufeinander bezogen. Tessons Protagonist schreibt sich immer wieder in die Landschaft ein – mit stiftähnlichen Instrumenten und Steinen in die Eisfläche oder den Schnee. Zugleich wird die intermediale Dimension des Werks durch nostalgische Referenzen auf die neuzeitliche Buchkultur – mittels Schreib- und Leseszenen – hervorgehoben. Damit erkundet der Film die Analogie zwischen der literarischen Werkgenese und dem filmischen Aufzeichnungsprozess vor dem Hintergrund einer dezidiert undigitalen, scheinbar natürlichen Existenzweise.

Vom Befund einer auffälligen Beliebtheit von Dichterfilmen seit der Jahrtausendwende geht **Claudia Schmitts** „Reflexionen über literarische Autorschaft im Gegenwartsfilm" aus. Anhand der Filme *Finding Forrester* (2000) und *Genius* (2016), die je das Verhältnis von zwei Schriftstellern sowie einem Schriftsteller und seinem Lektor zeigen, lotet der Beitrag das medienreflexive Potenzial solcher Filme aus. Dabei zeigt sich, dass diese Filme die mediale Nähe zwischen Film und Literatur betonen, indem sie hervorheben, dass nicht nur der Film, sondern auch die Literatur als Kollektivprodukt verstanden werden sollte. Ebenfalls eine wichtige Rolle spielt dabei die Medienkombination mit Briefen, da die letzten Briefe der verstorbenen Autoren für das Verständnis des im Film gezeigten Autorschaftskonzept zentral sind.

Barbara Straumann widmet sich in „It's my story!': Medienreflexive Momente weiblicher Autorschaft im Film" dem intermedialen Blick des Films auf die Literatur aus einer dezidierten Geschlechterperspektive. Ausgehend von Paradox der dekonstruktiven Verabschiedung des Autors bei gleichzeitiger Wiederentdeckung von Autorinnen durch die feministische Literaturwissenschaft untersucht Straumann anhand von drei Filmen unter weiblicher Regie, *To Walk Invisible* (2016) von Sally Wainwright, *Mary Shelley* (2017) von Haifaa Al-Mansour und *Little Women* (2019) von Greta Gerwig, filmische Reflexionen weiblichen Schreibens. Diese filmischen Präsentationen von Autorinnen des 19. Jahrhunderts, Mary Shelley, den Brontë- und den fiktiven March-Schwestern, stehen in medienreflexiver Weise für die Hoffnung und den Wunsch nach mehr Präsenz und Visibilität von Frauen in der Filmproduktion.

Hybride Medien, die zwischen Literatur und Film stehen, wie das Daumenkino oder die Filmzeitschrift, behandelt die dritte Sektion, *Zwischen Literatur und Film*. Während das Daumenkino durch seine Form und Benutzungsweise intermedial angelegt ist, zeichnen Filmzeitschriften sich durch die Medienkombination von Fotografien, Film Stills und Texten aus. Das Daumenkino reflektiert den Beginn des Mediums Film und die Zeitschriften stellen die Frage nach seiner Zukunft. Beide können wiederum in Filme integriert werden. Die Filmzeitschrift teilt darüber hinaus mit filmischen Serien das Merkmal der Serialität.

Der Beitrag von **Judith Niehaus** „Flatternde Seiten statt ratternder Kinematographen. Das Daumenkino als Ausgangspunkt intermedialer Reflexion" widmet sich dem Medium des Daumenkinos, das sich in einem Spannungsfeld zwischen Film, Buch, Gaukelei, bildender Kunst und Spielzeug bewegt. Es hat die Form eines Buches, das aber Bilder enthält, die zu einer Bewegung animiert werden. Insofern steht es zwischen Literatur und Film und ist dadurch intrinsisch intermedial. In historischer Hinsicht befindet sich das Daumenkino zu Beginn des Mediums Film – einer medienhistorischen Schwellensituation. Anhand verschiedener Daumenkinos, die man auf YouTube betrachten kann, Bücher und Filme, die Daumenkinos enthalten, wie Stuart Halls *The Raw Shark Texts* (2007) und Brian de Palmas *Blow Out* (1981), zeigt Niehaus auf, wie mit Daumenkinos mannigfache intermediale Transformations- und Integrationsprozesse sowie eine Reflexion der beteiligten Medien stattfinden.

Vincent Fröhlichs „Über intermediale Beziehungskrisen. Frei werdende Reflexionsräume in Filmzeitschriften während der COVID-19-Lockdowns (2020)" befasst sich mit der intermedialen Beziehung der Filmzeitschrift zum Film während der Kinoschließungen in der COVID-19-Pandemie. Anhand von zwei deutschen illustrierten Filmzeitschriften, *epd film* und *Cinema*, zeigt Fröhlichs Beitrag, dass sich die Filmzeitschrift als intermediales Spiegelungsorgan des Films deutlicher der zeitschrifteneigenen Möglichkeiten der Wissensgenerierung und Kanonisierung sowie der Reflexion über das Kino bewusst wurde. Zwar wurde das von den Schließungen nicht betroffene Streaming verstärkt thematisiert, dennoch machten sich die Filmzeitschriften weiterhin für das Kino und für den Kinofilm stark. Die zeitschriftentypische Serialität in der Kinopause habe zudem gezeigt, dass es auch für den Kinofilm immer weiter gehen wird.

Die vierte und letzte Sektion, *Mediale Collagen*, untersucht wie die Überlagerung verschiedener Medien, Briefe, Filme, Zeitungsartikel, Biografien, Telefone, Piktogramme, zu medienkritischer Reflexion führen. Die Beiträge heben hervor, dass mediale Apparaturen ein Eigenleben entfalten und die menschlichen Wirklichkeitskonstruktionen massiv beeinflussen können.

In „Opfer der Tasten: Die Schreibmaschine in Ricarda Huchs *Der letzte Sommer* (1910) und Joe Wrights *Atonement* (2007)" widmet sich **Veronika Born** der Verbindung von Schreibmaschine(-nschrift) und Tod sowie deren intra- und intermedialen Reflexion. Diese Verbindung liegt medienhistorisch nahe, wie Friedrich Kittler wiederholt herausgestellt hat, da der Waffenhersteller Remington als einer der ersten Schreibmaschinen in Serie produziert hat. Sowohl in der Erzählung als auch in der Romanverfilmung erweisen sich maschinengeschriebene Briefe für die Figuren als fatal. Darüber hinaus dient in *Atonement* das Tippen der Schreibmaschine dazu, Autorschaft vom Medium des Romans in das Medium des Films zu transponieren.

Michael Meyers „*In Cold Blood* und *Capote*. Filmische Erzählung und Erzählung im Film" befasst sich mit dem transmedialen Genre des Krimis. Truman Capotes Tatsachenroman über einen schockierenden Mordfall und das Biopic von Bennett Miller ergänzen sich komplementär, indem der Roman sich filmischer Mittel bedient und das Biopic die Entstehung des Romans ins Bild setzt. Dabei stellen sowohl der Roman als auch der Film reflexiv die intermediale Konstruktion von Wirklichkeit aus und regen damit zur kritischen Reflexion medialer Wirklichkeitskonstruktionen an.

Anhand von *Los amantes pasajeros* zeigt **David Klein** in „Pedro Almodóvars abgehobene Medienapparatur – Spielarten der Intermedialität in *Los amantes pasajeros*" wie verschiedene Medien miteinander gekoppelt und einander anverwandelt werden – funktionale Piktogramme mit lustiger Musik und Telefone mit dem *entertainment system* des Flugzeugs. Die Flugreise wird zur Allegorie der Medienapparatur der 2010er Jahre, die ihre Konsument:innen zwar gut unterhält, aber auch in die Irre führt, was ein intermedialer selbstreflexiver Verweis auf Miguel de Cervantes *Don Quijote* zusätzlich verdeutlicht.

Literatur- und Filmverzeichnis

[Anonym]. „Kein deutsches Kinosterben: Die Filmbranche hat überlebt". *FAZ* vom 23. August 2021. https://www.faz.net/aktuell/feuilleton/kino/kein-kinosterben-in-deutschland-17497706.html. (04. Dezember 2023).

Aciman, Alexander und Emmett Rensin. *Twitterature: the world's greatest books retold through Twitter.* London: Penguin Books, 2009.

Bartl, Andrea u. a. „Schnittstellen: Wechselbeziehungen zwischen Literatur, Film, Fernsehen und digitalen Medien – Zur Einführung in diesen Band". *Schnittstellen: Wechselbeziehungen zwischen Literatur, Film, Fernsehen und digitalen Medien.* Hg. dies. Paderborn: Brill/Fink, 2022. 1–9.

Berger, Sarah. *Match Deleted. Tinder Shorts.* Berlin: Frohmann Verlag, 2017.

Bolter, Jay David und Richard Grusin. *Remediation: Understanding New Media.* Cambridge, Mass. und London: MIT Press, 2000.

Birgfeld, Johannes. „Südseephantasien. Christian Krachts *Imperium* und sein Beitrag zur Poetik des deutschsprachigen Romans der Gegenwart." *Wirkendes Wort* 62.3 (2012): 457–477.

Bohn, Anna und Michel Piguet. „Herausforderung Video-Streaming: Trends und Perspektiven für öffentliche und wissenschaftliche Bibliotheken". *Bibliothek Forschung und Praxis* 44.3 (2020): 313–327.

Casetti, Franceso. „Die Explosion des Kinos. Filmische Erfahrung in der post-kinematographischen Epoche". *montage AV. Zeitschrift für Theorie und Geschichte audiovisueller Kommunikation* 19.1 (2010): 11–35.

Catani, Stephanie. „Generierte Texte. Gegenwartliterarische Experimente mit Künstlicher Intelligenz". *Schnittstellen. Wechselbeziehungen zwischen Literatur, Film, Fernsehen und digitalen Medien.* Hg. Andrea Bartl u. a. Paderborn: Fink, 2022. 247–266.

Cramer, Florian. „What is ‚post-digital'?" *Postdigital Aesthetics. Art, Computation and Design.* Hg. David M. Berry und Michael Dieter. Basingstoke und New York: Palgrave Macmillan, 2015. 12–28.

dpa. „Statistik: Bislang kein großes Kinosterben wegen Corona". *ZeitOnline* vom 23. August 2021. https://www.zeit.de/news/2021-08/23/statistik-bislang-kein-grosses-kinosterben-wegen-corona. (04. Dezember 2023).

Fehrmann, Gisela u. a. *Originalkopie. Praktiken des Sekundären.* Köln: DuMont, 2004.

Gaudreault, André und Philippe Marion. *The End of Cinema? A Medium in Crisis in the Digital Age?* New York: Columbia University Press, 2015.

Genette, Gérard. *Die Erzählung.* Aus dem Französischen von Andreas Knop, mit einem Nachwort hg. von Jochen Vogt. 2. Aufl. München: Fink, 1998.

Grübl, Josef. „Kinosterben: ‚Das Kino steckt im Prozess der totalen Veränderung'". *Süddeutsche Zeitung* vom 20. März 2019. https://www.sueddeutsche.de/muenchen/kino-dokumentarfilm-scala-adieu-1.4374478. (12. November 2019).

Gymnich, Marion. „Meta-Film und Meta-TV: Möglichkeiten und Funktionen von Metaisierung in Film und Fernsehen." *Metaisierung in Literatur und anderen Medien. Theoretische Grundlagen – Historische Perspektiven – Metagattungen – Funktionen.* Hg. Janine Hauthal u. a. Berlin und New York: De Gruyter, 2007. 127–154.

Hagen, Kirsten von. „Paradoxe sur Amélie: Jean-Pierre Jeunets Kinomärchen als mediale Collage." *Theater und Schaulust im aktuellen Film.* Hg. Michael Lommel u. a. Bielefeld: transcript, 2004. 111–125.

Hagener, Malte. „Wo ist Film (heute)? Film/Kino im Zeitalter der Medienimmanenz". *Orte filmischen Wissens: Filmkultur und Filmvermittlung im Zeitalter digitaler Netzwerke.* Hg. Gudrun Sommer u. a. Marburg: Schüren, 2011. 45–59.

Kirchmann, Kay und Jens Ruchatz. „Einleitung: Wie Filme Medien beobachten. Zur kinematographischen Konstruktion von Medialität". *Medienreflexion im Film. Ein Handbuch.* Hg. Kay Kirchmann und Jens Ruchatz. Bielefeld: transcript, 2014. 9–45.

Kittler, Friedrich. „Geschichte der Kommunikationsmedien". *Raum und Verfahren.* Hg. Jörg Huber und Alois Müller. Basel: Stroemfeld/Roter Stern, 1993. 169–188.

Klimek, Sonja. „Metalepsis and Its (Anti-)Illusionist Effects in the Arts, Media and Role-Playing Games". *Metareference across Media: Theory and Case Studies.* Hg. Werner Wolf. Amsterdam und New York: Rodopi, 2009. 169–187.

Kracht, Christian. *Imperium. Roman.* Köln: Kiepenheuer und Witsch, 2012.

Kreuzmair, Elias und Eckhard Schumacher. „Literatur nach der Digitalisierung: Zeitkonzepte und Gegenwartsdiagnosen – Einleitung". *Literatur nach der Digitalisierung: Zeitkonzepte und Gegenwartsdiagnosen.* Hg. dies. Berlin und Boston: De Gruyter, 2022. 1–6.

Kreuzmair, Elias und Magdalena Pflock. „Mehr als Twitteratur – Eine kurze Twitteraturgeschichte". *54books* vom 24. September 2020. https://www.54books.de/mehr-als-twitteratur-eine-kurze-twitter-literaturgeschichte/. (7. November 2023).

Kreuzmair, Elias. „Was war Twitteratur?" *Merkur Blog* vom 04. Februar 2016. https://www.merkur-zeitschrift.de/2016/02/04/was-war-twitteratur/ (7. November 2023).

Metten, Thomas und Michael Meyer. „Reflexion von Film – Reflexion im Film." *Film. Bild. Wirklichkeit. Reflexion von Film – Reflexion im Film.* Hg. dies. Köln: Herbert von Halem, 2016. 9–70.

Morsch, Thomas. „Digitales Kino, Postkinematografie und Post-Continuity". *Handbuch Filmtheorie*. Hg. Bernhard Groß und Thomas Morsch. Wiesbaden: Springer, 2021. 567–585.

Pflock, Magdalena. „‚nicht NUR Twitter & nicht NUR das Internet'. Prozesshaftes Schreiben mit und auf Sozialen Medien am Beispiel von Sarah Berger". *Literatur nach der Digitalisierung: Zeitkonzepte und Gegenwartsdiagnosen*. Hg. Elias Kreuzmair und Eckhard Schumacher. Berlin und Boston: De Gruyter, 2022. 215–243.

Porombka, Stephan. *Schreiben unter Strom: experimentieren mit Twitter, Facebook & Co.* Mannheim u. a.: Dudenverlag, 2012.

Pressman, Jessica. „The Aesthetic of Bookishness in Twenty-First-Century Literature". *Michigan Quarterly Review* 48.4 (2009). http://hdl.handle.net/2027/spo.act2080.0048.402. (15. März 2022).

Radisch, Iris. „Buchhandel. Ein gesundes Lesevergnügen. Die Buchbranche hat Millionen Käufer verloren. Was tun?" *Zeit Online* vom 13. Juni 2018. https://www.zeit.de/2018/25/buchhandel-krise-verlust- kaeufer. (12. November 2019).

Rajewsky, Irina. „Intermedialität und *remediation*. Überlegungen zu einigen Problemfeldern der jüngeren Intermedialitätsforschung". *Intermedialität – Analog/Digital*. Hg. Jens Schröter und Joachim Paech. Paderborn: Fink, 2008. 47–60.

Rajewsky, Irina O. „Intermedialität ‚light'? Intermediale Bezüge und die ‚bloße Thematisierung' des Altermedialen". *Intermedium Literatur. Beiträge zu einer Medientheorie der Literaturwissenschaften*. Hg. Roger Lüdeke und Erika Greber. Göttingen: Wallstein Verlag, 2004. 27–77.

Rajewsky, Irina. *Intermedialität*. Tübingen: Francke, 2002.

Rohde, Carsten. *Doppelte Vernunft. Lessing und die reflektierte Moderne*. Hannover: Wehrhahn, 2013.

Schlickers, Sabine. „Lüge, Täuschung und Verwirrung. Unzuverlässiges und Verstörendes Erzählen in Literatur und Film". *DIEGESIS. Interdisziplinäres E-Journal für Erzählforschung / Interdisciplinary EJournal for Narrative Research* 4.1 (2015): 49–67.

Schrey, Dominik. „Analogue Nostalgia and the Aesthetics of Digital Remediation". *Media and Nostalgia. Yearning for the Past, Present and Future*. Hg. Katharina Niemeyer. Basingstoke und New York: Palgrave Macmillan, 2014. 27–38.

Schumacher, Eckhard. „Gegenwartsvergegenwärtigung. Über Zeitdiagnosen, literarische Verfahren und Soziale Medien." *Literatur nach der Digitalisierung: Zeitkonzepte und Gegenwartsdiagnosen*. Hg. Elias Kreuzmair und Eckhard Schumacher. Berlin und Boston: De Gruyter, 2022. 7–31.

Scorsese, Martin. „I Said Marvel Movies Aren't Cinema. Let Me Explain." *The New York Times* vom 4. November 2019. https://www.nytimes.com/2019/11/04/opinion/martin-scorsese- marvel.html. (12. November 2019).

Stranger than Fiction. Reg. Marc Forster, Columbia u. a., 2006.

Simonis, Annette. *Intermediales Spiel im Film: ästhetische Erfahrung zwischen Schrift, Bild und Musik*. Bielefeld: transcript, 2010.

Withalm, Gloria. „Von Duschen, Kinderwägen und Lüftungsschächten. Eine Bestandsaufnahme zu den Methoden des Verweises im Film." *Zeitschrift für Semiotik* 14.3 (1992): 199–224.

Wolf, Werner. „Metaisierung als transgenerisches und transmediales Phänomen: Ein Systematisierungsversuch metareferentieller Formen und Begriffe in Literatur und anderen Medien." *Metaisierung in Literatur und anderen Medien. Theoretische Grundlagen – Historische Perspektiven – Metagattungen – Funktionen.* Hg. Janine Hauthal u. a. Berlin und New York: De Gruyter, 2007. 25–64.

Teil I: Literatur schreibt den Film

Alexandra Müller
Vom Kinetoskop zum digitalen Kino

Yoko Tawadas *Das nackte Auge* als intermediale Reise in die Geschichte des Kinos

Yoko Tawadas Schreiben wird oft als eine Poetik der Verwandlung[1] beschrieben. Auch in ihrem 2004 erschienenen Roman *Das nackte Auge* spielen Transformationsprozesse eine wesentliche Rolle, diese werden aber nicht wie in vielen Texten der Autorin über das Medium der Sprache, sondern anhand des Mediums Film vollzogen. Filmische Metamorphosen sind auf verschiedenen Ebenen des Romans situiert: Zunächst kann in Tawadas Roman, der sich aus einer vielfältigen intermedialen Bezugnahme auf Filme der Schauspielerin Catherine Deneuve konstituiert, der Übersetzungsakt des Medienwechsels als Umwandlung gefasst werden. Zudem zeichnet die Autorin anhand der in den Text integrierten *erzählten Filme* die Entwicklungs- und Rezeptionsgeschichte der bewegten Bilder nach und setzt den Film so als ein transformatives Medium in Szene. Das Kino geriert sich darüber hinaus für die namenlose Ich-Erzählerin als ein Raum des Dazwischen, der es vermag, gesellschaftlich als binär gesetzte Oppositionen aufzuheben und ihr einen beständigen Identitätswechsel etwa zwischen den Kulturen, zwischen den Geschlechtern und zwischen Formen sexueller Orientierung zu ermöglichen.

1 Intermedialität in *Das nackte Auge*

Der Roman erzählt die Geschichte einer jungen Vietnamesin, die auf einem Schulaustausch in Ost-Berlin 1988 von einem Westdeutschen entführt wird und schließlich in Paris strandet. Zu einem Leben in der Illegalität gezwungen, wird ihr das Kino zur Heimat, die ihren durch die gesellschaftlichen Umstände eingeschränkten Erfahrungsraum imaginär erweitert. Die Erzählerin lässt den Leser anhand von Erlebnisberichten an ihren Kinobesuchen – sie schaut ausschließlich Filme mit Catherine Deneuve – teilhaben. Bei der Wiedergabe des Leinwandgeschehens steht die Darstellung der subjektiven Sicht der Protagonistin im Fokus, die wegen der Sprachbarriere und ihrer kulturellen Alterität einen ganz eigenen Zugang zum europäischen Kino findet. Ferner führt das unorthodoxe In-Verbindung-Setzen der Filme allein über das Bindeglied der von Deneuve porträtierten Frau-

---

[1] Vgl. hierzu z. B. Christine Ivanović (Hg.): *Yoko Tawada: Poetik der Transformation*. Tübingen: Stauffenburg-Verlag, 2010.

enfiguren zu ungewöhnlichen Blickpunkten auf die Filme, die in der Aneignung durch die Erzählerin verfremdet werden.

Die dreizehn bereits in den Kapitelüberschriften benannten Filme, auf die der Roman Bezug nimmt, werden nicht nur als Nacherzählungen in den Text integriert, sie werden auch anhand von Motiven, Figurenkonstellationen oder Thematiken in der Lebensrealität der Erzählerin gespiegelt. So findet sich beispielsweise im vierten Kapitel, das sich dem Film *The Hunger* (1983) von Tony Scott widmet, zum einen eine explizit markierte inhaltliche Zusammenfassung des britischen Horrorfilms, in dem Deneuve eine Vampirin spielt und der sich um Alterungsprozesse dreht. Zum anderen lassen sich darin unmarkierte Anspielungen erkennen – die Protagonistin stellt sich aus Geldnot medizinischen Experimenten der Gerontologie, bei denen ihr Blut abgenommen wird, zur Verfügung. Die Klinik dient für beide Erzählebenen als wichtiger Schauplatz. Zudem nimmt der Kapiteleinstieg Bezug auf den Vampirfilm – über das Trinken von Tomatensaft, über die blasse Haut der Figur, über die zubeißende Protagonistin – noch bevor *The Hunger* Erwähnung findet:

> Jean trank gerade Tomatensaft. [...] ich war fasziniert von der blassen, trocknen Haut seines Handrückens, die wegen eines bestimmten Lichtverhältnisses fast durchsichtig aussah. Meine Finger flogen [...] zu der alten Haut, streichelten sie und kniffen sie kräftig. Jean schrie und nahm meine Finger, zog sie zu sich und biss hinein.[2]

Die intermedialen Bezugnahmen sind jedoch nicht immer so deutlich erkennbar. Dass die folgende Schilderung auf Szenen aus *Repulsion* (1965) von Polanski anspielt, lässt sich nur von Rezipienten, denen die Handlung des Films bekannt ist, auflösen: „Nachts hörte ich aus ihrem Schlafzimmer manchmal eine Kette heftiger Geräusche. [...] Der Stoffhase in meinem Zimmer sah jetzt brauner und nackter aus. Seine Nase aus weichem Kunststoff verfaulte langsam."[3]

Diese zunächst oft unmotiviert wirkenden Szenen verweisen im Austausch mit dem Medium Film auf eine Durchlässigkeit der Wirklichkeitsebenen und stellen die Zuverlässigkeit der Erzählinstanz in Frage. Tawada knüpft hier an den Topos vom Film als Traum an: „Tawadas Romanfabel beruht auf der von frühen Filmästhetikern entwickelten Entgrenzungstopik; ihre Figur differenziert nicht zwischen Film- und Außenwelt und diffundiert in den halluzinatorischen Raum des Kinos hinein."[4]

---

2 Yoko Tawada. *Das nackte Auge*. Tübingen: Konkursbuchverlag, 2004, 74.
3 Ebd.: 72.
4 Monika Schmitz-Emans. „Entgrenzungsphantasien und Derealisierungsverfahren: Das Kino im Spiegel des Romans bei Thomas Mann, Luigi Pirandello, José Saramago und Yoko Tawada". *Literarische Medienreflexionen: Künste und Medien im Fokus moderner und postmoderner Literatur.* Hg. Sandra Poppe und Sascha Seiler. Berlin: Erich Schmidt, 2008. 185–204, hier 200.

Der Text kann als späteres Erzählen einer medial überformten Lebenserinnerung psychologisch gedeutet oder als Bericht eines nur erträumten Lebens interpretiert werden.[5] Der Realitätsstatus des fiktiven Handlungsgeschehens spielt für meine Betrachtung der intermedialen Ästhetik des Romans jedoch nur eine untergeordnete Rolle. Ich möchte im Kontext von Tawadas Verwandlungspoetik aufzeigen, wie ihre literarische Auseinandersetzung mit dem Film die technische Entwicklungsgeschichte des Mediums und die damit verbundene Transformation des Dispositivs *Kino* anhand der sich beständig wandelnden filmischen Wahrnehmung der Protagonistin nachzeichnet. Im Zentrum der Medienreflexion steht vor allem die sich verändernde Beziehung zwischen Zuschauer und Leinwand. Der über die Perzeptionsweise der Erzählerin vermittelte Fortschritt des Mediums korreliert dabei mit ihrer persönlichen Weiterentwicklung zur emanzipierten Zuschauerin.

1.1 Mediengenese I: Die historische Frühphase des Films

Noch vor den eigentlichen Kinobesuchen schildert die Protagonistin visuelle Wahrnehmungen, deren Beschreibungen indirekt Bezug auf Blick-Szenarien optischer Dispositive aus der Vorgeschichte des Films nehmen. Hierbei steht nicht das *was*, sondern das *wie* der Perzeption im Vordergrund:

> Normalerweise hatte ich keine Angst vor Schatten. Aber als der Schatten eines Autos die Innenwand des Schlafzimmers streifte, bekam ich Schüttelfrost. Nachdem der Schatten weg war, sah man die Unebenheiten der Wand deutlicher als vorher. Sie sah aus wie eine pubertierende Haut mit unzähligen, winzigen Bläschen. Wenn ich sie mit meinen Fingernägeln zerdrücken würde, würde es nach Mayonnaise riechen. Die Wand [...] könnte sich lauwarm anfühlen wie eine menschliche Haut.[6]

Die Zimmerwand transformiert sich in der Betrachtung der Protagonistin in eine Leinwand, auf die Schatten projiziert werden. Dies lässt sich im Kontext der Genese des Films als Verweis auf das Grundmodel aller Projektionskunst, die *Laterna Magica*, deuten. Die Wirkung des als Schreckenslaterne bekannten Projektionsgeräts, das vor allem im achtzehnten Jahrhundert für die Illusion von Geistererscheinungen verwendet wurde, spiegelt sich in der Reaktion der Erzählerin wider, erhält das Naturphänomen Schatten im Akt der Projektion doch plötzlich etwas Schauderhaftes. Der Eindruck, dass es sich bei der Leinwand um etwas Animiertes

---

5 Vgl. Hansjörg Bay. „Eyes wide shut. Mediale Übersetzungen in Yoko Tawadas *Das nackte Auge*". *Études Germaniques* 259.3 (2010): 551–568, hier 565; sowie Volker Wehdeking. *Medienkonstellationen: Literatur und Film im Kontext von Moderne und Postmoderne*. Marburg: Tectum-Verlag, 2008, 209.
6 Tawada. Nackte Auge: 19.

handelt, kann in diesem Zusammenhang ebenfalls als Anspielung auf die häufig bewegten Projektionsflächen[7] der *Laterna Magica* gelesen werden. Auch wenn es diesem Auftakt der Reise ins Kino noch an einer distinkten Medienreflexion, wie sie dem Leser zum Ende des Romans hin begegnet, fehlt, so werden doch bereits zwei Aspekte angerissen, die für den Mediendiskurs des Romans bedeutsam sind: Zum einen wird deutlich, dass es der Protagonistin durchaus gelingt, den auf der Leinwand dargestellten Illusionsraum des Films zu durchdringen. Die Betrachterin richtet ihre Aufmerksamkeit auf die materielle Grundlage der Projektion und macht das Trägermedium sichtbar. Zum anderen werden in der Inszenierung des verfremdenden Blicks der Vietnamesin auf die stereotyp deutsche Raufasertapete, die in Bezug gesetzt wird zur Mayonnaise, einem durch die französische Kolonialmacht nach Indochina eingeführten Kulturgut, bereits Fragen kultureller Hegemonie angerissen, die Tawada in *Das nackte Auge* anhand des Mediums Film thematisiert.

Wie der rezeptive Umgang der Erzählerin mit sinnlichen Wahrnehmungserfahrungen Frühformen der bewegten Bilder aufruft, soll anhand zweier Beispiele weiter ausgeführt werden. Das „feststehende Szenario"[8] des Geschlechtsverkehrs mit dem deutschen Studenten Jörg wird von der Protagonistin als visueller Eindruck wahrgenommen: Sie betrachtet „unablässig und unbeteiligt, wie Jörgs Kopf sich auf und ab bewegte."[9] Der Beischlaf wird zur Darstellung eines Bewegungsablaufs in Serienbildern, die in Dauerschleife vorgeführt werden, reduziert. Dies langweilt die Erzählerin bald, da man „keine neue Szene zu sehen bekam"[10]. Die nahe Betrachtung dieser *Szene* – quasi durch einen Guckkasten für nur einen Zuschauer und nicht als Projektion auf eine Leinwand – lässt an die frühen Peep-Show-Filmbetrachter des neunzehnten Jahrhunderts wie das Kinetoskop oder das Mutoskop denken, bei denen der Rezipient Endlosschleifen von menschlichen Bewegungen in einem Schaukasten direkt vor Augen hatte. Beide Apparaturen wurden aufgrund ihrer privaten Vorführungssituation vor allem für das Abspielen erotischer Inhalte verwendet.[11] Ein sinnlicher Augenblick zwischen der Erzählerin und der Prostituierten Marie wird nicht unmittelbar registriert, sondern vermittels eines optischen Instruments erlebt:

---

[7] Vgl. Ludwig Maria Vogel-Bienek. „Projektionskunst. Paradigma der visuellen Massenmedien des 19. Jahrhunderts". *Medienwissenschaft. Ein Handbuch zur Entwicklung der Medien und Kommunikationsformen.* 2. Teilband. Hg. Joachim-Felix Leonhard, Hans-Werner Ludwig, Dietrich Schwarze und Erich Straßner. Berlin und New York: De Gruyter, 2001. 1043–1058, hier 1047.
[8] Tawada. Nackte Auge: 32.
[9] Ebd.
[10] Ebd.: 25.
[11] Vgl. Paul Clee. *Before Hollywood. From Shadow Play to the Silver Screen.* New York: Clarion Books, 2005, 133.

> In dem Spiegel war auch die Frau zu sehen, die hinter mir stand. Eine schwungvolle Linie lief vom Nacken über die Brüste und Hüften bis zu den Schenkeln. Ein meisterhafter Pinselstrich. Als ich mich zurückwandte, ähnelte sie nicht mehr einem zweidimensionalen Kunstwerk, sondern war lebendige Materie mit Fleischgewicht.[12]

Realität wird hier als reproduziert wahrgenommen. Der Spiegel dient nicht der Selbstbetrachtung, er fungiert als Bildbetrachtungsgerät. Spiegel fanden beispielsweise anfänglich beim Stereoskop, das sich im neunzehnten Jahrhundert zum Massenmedium entwickelte, Verwendung. Das optische Instrument erzeugte beim Betrachten von zweidimensionalen Zeichnungen oder Fotografien einen Eindruck von räumlicher Tiefe durch die Verwendung eines Bildpaares, dessen Sujet aus unterschiedlichen Perspektiven aufgenommen wurde.[13] Die im Zitat beschriebene Perzeptionsweise bezieht sich ebenfalls auf ein Doppelbild: Marie ist zum einen als Reflexion im Spiegel und zum anderen als direkter Seheindruck im Blickfeld der Betrachterin visuell anwesend. Die Erzeugung von Körperlichkeit und Tiefenwirkung entsteht in der Wahrnehmung der Erzählerin ähnlich wie bei der Stereoskopie erst durch die Synthese dieser getrennten Bilder. Wie in den beiden anderen Textpassagen kommt hier nicht das tatsächliche *Abspielgerät* zum Einsatz, es wird jedoch eine an vorkinomatografische Dispositive angelehnte Perzeptionsweise evoziert.

Kurz nach dieser Begegnung unternimmt die Erzählerin ihren ersten Besuch eines Pariser Kinos. Dass es sich bei dem dort vorgeführten Film um das bereits erwähnte Werk *Repulsion* handelt, ließe sich allein anhand der Wiedergabe durch die Protagonistin nur schwer entschlüsseln. Die komplexe Handlung und die anspielungsreiche Bildsprache des psychologischen Films werden zu einer Aneinanderreihung von alltäglichen Geschehnissen ohne offensichtliche Kohärenz reduziert:

> Ich sah die Hauptfigur mit großen Schritten irgendwohin eilen. Ihre Finger versuchten immer wieder, etwas Unsichtbares vom Seitenflügel ihrer Nase zu entfernen. Eine seltsame Baustelle befand sich mitten auf der befahrenen Straße [...]. Eine ältere Nachbarin, die dick angezogen war und wie eine Kugel aussah, stand vor der Tür, mit einem Hut und einem Hund. Drei Straßenmusiker in Kindergröße spielten Akkordeon, Klarinette und Trommel.[14]

In der intermedialen und interkulturellen Übersetzung verwandelt sich der Thriller, er wechselt sein Genre. Die transformative Beschreibung der Erzählerin, die sich

---

12 Tawada. Nackte Auge: 44.
13 Vgl. z. B. Ray Zone. *Stereoscopic Cinema and the Origins of 3-D Film, 1838–1952*. Lexington: University Press of Kentucky, 2014.
14 Tawada. Nackte Auge: 51–52.

auf die Denotation des Filmbilds beschränkt und nicht seine Konnotation erfasst, erzeugt den Eindruck, sie wohne der Vorführung eines frühen nichtnarrativen Films bei, der kurze dokumentarische Szenen aus dem Alltag einfängt, ohne diese in einen größeren Erzählkontext zu stellen. Sprachlich wird dieser Umstand durch die weitgehende Abwesenheit von Konjunktionen, die einen inhaltlichen Zusammenhang erzeugen könnten, hervorgehoben. Auf den ersten Blick ließe sich diese wenig äquivalente Umformung des filmischen Prätexts vor allem auf die mangelnden Sprachkenntnisse der Erzählerin zurückführen. Allerdings werden die nachfolgenden Filme kohärent vermittelt, obwohl die Protagonistin weiterhin nicht des Französischen mächtig ist; es werden Zusammenhänge zwischen den gesehenen Ereignissen konstruiert und so eine Handlung generiert – die Erzählerin unternimmt in ihrer kinematografischen Bildungsreise den Schritt vom frühen Film zum Erzählkino.

1.2 Mediengenese II: Das Illusionskino

Buñuels Tonfilm *Tristana* (1970) wird von der Kinobesucherin im Wahrnehmungsmodus des Stummfilms konsumiert. Die Protagonistin kommt explizit auf die nonverbale Kommunikationsfähigkeit der bewegten Bilder zu sprechen – beispielsweise während ihrer direkten Ansprache der von Deneuve verkörperten Figur Tristana: „Mit einem taubstummen Jungen sprechen Sie mit Fingern und Lippen. Mit mir werden Sie dann auch sprechen können"[15] oder im Gespräch mit einer anderen Vietnamesin: „,Warum gehst du ins Kino, [fragte Ai Van,] wenn du kein Französisch kannst?' Ich verriet ihr nicht, dass Tristana ihre eigene Gebärdensprache hatte und daher auch ohne ihre Zunge kommunizieren konnte."[16] Dies rekurriert auf die wortlose Ausdrucksfähigkeit des Stummfilms, auf sein körperbetontes Schauspiel, seine exaltierte Mimik und Gestik, auf die besondere Bildsprache des Kinos, die ohne *Zunge* zu erzählen vermag. Erst im fünften Kapitel geht die Protagonistin – weiterhin ohne Französisch verstehen zu können – auf die akustische Ebene des Mediums ein, obwohl natürlich auch die vorangegangenen Filme alle über eine Audiospur verfügen, und ruft auf diese Weise die Weiterentwicklung des filmischen Systems zum Tonfilm auf. Die Wiedergabe des Films *Indochine* (1992) beginnt wie folgt:

> Die erzählende Stimme gehörte Ihnen. Ich verstand nicht, was erzählt wurde, aber ich erkannte Ihre Stimme wieder. Und weil ich den Inhalt nicht verstand, stand die Stimme für sich,

---

15 Ebd.: 66.
16 Ebd.: 67.

selbstsicher und elastisch mit ihren Erhebungen und Senkungen. [...] Ihre Stimme kam aus dem Wasser, aus den Segeln, aus dem Wind, aus den Gummibäumen.[17]

Die ausführliche Schilderung des Historiendramas von Régis Wargnier, in dem Deneuve eine Plantagenbesitzerin im französisch besetzten Vietnam porträtiert, spiegelt ferner die Rezeptionshaltung des klassischen Illusionskinos wider, das auf die möglichst vollständige Identifikation der Zuschauer mit den Figuren auf der Leinwand abzielt. Da der Film vor allem exotischen Eskapismus inszeniert und auf eine Aufarbeitung des europäischen Imperialismus verzichtet, übernimmt die vietnamesische Erzählerin die nostalgisch verklärte Sicht des Films auf die französische Kolonialzeit:

> Das Peitschenschwingen hat gerade aufgehört. Elaine [sic!] steht mit einer Peitsche in der Hand da, vor ihr kniet ein älterer Plantagenarbeiter. Er hat ein zerfetztes Hemd an und blickt zu Elaine hinauf mit geröteten Augen, in denen eine Art Dankbarkeit zittert. Elaine spricht liebevoll zu ihm. Die Arbeiter sind ihre Kinder, die geliebt, geschützt, bestraft und ernährt werden müssen.[18]

Tawadas Protagonistin fühlt sich, weil dies die vom Film intendierte Wirkung ist, quasi wider ihre eigene historische und politische Positionierung, in Deneuves Figur Eliane und nicht etwa in deren vietnamesische Adoptivtochter ein. Diese zunächst widersprüchlich erscheinende Rezeptionshaltung, die in der Forschungsliteratur oft als Merkmal einer pathologischen „Ich-Aufgabe an das Filmidol"[19] gelesen wird, lässt sich als Ausdruck eines konventionellen Filmkonsums deuten, der uns nur durch den *fremden* Blickpunkt der Erzählerin seltsam erscheint. Die Einfühlung in Deneuve kann daher als eine von den Filmschaffenden beabsichtigte Reaktion auf Darstellungsmittel des Illusionskinos betrachtet werden. In seiner Kritik an Wargniers Film kommt Panivong Norindr zu der folgenden Schlussfolgerung, die als Erläuterung für die unkritische Aufnahme des Films herangezogen werden kann:

> *Indochine* exploits the identificatory mechanism of cinema on behalf of the colonizer: the spectator is sutured into a colonialist perspective. Through a mechanism of cinematic identification such as „suture", Eliane becomes the embodiment of the French colony in symbol and image, the „colonial Marianne", simply put, she personifies Indochina.[20]

---

17 Ebd.: 84.
18 Ebd.: 86.
19 Wehdeking. Medienkonstellationen: 211.
20 Panivong Norindr. „Filmic Memorial and Colonial Blues: Indochina in Contemporary French Cinema". *Cinema, Colonialism, Postcolonialism: Perspectives from the French and Francophone World.* Hg. Dina Sherzer. Austin: University of Texas Press, 1996. 120–146, hier 124.

Die durch das Continuity-System des klassischen Kinos erzeugte *Vernähung*[21] der Betrachterin in die filmische Fiktion *erzwingt* von der Protagonistin die Identifikation mit dem Kamerablick. Die technischen Mittel des Films (unsichtbare Schnitte, die enunziative Funktion von Musik etc.) verfolgen das Ziel, den Zuschauer vergessen zu machen, dass er nicht Teil der imaginären Leinwandwelt ist:

> Elaine isst Mango mit einem Löffel. Jedes zweite Mal steckt sie den Löffel in den Mund ihrer Adoptivtochter, als wäre sie noch ein Kind. [...] Gib mir auch ein bisschen Mango! Gib mir! Mir, mir, mir! Meine Sprache wird kindlich, wenn ich Sie anspreche. Die Wörter irren vereinzelt und ohne Zielpunkt umher, die Stimme steigt in die Höhe eines zwitschernden Vogels, und auf einmal sehe ich Sie vor mir stehen. Ihre Wimpern neigen sich mir voller Erbarmen zu, Ihre Lippen bewegen sich leicht mit, wenn ich spreche, als würden Sie meine Wörter wiederholen. In Wirklichkeit synchronisieren Sie meine Geschichte, indem Sie Stück für Stück eine Mango auf meine Zunge legen. Die saftige Frucht füllt meine Mundhöhle, und ich rede nur noch französisch, ohne den Sinn zu verstehen.[22]

Ferner lässt die momenthafte Regression der Protagonistin an die von psychoanalytisch ausgerichteten Filmtheoretikern zugeschriebene Wirkung der *suture* denken: „Das Zuschauersubjekt erfährt in der Illusion einer raum-zeitlichen Kontinuität [...] noch einmal das imaginäre Glücksgefühl des Kleinkinds, die Welt als Ganzes wahrzunehmen."[23] Die Erzählerin vollzieht infolgedessen eine Pseudo-Identifikation mit dem im Film dargestellten durch die Kolonialisatoren verzerrten Bild von Indochina. Ihre eigene Geschichte, die Geschichte Vietnams, wird ihr im Illusionsraum des Kinos *synchronisiert* vorgeführt: Sie ist durch die Sprache der Besatzer überdeckt, ihr Selbstbild wird mit dem westlichen Fremdbild – „ich rede nur noch französisch, ohne den Sinn zu verstehen" – in Übereinstimmung gebracht. Ihre Wahrnehmung generiert sich aus der *Unschuld* des Blickes eines konventionellen Filmkonsums, dem es (noch) nicht gelingt, diesen filmischen Illusionsraum zu durchdringen.

Erst bei späteren Kinobesuchen beginnt sie ihre Aufmerksamkeit auf die „Nahtstellen" des *suture* zu richten und sich von der Perspektive des Kameraauges zu emanzipieren, indem sie die *discours*-Ebene der Filme berücksichtigt. Die in-

---

21 „Suture [ist] die ideologiekritische Wendung der ‚Continuity-Regeln' des klassischen Hollywood, um den Zuschauer derart in die Erzählung ‚einzunähen', dass die Illusion von Kohärenz und Kontinuität nicht nur in der äußeren Handlung, sondern auch für die verinnerlichte Subjektivität entsteht. [...] Damit die Unterbrechungen im raumzeitlichen Gefüge zwischen kontinuierlichen Einstellungen nicht bemerkt werden, sind Schnitte gewöhnlich ‚motiviert' [...], so dass der Zuschauer die Schnitte nicht bemerkt beziehungsweise nicht als störend empfindet. [...]." Thomas Elsaesser und Malte Hagener. *Filmtheorie zur Einführung*. Hamburg: Junius Verlag, 2007, 113.
22 Tawada. Nackte Auge: 86–87.
23 Elsaesser und Hagener. Filmtheorie: 116.

haltlichen Nacherzählungen werden durch Fragen zur Erzeugung der Filmwirklichkeit ergänzt oder sogar abgelöst. Die Gemachtheit des Mediums wird hervorgehoben. Sie reflektiert etwa die Positionierung des Zuschauers und der Kamera in Bezug auf den diegetischen Filmraum: „Die Frau, die von Ihnen gespielt wird, streitet sich mit einem Mann im Auto. Wir hören keine Stimme, sondern nur den Klangteppich des Autobahngeräusches. Wo saßen wir Kinobesucher und wo saßen Sie wirklich, wenn wir Sie nicht hören konnten?"[24] Sie richtet ihr Interesse darüber hinaus auf Montagetechniken, auf Fragen der Repräsentation und auf das Zwischen-den-Einstellungen-Liegende: „Aber in [*Belle de Jour*] wurden die Szenen, die anregend und interessant sein könnten, immer plötzlich ausgeblendet [...]. Meine Augen wollten alles sehen. Wo blieben eigentlich die Bilder, die aus dem Film ausgeschnitten wurden?"[25] Ihr Blick auf die Leinwand ist nicht mehr darauf ausgerichtet, die Lücken zwischen den syntagmatischen Schnitten in einer imaginären Visualisierung zu schließen, er macht nunmehr Irritationen und Leerstellen im Wahrnehmungsakt sichtbar. Die Protagonistin versucht so, die dem Film grundliegende Grammatik zu verstehen. Aus der zunehmenden Beherrschung der *Fremdsprache* Film resultiert eine wachsende ästhetische Distanz zur passiven Perzeptionsweise des Illusionskinos. Im Kontext der Filmgeschichte lässt sich diese illusionsdurchbrechende Wahrnehmung als Anspielung auf Formen eines reflexiven Kinos werten, die sich in den 1950er und 1960er Jahren – auch als Reaktion auf den kommerziellen Film – entwickelten und in denen das Filmische selbst wahrnehmbar gemacht und die Beziehung zwischen Kino und Zuschauer neu ausgehandelt wird.[26]

Außerdem verweist die Autorin über die Inszenierung der technologischen Weiterentwicklung des Mediums auf Möglichkeiten eines aktiveren Umgangs mit dem Film. Im achten Kapitel kommt die Protagonistin zum ersten Mal in Kontakt mit Videotechnik:

> Ich nahm die Fernbedienung in die Hand und drückte die Stopptaste. Da passierte etwas, was ich noch nie erlebt hatte: Catherine geriet in Stillstand, ihre Lebensgeschichte hielt an, und ich konnte zum ersten Mal jedes Detail Ihres Gesichts sehen. In einem Kino konnte ich die Bilder nie anhalten, also rannten Sie mir immer zwischen die Netzhaut. Aber jetzt hatte ich die Macht, Ihre Bewegungen anzuhalten. Ich war erschüttert und lief aus dem Zimmer, ohne zu wissen, was ich vorhatte.[27]

---

24 Tawada. Nackte Auge: 101.
25 Ebd.: 116.
26 Vgl. Elsaesser und Hagener. Filmtheorie: 95–102.
27 Tawada. Nackte Auge: 131.

Bei ihrer Begegnung mit dem Fernsehbild werden die mit der neuen Abspieltechnologie verbundenen erweiterten Praktiken des Filmerlebens herausgestellt. Sie stoppt den Bildfluss, dem sie im Kino passiv ausgesetzt ist, und verändert ihre gewohnte filmische Raum- und Zeitwahrnehmung. Das Standbild lädt zu einer intensiveren Wahrnehmung des Abgebildeten ein und erzeugt durch die unnatürliche Nähe Distanz zum Gezeigten. Die Erzählerin eignet sich das Filmbild im Anhalten der Zeit an und unterbindet so die Immersion in den Film. Die Möglichkeiten, die sich der Rezipientin durch die plötzliche Verfügbarkeit des filmischen Materials eröffnen, verunsichern sie, deuten sie doch die Aussicht auf einen vollständig anderen, selbstständig organisierten Lektüreprozess an: „Das Anhalten auf dem Bild bringt den Film in die Nähe des Buches, ist ein Durchblättern. Indem jedoch diese Geste gegen das ‚natürliche' Vorbeiziehen der Bilder ankämpft, bedeutet sie mehr als nur das: Ein Spiel, eine Umwandlung, [...] eine abgeleitete Neuschaffung."[28] Im Drücken der Stopp-Taste manifestiert sich auf ihrem *Bildungsweg* ein Moment der Emanzipation, der sie von einer passiven Betrachterin zu einer aktiv Handelnden macht. Die unterbrochene Bewegung der eingefrorenen *bewegten Bilder* vollzieht die Protagonistin nun stellvertretend in ihrer Flucht.

1.3 Mediengenese III: Das postcinematische Kino

Der Augenblick des Filmabbruchs markiert einen Kipppunkt. Die erzählten Filme spielen in den Kapiteln nur noch eine untergeordnete Rolle; Momente der Einfühlung in die Filmfiktion werden seltener. Die Erzählerin betont ihre Distanzierung vom Illusionskino und hebt die Unwirklichkeit der filmischen Realität hervor: „[Auf der Leinwand] schlugen sich die Menschen gegenseitig oder schliefen miteinander. Sie weinten und schwitzten, und die Leinwand blieb immer trocken. Das Cinéma, seine Bühne, hatte keine Tiefe."[29] Der Höhepunkt dieser Dekonstruktion des Illusionskinos erfolgt im vorletzten Kapitel des Romans in der Auseinandersetzung der Ich-Erzählerin mit dem Film *Est-Ouest* (1999), ein Historienfilm, der ähnlich wie *Indochine* aus einer vermeintlich überlegenen westlichen Perspektive auf den *fremden* Osten – in diesem Falle die Sowjetunion – blickt. Ihre Analyse des Werks, bei dem ebenfalls Wargnier Regie führte, steht ihrer passiven Rezeption von *Indochine* diametral entgegen und wird als akademische Tätigkeit beschrieben: „Der dritte Kinobesuch war notwendig für mich, denn ich wollte einige wichtige

---

[28] Raymond Bellour. „Die Analyse in Flammen (Ist die Filmanalyse am Ende?)". *Montage AV* 8.1 (1999): 18–23, hier 19.
[29] Ebd.: 138.

Bilder [...] genauer *studieren* [meine Hervorhebung, A. M.]"[30]. Dies verdeutlicht den Bildungsprozess, den sie im *kinematografischen Klassenzimmer* durchlaufen hat. Der Film wird nicht mehr als einheitliches Gesamtkunstwerk konsumiert, sondern in einzelne filmische Einstellungen und Verfahren *zerlegt*. So tritt das Dargestellte in der Offenlegung der filmischen Inszenierung hinter den Darstellungsmitteln zurück: Von der Hauptfigur wird beispielsweise nur unter Bezugnahme auf den Namen der Schauspielerin gesprochen, sie reflektiert visuelle Repräsentationsmechanismen zur Erzeugung von Authentizität oder geht auf die emotionalisierende Funktion von Filmmusik ein:

> Irgendwo in der Nacht soll er das Schiff finden. Das ist der Höhepunkt des Filmes. Soll ich mich hinreißen lassen? Die Musik zwingt mich, mitzuschwimmen. [...] Die Musik übermalt die Einsamkeit des Schwimmers, gibt ihr eine großzügige Portion Romantik und Dramatik und versucht, mich mitzuziehen.[31]

Ihre Kritik an der Schwarz-Weiß-Malerei des Films zeugt von ihrem filmisch begleiteten Emanzipationsprozess. Sie wird zu einer distanzierten Betrachterin, der es gelingt, die politisch eingesetzten Manipulationsstrategien des Films *Est-Ouest* zu durchschauen und die dem Leser auf diese Weise vorführt, dass es sich bei der *westlichen* Perspektive ebenfalls um eine ideologische Position handelt. War ihre Rezeption von *Indochine* noch geprägt von der Übernahme des im Film transportierten nostalgischen Blicks auf die französische Besatzung Vietnams, widersetzt sie sich nun der simplizistischen Botschaft. Insbesondere die Gleichsetzung von westlicher Hegemonie und Kapitalismus mit Freiheit wird im Roman explizit durch die Auseinandersetzung mit dem Film zurückgewiesen: „Als [der aus der UdSSR geflüchtete Sascha] in Frankreich ankommt, ist er nicht mehr frei. Die Behörden entscheiden, was mit dem kleinen, unbedeutenden Flüchtling passieren soll."[32] Ihre eigene gesellschaftliche Stellung – als illegale Immigrantin in der *westlichen* Welt lebend, ohne an den vermeintlichen westlichen Freiheiten teilhaben zu können – ermöglicht es der Protagonistin, die kapitalistische Siegesrhetorik, „die nach dem Ende des kalten Krieges die vorbehaltlose Identifikation mit diesem System propagiert und unter Berufung auf dessen angebliche Alternativlosigkeit jeden Einwand beiseite wischt"[33] als nicht weniger propagandistisch als kommunistische Meinungsmache zu erkennen – ein Umstand, der ihrem deutschen Begleiter Jörg entgeht:

---

30 Ebd.: 179.
31 Ebd.: 176.
32 Ebd.: 177.
33 Bay. Eyes wide shut: 559.

> Ich fragte ihn: Bist du kein Arbeiter? Du arbeitest doch jeden Tag wie ein Sklave für deinen Chef. Du kannst kaum etwas selber entscheiden. [...] Es gibt jemanden hinter der Leinwand, der Jörg und den anderen Zuschauern etwas einreden will. Jörg, du bist etwas Besseres als ein Arbeiter, Jörg, du bist ein freier Mensch. Wer sagt das? Der Autor? Der Regisseur? Der Produzent? Wie heißen die Feiglinge, die sich hinter der Leinwand verstecken?[34]

Ihr Blick hinter die Kamera ist so nicht nur Ausdruck einer allgemeinen Medienreflexion, er dient als Ausgangspunkt zur Anfechtung einer als verbindlich betrachteten westlichen Deutungshoheit. „Das wachsende Bewusstsein dafür, dass ein Film ein politischer Akt sein kann", ist dem Filmwissenschaftler Francesco Casetti zufolge ein wichtiger Schritt in der Entwicklung des modernen Kinos weg von einer bloß als passiv verstandenen Beobachterposition des Zuschauers; vom Rezipienten werde nun nicht mehr verlangt, „einem Spektakel *beizuwohnen*. Vielmehr soll er auf den Film *antworten* und zugleich mit dem Autor in einen Dialog treten."[35]

Nachdem die Erzählerin am Ende des zwölften Kapitels droht, sich mit einem Sekundenzeiger zu blenden – vielleicht aus Protest gegen diese medial vermittelte Form der Hegemonie? –, wird im letzten Kapitel eine Filmrezeption eingeführt, deren Inszenierung ein weites Interpretationsfeld eröffnet. Während der Textanteil der nacherzählten Filme im letzten Drittel des Romans reduziert wird, kommt es zu einer verstärkten Spiegelung von Handlungselementen und Motiven aus den jeweiligen Filmen im Leben der Protagonistin. Dies führt zu einer Erweiterung des filmischen Raums: „[I]ch wanderte erheitert weiter [durch Paris], wartend auf den nächsten Film, der auf der riesigen Leinwand des Nachthimmels gezeigt werden könnte."[36] Diese zunehmende Auflösung der Gebundenheit des Filmbilds an die Kinoleinwand lässt sich als Derealisierungsverfahren oder als Element des magischen Realismus deuten, im Kontext der dargestellten Genese des Mediums kann die *Entgrenzung* aber auch als Anspielung auf eine postcinematische Filmästhetik gelesen werden, die das Resultat eines Migrationsprozesses von filmischer Erfahrung darstellt und mit einer „Marginalisierung der Filmvorführung im Kinosaal"[37] einhergeht. Die Ubiquität des Filmischen – zu Hause auf Fernsehbildschirmen, unterwegs auf dem Smartphone-Display, im Internet, in Museum, auf Häuserfassaden oder in Bahnhofswartehallen – erzeugt ein neues Verhältnis zwischen Realität und Film. So geht etwa der Filmtheoretiker Malte Hagener nicht mehr davon aus,

---

34 Tawada. Nackte Auge: 171.
35 Francesco Casetti. „Die Explosion des Kinos. Filmische Erfahrung in der post-kinematographischen Epoche". *montage AV* 19.1 (2010): 11–35, hier 23.
36 Tawada. Nackte Auge: 135.
37 Casetti. Explosion des Kinos: 15.

dass es auf der einen Seite eine Realität gibt, die authentisch von den Medien unberührt ist, während auf der anderen Seite ‚die Medien' existieren, die diese Welt abbilden oder repräsentieren. Wir leben im Zeitalter der Medienimmanenz, in dem es keinen transzendentalen Horizont mehr gibt, von dem aus wir Urteile über die allgegenwärtigen medialisierten Erfahrungen abgeben können. [...] Im heutigen Medienuniversum sind selbst unsere Wahrnehmung und unser Denken kinematografisch geworden.[38]

Dass die Protagonistin medial reproduzierte Wirklichkeit als Teil ihrer erlebten Realität wahrnimmt, ließe sich infolgedessen als Ausdruck einer solchen Medienimmanenz interpretieren. Auch der den Roman abschließende Kinobesuch evoziert postcinematische Erfahrungsformen. Das letzte Kapitel wird nicht mehr aus der Sicht eines autodiegetischen, sondern aus der eines heterodiegetischen Erzählers geschildert und die Protagonistin scheint sich in eine ältere, europäisch aussehende Frau transformiert zu haben, die aufgrund einer Erblindung eine neue Form des Zuschauer-Daseins erlebt:

> Meine Freundin Kathy übersetzt mir [...] die Bilder in die Fingersprache und tippt sie auf meine Handfläche. Meine Hand ist meine Leinwand, und die Finger von Kathy sind die Autoren, denn ich bin mir sicher, dass sie die Geschichte umschreibt, wenn sie ihr nicht gefällt. [...] Manchmal zeichnet Kathy mit einem Finger auf meine Hand einen offenen Kreis wie der Buchstabe ‚C', oder der Finger fährt zuerst eine gerade Linie und dann einen Halbkreis entlang, das wäre der Buchstabe ‚D'.[39]

Die Passage, die Anleihen an Lars von Triers Film *Dancer in the Dark* (2000) nimmt, erlaubt eine Vielzahl von Interpretationsansätzen: Die Verwandlung der filmischen *Seh*erfahrung in einen *Schreib*- und *Lese*akt lässt sich einerseits als selbstreferenzielle Geste verstehen; der Roman verweist auf seine eigene intermediale Übersetzungstätigkeit, die Film in Literatur transformiert. Charles Exley liest das Ende daher als eine Allegorie auf den Prozess des Schreibens.[40] Analysiert man die Passage im Zusammenhang mit der inszenierten Medienhistorie, lässt sich die filmische Erfahrung andererseits als Rekurs auf eine durch die Digitalisierung generierte Veränderung der filmischen Medialität und des Zeichenstatus deuten. Die Hervorbringung des *Films* durch die Fingersprache verweist bereits etymologisch auf den Begriff des Digitalen. Darüber hinaus rekurriert die Flüchtigkeit und *Ortlosigkeit* des von Kathy auf die Körperoberfläche der Freundin übertragenen Films

---

[38] Malte Hagener. „Wo ist Film (heute)? Film/Kino im Zeitalter der Medienimmanenz". *Orte filmischen Wissens: Filmkultur und Filmvermittlung im Zeitalter digitaler Netzwerke*. Hg. Gudrun Sommer, Oliver Fahle und Vinzenz Hediger. Marburg: Schüren, 2011. 45–59, hier 52.
[39] Tawada. Nackte Auge: 185.
[40] Vgl. Charles Exley. „Gazing at Deneuve: The Migrant Spectator and the Transnational Star in Tawada Yōko's The Naked Eye". *Japanese Language and Literature* 50 (2016): 53–74, hier 68.

auf die Entmaterialisierung des analogen Films durch digitale Kinotechnik; das Bild ist nicht mehr auf Filmrollen physisch gespeichert, sondern wird während der Projektion jedes Mal neu *erstellt*. Im Roman existieren die Filmbilder ebenfalls nur während der ephemeren Berührung und stellen außerdem genau wie digital erzeugte Bilder den indexikalischen Bezug zur Wirklichkeit in Frage. Die umgeschriebenen filmischen Bilder spielen darüber hinaus auf die sowohl produktions- als auch rezeptionsseitige Veränderbarkeit digitaler Bilder an. So konstatiert Casetti, dass das postcinematische Kino ein performatives Filmsehen hervorbringen kann, das

> nicht mehr im Modus der *attendance*, des Beiwohnens statt[findet], sondern Merkmale eines *Eingriffs* des Zuschauers in die Modalitäten wie die Objekte seines Blicks an[nimmt]. Einen Film zu schauen, heißt nunmehr ein geeignetes Dispositiv auszuwählen, [...] Zeit und Rhythmus festzulegen (am Stück oder in Etappen) sowie den Ort zu bestimmen, gegebenenfalls aufzuzeichnen und abzuspeichern, was man sich anschaut, es später wieder zu benutzen, möglicherweise sogar zu bearbeiten [...], um es sich vollständig anzueignen, kurz: Wenn der Zuschauer sieht, macht er auch etwas, sein Sehen ist zu einem Machen geworden.[41]

Ferner hebt Casetti hervor, dass hierbei neben dem Sehsinn weitere Formen des sinnlichen Handelns aktiviert werden – der Tastsinn beispielsweise werde durch die manuelle Handhabung der Dispositive involviert.[42] Durch die Migration des Films auf Touchscreens wird die Verbindung des Visuellen mit dem Haptischen intensiviert. Die von Kathy ausgeführten Fingerbewegungen spiegeln die Gesten des Tippens und Wischens, die auf dem Berührbildschirm die filmische Abspielsituation bestimmen. Das Umdichten durch die Übersetzung in die Fingersprache rekurriert zudem auf die Möglichkeit des Zuschauers, das digitale Filmmaterial selbst bearbeiten und daraus etwas Eigenes erschaffen zu können. Eine Befähigung, die sich die Protagonistin bereits während ihrer Pariser Kinobesuche erträumt hatte: „Warum durfte ich als freier Mensch nicht zwischendurch die Bilder ausschalten oder korrigieren?"[43] Dieses interaktive Verhältnis zum Film lässt den Zuschauer zum *User* werden. Formen der Nachbearbeitung, des *Samplings* oder des *Mash-Ups*, die durch Umschnitte und Neuvertonungen entstehen, bezeichnet Casetti als „textuelles Tun"[44] – Tawadas Inszenierung eines *handgeschriebenen* Films stellt daher eine treffende metaphorische Annäherung dar. Die Verschmelzung der Praktiken von Rezeption und Produktion wird im Text zudem durch die Andeutung, dass Kathy, eine von Deneuve gespielte Figur aus *Dancer in the Dark*, nur in der Vor-

---

41 Casetti. Explosion des Kinos: 25.
42 Vgl. ebd.
43 Tawada. Nackte Auge: 172.
44 Casetti. Explosion des Kinos: 26.

stellung der Protagonistin existiere, unterstrichen. Die Aufwertung der Position des Rezipienten – die Existenz des Films liegt wortwörtlich in der Hand der Zuschauerin – bildet einen passenden Endpunkt für die im Roman vorgeführte Medienhistorie, denn wie Casetti bezüglich des postcinematischen Kinos festhält, „[m]odellierte einst das Kino den Zuschauer, so modelliert jetzt der Zuschauer das Kino. Durch ihn wird das Kino das, was es ist."[45]

2 Flimmernde Identität: Der Film als Medium des Dazwischen

Auch die Protagonistin erlebt eine filmisch begleitete Metamorphose. Die Bezugnahme auf die Schauspielerin Catherine Deneuve wird im Text genutzt, um Orte des Dazwischen für die Protagonistin zu eröffnen und Konzepte von Identität zu reflektieren. Deneuves mimische Ausdruckslosigkeit[46] erlaubt es der Erzählerin, die von der Schauspielerin dargestellten Figuren nicht nur als Identifikationsobjekte wahrzunehmen, sondern diese vor allem auch als Projektionsflächen für eigene Wünsche und Begierden zu nutzen. Anknüpfungspunkte für eine Auseinandersetzung mit Fragen nationaler, kultureller, sexueller und politischer Identität bieten darüber hinaus Deneuves Status als Sinnbild Frankreichs und die von ihr gespielten Figuren, die häufig ambig sind und ungleiche Machtverhältnisse thematisieren. Im Dialog mit der Frau auf der Leinwand gelingt es der Protagonistin, zumindest im Kopfkino gesellschaftliche Macht auszuüben oder Heteronormativität zu unterlaufen:

> Ich hatte nichts mehr dagegen, ein Vampir zu werden, einmal gründlich ausgesaugt zu werden, dazuzugehören, Blut miteinander zu teilen, um zusammenzuleben. Mit Miriam. [...] Wenn ich genug Beute gehabt hätte, würde ich sofort mit einer dicken Spritze aus meinem Arm Blut abnehmen und damit Miriams Weinglas füllen. Eigentlich wären die Spritze und das Weinglas überflüssig, denn Miriam könnte auch direkt aus meinem Hals trinken, das wäre für mich ein Vergnügen.[47]

Während die Erzählerin *The Hunger* im Kino sieht, imaginiert sie sich als Teil der filmischen Welt. In der Interaktion mit Deneuves Figur Miriam kann sie zum einen ihre nicht eingestandene Homosexualität symbolisch im Akt des gegenseitigen Bluttrinkens ausleben. Zum anderen löst sie in ihrer filmisch unterstützten Vor-

---

45 Ebd.: 27.
46 Exley spricht von einem „locus of ambiguities". Gazing at Deneuve: 65.
47 Tawada. Nackte Auge: 81–82.

stellung geschlechtliche Körpergrenzen auf. Die Spritze als Phallussymbol und das zu füllende Gefäß als Symbol des Weiblichen werden im zitierten Textausschnitt zu etwas Überflüssigem erklärt und die Notwendigkeit, die eigene Identität biologischen oder gesellschaftlichen Taxonomien entsprechend konstruieren zu müssen, wird implizit hinterfragt. Ein Unbehagen an identitärer Eindeutigkeit wird in Tawadas Œuvre immer wieder zum Thema. Im Text *Eine leere Flasche* beklagt die Erzählerin, dass im Japanischen bereits die Äußerung des Worts *ich* eine Einordnung in Dichotomien verlangt:

> Ich hatte Schwierigkeiten mit all diesen Wörtern, die ‚ich' bedeuteten. Ich fühlte mich weder wie ein Mädchen noch wie ein Junge. Als Erwachsene kann man sich in das geschlechtsneutrale Wort ‚watashi' flüchten, aber bis man so weit ist, ist man gezwungen, ein Junge oder ein Mädchen zu sein.[48]

Identität wird sowohl in der Kurzgeschichte als auch im Roman als ein Zustand des Dazwischen gefasst und auf Vereindeutigung ausgerichtete Fremdzuschreibungen werden zurückgewiesen. Diese Ablehnung von Rollenzuschreibungen lässt vermuten, dass sich die im Zusammenhang mit dem Medium Film diskutierte Identitätsthematik nicht einfach auf die Darstellung des oft mit der Schauspielerei verbundenen Topos von der Welt als Bühne beschränkt und über die Vorstellung von Identität als Rollenspiel hinausgeht. Dieser Eindruck wird dadurch unterstützt, dass die Protagonistin nicht die reale Catherine Deneuve bewundert oder einer von ihr verkörperten Figur nacheifert – ihr *Identifikationsanker* ist die „Dachfigur"[49] Deneuve, die sie sich aus den verschiedenen von der Schauspielerin dargestellten Charakteren amalgamiert. Im folgenden Textauszug verbindet die Protagonistin Deneuves Rollen zu einer einzelnen metamorphischen Gestalt:

> Sind Sie nicht in London viel weitergegangen, als Sie fast noch ein Mädchen waren? Haben Sie den Ekel vergessen? In diesem Film sind Sie eine Frau, die verlassen wurde und auf etwas Neues wartet. Sie sind eine bürgerliche Frau, die sensibel und liebenswürdig ist und sich zufällig in einer Krise befindet. Diese Krise finde ich langweilig. Warum beißen Sie nicht in den Hals des verschlafenen Mannes, um sein frisches Blut zu trinken? [...] Außerdem haben Sie nur noch vier Jahre, bis Sie mit der Revolution in Indochina konfrontiert werden.[50]

Die von der Erzählerin angesprochene Entität *Deneuve* ist ein sich beständig wandelndes Beziehungsgeflecht, eine rhizomatische Vielheit. Ihr Verhältnis zu den Fi-

---

48 Yoko Tawada. „Eine leere Flasche". *Überseezungen*. Tübingen: Konkursbuch Verlag, 2010. 53–57, hier 53–54.
49 Tawada. Nackte Auge: 163.
50 Ebd.: 103.

guren lässt sich daher nicht, wie oft in der Sekundärliteratur angeführt, als „Ich-Aufgabe an das Filmidol"[51] beschreiben. Tawada zeichnet in der Entwicklung der Protagonistin keine gescheiterte Form der Identitätskonstruktion nach, sondern sie führt dem Leser durch den Bezug auf das sich stetig erweiternde Rollenarsenal der Schauspielerin ein nichteuropäisches Identitätsverständnis vor, dessen Grundlage die Verwandlung darstellt. In einem Interview erläutert sie ihr Verständnis von Identität wie folgt:

> When I was introduced to European culture and its modern concepts of identity, I noticed that there is an unrelenting search for one single identity. I, however, could not work with that idea. I started searching, unconsciously, for realms in which different types of identity are represented. I looked in all kinds of different areas: in classical mythology, in fairy tales, in old Asian pre-literary myths, in African legends, in all kinds of places where elements were reshuffled again and again. In tales from these various sources, images, bodies, and actions are taken apart and come back together again [... and] take on a different shape.[52]

Identität wird als transitorisch und mehrdeutig gefasst. Identitätsformen, die im europäischen Kulturraum negativ konnotiert oder sogar pathologisiert werden, da sie Abweichungen von einem *wahren* Selbst darstellten, können so positiv zu Momenten der Metamorphose und der Erneuerung umgedeutet werden. In ihren poetologischen Schriften resümiert Tawada entsprechend: „Das Modewort ‚Identitätsverlust' hat den Begriff der Verwandlung in die Ecke verdrängt."[53] Dass im Roman *Das nackte Auge* eine ebensolche Vorstellung von proteischer Identität zum Tragen kommt, macht bereits der wiederholte Namenswechsel der Protagonistin deutlich. Über einen *echten* Namen, der die Existenz eines authentischen Selbst suggerieren würde, verfügt die Erzählerin nicht.

Ihre äußere Transformation in eine Europäerin[54] lässt sich mit Rückgriff auf Tawadas Identitätskonzept, das Verwandlungen nicht nur als psychischen, sondern auch als physischen Prozess begreift, plausibel machen. Die Autorin spricht sich gegen die Theorien von Lavater aus, die „jeder ‚Rasse', jedem ‚Geschlecht' und jeder ‚Klasse' eine grundlegende Physiognomie" zuschreiben und „Körperlichkeit als fixierbare Materie"[55] fassen. An Walter Benjamin anknüpfend betrachtet sie Ge-

---

51 Wehdeking. Medienkonstellationen: 211.
52 Bettina Brandt. „Ein Wort, Ein Ort, or How Words Create Places: Interview with Yoko Tawada". *Women in German Yearbook* 21 (2005): 1–15, hier 11.
53 Yoko Tawada. *Verwandlungen. Tübinger Poetik-Vorlesung*. Tübingen: Konkursbuchverlag, 1998, 60.
54 Vgl. Tawada. Nackte Auge: 184.
55 Yoko Tawada. *Spielzeug und Sprachmagie in der europäischen Literatur: Eine ethnologische Poetologie*. Tübingen: Konkursbuchverlag, 2000, 64.

sichter nicht als „Ausdruck einer ‚inneren Wahrheit' einer Person"[56]; ein Gesicht fungiere eher „wie eine Leinwand [, die] Bilder empfangen und zeigen [kann]."[57] Sie verweist damit auf die Möglichkeit, dass sich fremde kulturelle und soziale Kontexte in den Körper einschreiben können. Das veränderte Gesicht der Erzählerin am Ende des Romans muss daher nicht zwangsläufig negativ als Ausdruck der Auslöschung ihres Ichs gedeutet werden, es kann auch als eine bewusste An*verwandlung* des Fremden gelesen werden. Ihre *Zweigesichtigkeit* macht so deutlich, dass sie sich nicht auf eine singuläre Identität reduzieren lässt und die Metamorphose als Grundfigur ihrer Identität dient. So wird die Protagonistin nicht nur buchstäblich durch die Aufführung des *Handflächenkinos*, sondern auch durch den Wechsel der Erzählperspektive am Romanende selbst zu einer metaphorischen Leinwand, zum von einem Betrachter zu entziffernden Zeichenträger: „Selma [...] beobachtete das europäisch aussehende Gesicht der Frau. In die grauen Haare konnte man blonde Strähnen machen lassen, aber waren diese Augen, die Nase und die Wangen vietnamesisch?"[58] Für den Leser wird ihre äußere Verwandlung erst durch den Blick der Figur Selma sichtbar. Auf diese Weise erscheint ihr Gesicht tatsächlich weniger als „anatomisch fixierbare[s] Körperteil"[59] und vielmehr als flüchtige, immer wieder neubespielbare Projektion auf Haut – ihr Gesicht wird zum Film.

Das Kino wird im Roman ebenfalls als vielgestaltiger Raum inszeniert. Der Kinosaal fungiert als Erinnerungsort, Kirche, Schutzraum, Klassenzimmer, aber auch als Ort der Abhängigkeit: „Fast jeden Tag ging ich ins Kino. Wie eine Alkoholikerin, die die ausgeleerten Flaschen nicht mehr zählte, hörte ich auf zu zählen, wie oft ich in diesem Film war."[60] Im Raum des Kinos kann die in ihrer Mobilität und ihrer sozialen Reichweite eingeschränkte Erzählerin zur Flaneurin werden und ihren Erlebnisraum um positive und negative Erfahrungen erweitern. Die zur Stagnation und Passivität gezwungene Protagonistin macht, wie gezeigt wurde, durch ihre metaphorische Reise durch die Kinogeschichte eine Entwicklung durch. Als kulturpessimistisches Plädoyer einer Schriftstellerin gegen das Kino lässt sich Tawadas Deneuve gewidmeter Filmroman daher nicht lesen, der Text dient trotz der Kritik der Protagonistin an der „cinematographischen Strömung"[61] nicht der Verteufelung einer *Filmwut*, eines exzessiven Mediengebrauchs. Die medial vermittelten Erlebnisse des Kinos stehen im Text als Erfahrungsspender gleichberechtigt neben real wahrgenommenen Ereignissen und den nur noch im Kopfkino

---

56 Tawada. Verwandlungen: 47.
57 Ebd.: 46.
58 Tawada. Nackte Auge: 184.
59 Tawada. Verwandlungen: 48.
60 Tawada. Nackte Auge: 96.
61 Ebd.: 172.

erzeugten Bildern des Handflächenkinos. Ihre Kinobesuche werden daher nicht als vergeudete Zeit oder als ein Verharren in einem unechten Leben abgewertet. In einem Interview führt Tawada diesbezüglich aus: „Nowadays, human existence is made up of continual, varied interchanges. What I refer to as 'I' is made up of what I hear, what I read, what I see, and how I react to it."[62] Eine solche Existenz zeichnet der Roman durch seine intermediale Vielschichtigkeit nach.

Literaturverzeichnis

Bay, Hansjörg. „Eyes wide shut. Mediale Übersetzungen in Yoko Tawadas *Das nackte Auge*". *Études Germaniques* 259.3 (2010): 551–568.

Bellour, Raymond. „Die Analyse in Flammen (Ist die Filmanalyse am Ende?)". *Montage AV* 8.1 (1999): 18–23.

Brandt, Bettina. „Ein Wort, Ein Ort, or How Words Create Places: Interview with Yoko Tawada". *Women in German Yearbook* 21 (2005): 1–15.

Brandt, Bettina. „The Postcommunist Eye: An Interview with Yoko Tawada". *World Literature Today: A Literary Quarterly of the University of Oklahoma* 80.1 (2006): 43–45.

Casetti, Francesco. „Die Explosion des Kinos. Filmische Erfahrung in der post-kinematographischen Epoche". *montage AV* 19.1 (2010): 11–35.

Clee, Paul. *Before Hollywood. From Shadow Play to the Silver Screen*. New York: Clarion Books, 2005.

Elsaesser, Thomas und Malte Hagener. *Filmtheorie zur Einführung*. Hamburg: Junis Verlag, 2007.

Exley, Charles. „Gazing at Deneuve: The Migrant Spectator and the Transnational Star in Tawada Yōko's The Naked Eye". *Japanese Language and Literature* 50 (2016): 53–74.

Hagener, Malte. „Wo ist Film (heute)? Film/Kino im Zeitalter der Medienimmanenz". *Orte filmischen Wissens: Filmkultur und Filmvermittlung im Zeitalter digitaler Netzwerke*. Hg. Gudrun Sommer, Oliver Fahle und Vinzenz Hediger. Marburg: Schüren, 2011. 45–59.

Ivanović, Christine (Hg.). *Yoko Tawada: Poetik der Transformation*. Tübingen: Stauffenburg-Verlag, 2010.

Norindr, Panivong. „Filmic Memorial and Colonial Blues: Indochina in Contemporary French Cinema". *Cinema, Colonialism, Postcolonialism: Perspectives from the French and Francophone World*. Hg. Dina Sherzer. Austin: University of Texas Press, 1996. 120–146.

Schmitz-Emans, Monika. „Entgrenzungsphantasien und Derealisierungsverfahren: Das Kino im Spiegel des Romans bei Thomas Mann, Luigi Pirandello, José Saramago und Yoko Tawada". *Literarische Medienreflexionen: Künste und Medien im Fokus moderner und postmoderner Literatur*. Hg. Sandra Poppe und Sascha Seiler. Berlin: Erich Schmidt, 2008. 185–204.

Tawada, Yoko. *Verwandlungen. Tübinger Poetik-Vorlesung*. Tübingen: Konkursbuchverlag, 1998.

Tawada, Yoko. *Spielzeug und Sprachmagie in der europäischen Literatur: Eine ethnologische Poetologie*. Tübingen: Konkursbuchverlag, 2000.

Tawada, Yoko. *Das nackte Auge*. Tübingen: Konkursbuchverlag, 2004.

Tawada, Yoko. „Eine leere Flasche". *Überseezungen*. Tübingen: Konkursbuch Verlag, 2010. 53–57.

---

62 Bettina Brandt. „The Postcommunist Eye: An Interview with Yoko Tawada". *World Literature Today: A Literary Quarterly of the University of Oklahoma* 80.1 (2006): 43–45, hier 43.

Vogel-Bienek, Ludwig Maria. „Projektionskunst. Paradigma der visuellen Massenmedien des 19. Jahrhunderts". *Medienwissenschaft. Ein Handbuch zur Entwicklung der Medien und Kommunikationsformen*. 2. Teilband. Hg. Joachim-Felix Leonhard, Hans-Werner Ludwig, Dietrich Schwarze und Erich Straßner. Berlin und New York: De Gruyter, 2001. 1043–1058.

Wehdeking, Volker. *Medienkonstellationen: Literatur und Film im Kontext von Moderne und Postmoderne*. Marburg: Tectum-Verlag, 2008.

Zone, Ray. *Stereoscopic Cinema and the Origins of 3-D Film, 1838–1952*. Lexington: University Press of Kentucky, 2014.

Isabelle Stauffer
Remediation und Selbstreflexion in Thomas von Steinaeckers *Geister* (2008) und Benjamin Steins *Replay* (2012)

Wenn in einem Medium ein anderes Medium repräsentiert wird, zum Beispiel Film in der Literatur, kann man das nach Jay David Bolter und Richard Grusin als Remediation bezeichnen, die – so betonen die beiden – vor dem Hintergrund digitaler Medien enorm zugenommen habe:

> [W]e call the representation of one medium in another *remediation,* and we will argue that remediation is a defining characteristic of the new digital media. [This, I. S.] practice [...] is so widespread that we can identify a spectrum of different ways in which digital media remediate their predecessors [...].[1]

Remediation geht nicht nur von jüngeren Medien aus, sondern ist auch in der umgekehrten Richtung möglich: „[O]lder media can also remediate newer ones."[2] Bei einer Remediation gestaltet das repräsentierende Medium das repräsentierte und sich selber um (*refashioning*) und positioniert sich im Mediensystem.[3] Damit reflektieren unterschiedliche Medien einander gegenseitig und zugleich sich selbst. Alte und neue Medien rufen beide in ihren Anstrengungen sich selbst und einander zu erneuern die doppelte Logik der Remediation von Hypermedialität (*hypermediacy*) und Unmittelbarkeit (*immediacy*) auf. Mit dieser doppelten Logik ist gemeint, dass unsere Kultur Medien gleichzeitig vervielfältigen und zum Verschwinden bringen will.[4] Hypermedialität als eine Seite dieser Logik bezeichnet das Ausstellen der Vielfalt und Ubiquität von Medien in unserer Gegenwart,[5] während nach der zweiten Seite, der Unmittelbarkeit, das Medium verschwinden und nur das Repräsentierte zurücklassen soll. Diese beiden Logiken koexistieren nicht nur sondern hängen voneinander ab.[6]

Thomas von Steinaeckers *Geister* (2008) und Benjamin Steins *Replay* (2012) sind zwei Romane der Gegenwartsliteratur, die sich intensiv mit verschiedenen Medien,

---

1 Jay David Bolter und Richard Grusin. *Remediation: Understanding New Media.* Cambridge, Mass. [u. a.]: MIT Press, 2000, 45.
2 Ebd.: 55.
3 Vgl. ebd.: 19, 55, 56.
4 Vgl. ebd.: 5.
5 Vgl. ebd.: 3.
6 Vgl. ebd.: 6.

ə Open Access. © 2024 bei den Autorinnen und Autoren, publiziert von De Gruyter. Dieses Werk ist lizenziert unter einer Creative Commons Namensnennung 4.0 International Lizenz.
https://doi.org/10.1515/9783110774337-003

insbesondere dem Film, auseinandersetzen. In meinem Beitrag möchte ich untersuchen, wie sich in diesen beiden Texten das Verhältnis von Literatur und Film vor dem Hintergrund der Digitalisierung darstellt und wie diese beiden Medien einander und darüber sich selbst reflektieren. Dabei geht es mir um eine Form der Selbstreflexion, die nicht einfach nur den Kunstcharakter eines Werks hervorhebt, sondern über das Medium des Kunstwerks nachdenkt. Diese Form der Selbstreflexion nennt Werner Wolf metaisierend:

> [S]elbstreferentielles Bedeuten [...] beinhaltet Anregungen zum Nachdenken über Teile des eigenen Systems durch Elemente desselben Systems und damit Selbst*reflexion*. Selbstreflexivität kann sich dabei der Verfahren selbstreferentiellen Verweisens, z. Bsp. der *mise en abyme*, bedienen.[7]

Eine *mise en abyme* ist zum Beispiel ein Gemälde innerhalb eines Gemäldes, dass das Gemälde selbst oder einen Teil davon, spiegelt. Anhand der *mise en abyme* kann über die Fiktionalität des Gezeigten nachgedacht werden.[8]

1 Hybride mediale Collagen: Thomas von Steinaeckers *Geister*

Thomas von Steinaeckers Roman *Geister* (2008) beginnt mit einem Paradox: „JÜRGEN SIEHT seiner Geburt zu."[9] Seiner eigenen Geburt zuzusehen ist nur möglich mit der Hilfe von audiovisuellen Speichermedien. Dass es sich um ein audiovisuelles Speichermedium – nämlich um einen Film – handelt, wird spätestens mit dem Wort „Schnitt"[10] fünf Zeilen weiter unten im Text deutlich. Jürgen Kämmerer schaut in einem Kino in Begleitung seiner Eltern einen Dokumentar-Film, der mit seiner Geburt endet. Die Hauptfigur dieses Films ist jedoch nicht er, sondern seine verschwundene und wahrscheinlich ermordete Schwester Ulrike. Zu diesem ersten Film gibt es mehrere Sequels. Die Erstellung des ersten Sequels findet gleich in

---

7 Werner Wolf. „Metaisierung als transgenerisches und transmediales Phänomen: Ein Systematisierungsversuch metareferentieller Formen und Begriffe in Literatur und anderen Medien." *Metaisierung in Literatur und anderen Medien. Theoretische Grundlagen – Historische Perspektiven – Metagattungen – Funktionen.* Hg. Janine Hauthal u. a. Berlin und New York: De Gruyter, 2007. 25–64, hier 33.
8 Vgl. ebd.: 35.
9 Thomas von Steinaecker. *Geister. Roman.* Frankfurt a. M.: Fischer, 2016, 7.
10 Ebd.: 7.

Anschluss an die Filmvorführung statt. Der Regisseur des Films begrüßt die Zuschauer und erklärt, warum zwei Männer mit Kamera im Kinosaal stehen:

> Einen guten Abend zusammen. Ich begrüße Sie. Werner Bischoff mein Name. Der Regisseur des Films, den Sie eben sahen. Erst einmal herzlichen Dank für die Einladung, und ich würde jetzt den Fragenteil eröffnen, die Podiumsdiskussion, ja? [...] Ja, noch ein Wort zu den Kameras, bitte nicht erschrecken. Das hat nämlich folgende Bewandtnis: Ich drehe gerade einen neuen Film über die Familie Kämmerer, das Sequel sozusagen.[11]

Entsprechend wird die nachfolgende Podiumsdiskussion mit Jürgens Eltern gefilmt und zu einem Teil des ersten Sequels. Beim zweiten Sequel glaubt ein neuer Regisseur namens Dag Hofer Ulrike in Budapest ausfindig gemacht zu haben und möchte sie dem längst erwachsenen Jürgen gegenüberstellen. Auch diesen Film schaut Jürgen später im Fernsehen an und sieht dabei wiederum sich selbst.

Auf der extradiegetischen Ebene liest das Lesepublikum von Steinaeckers Roman *Geister* über Jürgen, dass er fernsieht. Auf der intradiegetischen Ebene sieht Jürgen Filme und auf einer metadiegetischen Ebene tritt Jürgen in diesen Filmen, die er im Kino und im Fernsehen schaut, als Figur auf. Dabei überlegt der filmschauende Jürgen, der sich selbst sieht, welcher Jürgen echt ist.[12] Das heißt, Jürgen ist gleichzeitig auf einer intra- und einer metadiegetischen Erzählebene eine Figur der Erzählung und spiegelt zugleich die Position des Romanpublikums – aber mit einem anderen Medium: Während das Romanpublikum einen literarischen Text liest, schaut Jürgen einen Film.

Die mediale Omnipräsenz von Jürgens verschwundener Schwester in Filmen und auf Fotografien bewirkt, dass Jürgens Leben ihm wie ein Film vorkommt.[13] Zugleich sollen die über Ulrikes Verschwinden gedrehten Filme real wirken: Sie sind aber gescriptet. So reflektiert Jürgen über das zweite Sequel: „Jürgen gibt Hofer eine kleine Reality-Show in Budapest".[14] Diese Reality-Show besteht darin, dass „er sagt und tut, was Hofer sich vorstellt."[15] Als er für das zweite Sequel angefragt wird, hört Jürgen „so einen Klang, wie wenn Geigen lauter und dann wieder ganz leise spielen".[16] Er hört – schon bevor der Dreh stattfindet – in seinem Kopf die extradiegetische Filmmusik. Da sein Leben ein Film ist, kann er auch vorwärts spulen: „JÜRGEN MACHT einen auf Schnellvorlauf"[17] und dann folgt ein Kurzabriss von

---

11 Ebd.: 8.
12 Vgl. ebd.: 72–73.
13 Vgl. ebd.: 58, 65.
14 Ebd.: 66.
15 Ebd.: 67.
16 Ebd.: 65.
17 Ebd.: 19.

Jürgens Lebens bis zum Tod. Diese eskapistische Technik des Imaginierens übt Jürgen auch noch später aus.[18] Jürgens Nachname Kämmerer erinnert an Kamera oder Dunkelkammer und verstärkt die Thematik des Filmischen weiter.

Die Erzählweise des Romans trägt zusätzlich zur Vermischung von Film, Tag(traum) und Wirklichkeit bei. Durch die interne Fokalisierung ist man sehr nah an Jürgen und seiner filmischen Wahrnehmung der Wirklichkeit. Da die extradiegetisch-heterodiegetische Erzählinstanz meist auf *verba dicendi* verzichtet, ist häufig erstmals unklar, was Jürgen nur träumt, sich vorstellt oder tatsächlich erlebt.

Strukturiert ist der Roman in vier Kapitel. Sie heißen: „Was Du nicht siehst", „Mutabor", „Spuk", „Türen, Fenster". Alle spielen sie auf die Bildlichkeit der visuellen Medien, Film, Fotografie und Comic, an: „Was Du nicht siehst" thematisiert das Off. Jedes Bild, ob bewegt oder unbewegt, hat ein Off, das je nach Kompositionsart unauffällig bleibt oder durch angeschnittene Objekte oder Schattenwürfe in das Bild hineinragt.[19] Positionsveränderungen können Elemente aus dem Off ins On rücken. In *Geister* blickt Jürgen durch die Fenster verschiedener Räume in der Massageklinik: „Er wechselt in die Sieben. Während er die Patientin massiert, blickt er durchs Fenster, auf den Berg, denselben Berg wie eben, in der Vier, aber aus einer etwas anderen Perspektive. Von der Sieben kann man die kleine Kapelle auf dem Bergrücken sehen, von der Vier nicht."[20] Je nach Lage des Fensters sind vorhandene Dinge sichtbar oder nicht. Die Dinge, die man aus seiner aktuellen Position nicht sehen kann, sind trotzdem vorhanden und können eine wichtige Rolle spielen. So hat Jürgen seine Schwester nie lebend gesehen, dennoch bestimmt sie einen großen Teil seines Lebens.

Das titelgebende lateinische Wort für das nächste Kapitel, *mutabor*, verweist auf die Verwandlungskraft der Medien.[21] Die grammatische Form des Passivs deutet an, dass Jürgen durch die Medien verwandelt wird, dass das Verwandelnde ihm zustößt. Zugleich verwandeln die Medien einander gegenseitig. Der Kapiteltitel *Spuk* greift den Romantitel auf und benennt die Geisterhaftigkeit der Medien. Nach Moritz Baßlers, Bettina Grubers und Martina Wagner-Egelhaafs Einleitung zu dem Band *Gespenster. Erscheinungen – Medien – Theorien*, schreibt sich der Begriff des Mediums ohnehin vom Spiritistischen her:

---

18 Vgl. ebd.: 99.
19 Igor Ramet. „Zur Dialektik von On und Off im narrativen Film". *Der Raum im Film*. Hg. Susanne Dürr und Almut Steinlein. Frankfurt a. M.: Peter Lang, 2002. 32–45, hier 39.
20 Steinaecker. Geister: 119.
21 Mutabor ist das auch Zauberwort aus dem Märchen *Die Geschichte vom Kalif Storch* von Wilhelm Hauff.

Ist das ‚Medium' im Spiritismus eine Verbindung zwischen Menschenwelt und Geisterwelt, scheint es uns aufgrund seiner besonderen geistig-seelischen Disposition, die es befähigt, mit der Welt der Geister Kontakt aufnehmen, ja die Geister beschwören zu können, dieser Welt der Geister schon selbst anzugehören.[22]

Baßler, Gruber und Wagner-Egelhaaf führen zudem aus, dass Medien geisterhafte Erscheinungen schaffen, angesichts derer wir uns die Frage stellen: „Wie wirklich ist das, was wir sehen?"[23] Im Roman *Geister* halten die Fotografien Jürgens Schwester als „Phantom"[24] geisterhaft unter den Lebenden präsent.

Türen, Fenster wiederum greift, wie der erste Kapiteltitel, die Rahmung der Bilder durch die Medien auf. Türen und Fenster eröffnen Blicke und auch Durchgänge in andere (auch mediale) Räume. Im *arthouse*-Kino wird häufig mit Ausblicken und Übergängen in neue Räume gearbeitet und im Comic erinnern die einzelnen Panels an Fenster. Entsprechend geht es in diesem Kapitel um Comics: Die Berliner Comicautorin Cordula Maas kontaktiert Jürgen. Sie wurde durch den Film über Ulrikes Verschwinden dazu inspiriert, im Comic das Leben von Jürgens Schwester weiter zu dichten.

Cordula zeichnet autobiografisch grundierte Ute-Comics, in denen Jürgen ebenfalls als Figur vorkommt,[25] die teilweise im Roman abgebildet sind. So besteht das Roman-Kapitel *Türen, Fenster* aus einer Medienkombination zwischen Comic und Roman.[26] Die Comics von Daniela Kohl dienen dabei einerseits der Illustration, sind andererseits Teil der Handlung und werden zudem im Text thematisiert.[27] „Dies ist ein Comic"[28] wird mittendrin metaisierend angekündigt. Darauf folgt aber kein Comic, sondern ein intermedialer Bezug auf den Comic, eine Art Comicschreibweise:[29] „Blubber! Steigt Jürgen aus dem Becken (Dampf!)."[30] Wie vorher

---

22 Moritz Baßler u. a. „Einleitung". *Gespenster. Erscheinungen – Medien – Theorien*. Hg. Moritz Baßler u. a. Würzburg: Königshausen & Neumann, 2005. 9–21, hier 11.
23 Ebd.: 10.
24 Wolfgang Reichmann. „[Art.] Thomas von Steinaecker". *Munzinger Online/KLG – Kritisches Lexikon zur deutschsprachigen Gegenwartsliteratur.* http://www-1munzinger-1de-100006dfs000d.han. (30.08.2021).
25 Vgl. Steinaecker. Geister: 125.
26 Zum Begriff der Medienkombination vgl. Irina O. Rajewsky. *Intermedialität.* Tübingen und Basel: A. Francke, 2002, 15.
27 Vgl. Stefan Buchenberger. „Thomas von Steinaeckers Roman ‚Geister': Eine Weiterentwicklung der graphic novel?" *Bildlichkeit und Schriftlichkeit in der deutschen Kultur zwischen Barock und Gegenwart.* Hg. v. Yuji Nawata. Tokyo: JGG, 2015. 57–64, hier 59.
28 Steinaecker. Geister: 173.
29 Zum Begriff des intermedialen Bezugs vgl. Rajewsky. Intermedialität: 16–17.
30 Steinaecker. Geister: 173.

vom Film, lässt Jürgen sich „sein Leben vom Comic bestimmen".[31] Die Comics kommen erst in Heftform, dann über's Internet, via E-Mail. Wie schon bei den Filmen sieht sich Jürgen seine Abenteuer als Comic-Figur an.[32] Das wird zu seiner neuen ‚wirklichen Welt'. Die Immersionskraft[33] der digitalen Comics erweist sich als noch stärker als diejenige von Film und Fernsehen. Das Abtauchen in die alternative Comic-Gegenwelt bleibt für Jürgen letztlich auch „nur eine weitere mediale Scheinwelt".[34] Neben den Comics kommen im Buch auch User-Foren mit den entsprechenden Chats vor, wo sich die Fan-Gemeinde der Ute-Comics austauscht: „Diese Diskussionen gibt von Steinaecker inklusive emoticons wieder".[35] Über diesen intermedialen Bezug wird das Internet in den Roman integriert. Dessen Interaktivität bleibt jedoch eine Simulation.

2 Eine postkinematographische Totalität der Medien: Benjamin Steins *Replay*

In dieser Dystopie entwickelt der Software-Spezialist Ed Rosen für die Firma des Professors Matana ein Neuro-Implantat *Homo UniCom* genannt, das anstelle eines Auges implantiert wird. Ed Rosen, der auf einem Auge blind ist, wird zum ersten Träger dieser neuen Erfindung. Das UniCom hat die Funktionen einer smarten Kamera, die „sämtliche Erinnerungen und menschliche Wahrnehmungsstrukturen aufzeichnet und sie vermittels einer Replay-Technologie beliebig oft wiederholbar macht".[36] Dieses neue Medium wird mit dem 3-D-Kino verglichen: „Das 3-D-Kino hatte bereits für einen Boom gesorgt, da es die Illusion, live dabei zu sein, perfektioniert hatte. Die Möglichkeiten des Uni-Com gingen darüber noch weit hinaus."[37] Anders als das Kino, das die Fantasien anderer zeigt, zeichnet das UniCom eigene Erlebnisse auf. Diese Aufnahmen kann man beliebig oft abrufen. In das UniCom können jedoch auch die Aufzeichnungen anderer oder Spielfilme eingespeist werden, zudem kann man seine eigenen Erlebnisse nachträglich bearbeiten. Allerdings

---

31 Ebd.: 168.
32 Vgl. ebd.: 168.
33 Zu Immersion vgl. Oliver Grau. *Virtual Art. From Illusion to Immersion.* Cambridge, Mass.: MIT Press, 2003.
34 Reichmann. Thomas von Steinaecker.
35 Buchenberger. Thomas von Steinaeckers Roman „Geister". 61–62.
36 Nadine Jessica Schmidt. „[Art.] Benjamin Stein". *Munzinger Online/KLG – Kritisches Lexikon zur deutschsprachigen Gegenwartsliteratur.* URL: http://www-1munzinger-1de-100006dfs000d.han.ku.de/document/16000005035. (30.8.2021).
37 Benjamin Stein. *Replay. Roman.* München: dtv, 2015, 115.

kann auch die Firma in die Replays eingreifen. Sie kann „Werbebotschaften in die Replays ein[streuen] und kann den Blick eines Implantierten im Supermarkt auf ein bestimmtes Produkt fokussieren"[38], und sie verfügt gleichsam nebenbei über die Bewegungsprofile der UniCom-Bürger – sie weiß, was jemand gesehen und gehört hat.

Mit dem UniCom braucht man – anders als für das Filmsehen im Kino – nicht zu einer bestimmten Zeit an einen besonderen Ort zu gehen und – anders als für das Fernsehen – nicht einmal einen Ort in der eigenen Wohnung zu haben und eine feste Zeit einzuhalten: „Das Implantat wurde zum universellen mobilen Computer, der so gut wie nichts wog, den man immer dabei hatte und der permanent auf Empfang war, verbunden mit der gesamten digitalen Welt."[39] Da es keinen speziellen Aufführungsort mehr braucht, einem anderen Zeitregime folgt und als Technologie der Überwachung funktioniert, kann das UniCom als postkinematographisch bezeichnet werden.[40] Das UniCom ist zudem viel interaktiver und näher am eigenen Körper als das Kino und das Fernsehen sein können: „Man kaufte nicht mehr ein Kino-Ticket, um einmal einen Film zu sehen, sondern bezahlte für das Verschmelzen mit einem der Protagonisten, einmal diesem, einmal jener, sinnliche Erfahrungen, die etwas ganz und gar Unwiderstehliches an sich hatten."[41] Insofern wird das UniCom – wie es Bolter und Grusin für Remediationsprozesse als typisch erachten – im Roman als eine „verbesserte Version"[42] des Kinos präsentiert.

Der Preis für diese bessere Kinoversion ist hoch: Was man erlebt hat oder gerade erlebt, kann dabei zunehmend ununterscheidbar werden. In *Replay* wird dafür ein neues Wort geprägt, *driften*. Driften ist ein „Zustand der Täuschung, wenn man mit den Wahrnehmungsimpulsen einer Rückkoppelung verschmolz [...] so dass man überzeugt war, sich keineswegs in der Wiedergabe einer früheren Aufzeichnung zu befinden, sondern das, was man hörte und sah, tatsächlich gerade zu erleben."[43] Driften erlaubt es Ed, „in andere Welten zu wechseln".[44] Dabei steigt er beim Driften „aus der Wirklichkeit ins Bild" oder vielleicht auch nur „von einem

---

38 Ebd.: 116.
39 Ebd.: 115.
40 Zum Begriff des Postkinematographischen vgl. Thomas Morsch. „Digitales Kino, Postkinematografie und Post-Continuity". *Handbuch Filmtheorie*. Hg. Bernhard Groß und Thomas Morsch. Wiesbaden: Springer, 2021. 567–585, hier 568, 573, 574, 579.
41 Stein. Replay: 115.
42 Stein. Replay: 15, 59. Auch in der filmischen Dystopie *Strange Days* (1995) sagt die Hauptfigur über die dort ultimative mediale Technologie *The Wire*, sie sei wie Film, aber besser vgl. Bolter und Grusin. Remediation: 4.
43 Stein. Replay: 117.
44 Ebd.: 117.

Bild in ein anderes".[45] Dies führt zu einem zunehmenden Wirklichkeitsverlust.[46] Ed bekommt das Gefühl, „dass es so etwas wie eine objektive Wahrnehmung der Wirklichkeit, eine von jeglichem Beobachter unabhängige Realität, nicht gibt".[47] Entsprechend hat er sich „völlig in einigen Replays verloren und nicht das geringste Gespür mehr dafür gehabt", dass er sich „nicht mehr in der Wirklichkeit, sondern in der Aufzeichnung einer retouchierten Erinnerung befand."[48] Trotz der Faszination für das Driften, erschreckt ihn dieser Wirklichkeitsverlust. Deshalb kommt in ihm der Wunsch nach einer Sicherung, nach einer Art „Wasserzeichen"[49] auf, das darauf hinweist, dass man sich in einem Replay befindet. Als Wasserzeichen verwendet er die Figur des Pan aus dem Film *Pans Labyrinth* (2006) von Guillermo del Toro. Allerdings gibt er selbst zu, dass es Replays gibt, die er nicht mit seinem Wasserzeichen gekennzeichnet hat.[50] Insofern erweist sich Eds Sicherung als unsicher. Diesen unklaren Status des Bildes mit dem Verdacht, dass dessen Verankerung in der Realität durch digitale Medientechnologien völlig verloren gehen kann, beschreibt Jean Baudrillard mit dem Begriff des Simulacrums, das sich im gegenwärtigen Zeitalter der Simulation „von jeglicher Referenz im Realen befreit"[51] habe. Die medialen Simulationen seien nicht mehr von der Realität zu unterscheiden, ja übertreffen sie sogar.[52]

Grundsätzlich kann man das UniCom in *Replay* auch nicht abschalten. Nur für einen kleinen Kreis an Eingeweihten gibt es eine Switchbox, „eine Art Lichtschalter: Bei Bedarf schaltet es die Empfangs- und Sendefunktionen eines UniCom-Vollimplantats ab oder auch wieder an".[53] Aber auch für einen Eingeweihten, wie Ed Rosen, entpuppt sich die Ausschaltfunktion der Switchbox als Illusion. Gegen Ende des Romans stellt er fest: „Die Switchbox hat nie funktioniert wie behauptet. Ihre einzige Funktion besteht darin, den Besitzer und ein eventuelles Gegenüber glauben zu lassen, dass man offline sei".[54] Nach der Digitalisierung büßen die Dicho-

---

45 Ebd.: 118.
46 In dieser Hinsicht erinnert das UniCom an Nathanaels Taschenperspektiv aus E.T.A. Hoffmanns Erzählung *Der Sandmann.*
47 Stein. Replay: 97.
48 Ebd.: 141.
49 Ebd.: 142.
50 Vgl. ebd.: 143.
51 Sonja Yeh. *Anything goes? Postmoderne Medientheorien im Vergleich. Die großen (Medien-)Erzählungen von McLuhan, Baudrillars, Virilio, Kittler und Flusser.* Bielefeld: transcript, 2013, 139. Vgl. auch Jean Baudrillard. *Agonie des Realen.* Berlin: Merve, 1978, 15.
52 Vgl. Jean Baudrillard. *Der symbolische Tausch und der Tod.* München: Matthes & Seitz, 1991, 97–103.
53 Stein. Replay: 135.
54 Ebd.: 168.

tomien online/offline ohnehin an Relevanz ein, postulieren Elias Kreuzmair und Eckhard Schumacher.[55] Bei Stein offenbart diese Realität des postdigitalen Zeitalters zugleich einen totalitären Abgrund.

Zu dem Verschwimmen von Wirklichkeit und Fiktion in *Replay* trägt auch der autodiegetische Erzähler Ed Rosen bei, da er ein unzuverlässiger Erzähler ist.[56] Die kreisförmige Erzählstruktur des Romans verstärkt zusätzlich die Vermischung von Traum, Erinnerung und Erleben. Anfang und Ende bestehen in einer identischen Aufwachszene, in der aber – wie in einem gekennzeichneten Replay – Pan auftaucht:

> Ich fürchte mich vor Erscheinungen, die ich nicht selbst erfunden habe. Und nun dieser Huf ... Am Fußende lugt er im Dunkel unter der Bettdecke hervor. Das ist mir nicht geheuer. Ohne hinzusehen, decke ich ihn zu, lasse meinen Kopf zurück ins Kissen sinken und schließe die Augen wie ein Kind, das denkt, was es nicht sieht, ist nicht da. Das beruhigt mich. Dabei müsste ich wissen, dass es ein böses Omen ist.[57]

Die Rahmung durch eine Aufwachszene schafft die Möglichkeit, dass alles Erzählte dazwischen ein Traum sein könnte. Zugleich könnte auch die Rahmung selbst ein Traum oder ein Replay sein. Anhand des Wortes „Erscheinungen" wird auch in diesem Textausschnitt die Geisterhaftigkeit der Medien angedeutet. Die kreisförmige Struktur des Romans symbolisiert die geschlossene Welt von Ed Rosens Firma, aus der es kaum ein Entkommen gibt und nimmt die Form des Auges/des Implantats auf.[58]

Das Verschwimmen von Fiktion und Wirklichkeit, die das UniCom erzeugt, wird durch ein *mise-en-abyme* vorweggenommen. Noch vor der Entwicklung des UniComs führt Eds Freundin Katelyn Ed in eine Galerie, die Gemälde des israelischen Malers Hayman ausstellt. Da treffen sie auf ein besonderes Bild:

---

55 Vgl. Elias Kreuzmair und Eckhard Schumacher. „Literatur nach der Digitalisierung: Zeitkonzepte und Gegenwartsdiagnosen – Einleitung". *Literatur nach der Digitalisierung: Zeitkonzepte und Gegenwartsdiagnosen.* Hg. dies. Berlin und Boston: De Gruyter, 2022. 1–6, hier 4.
56 Zum unzuverlässigen Erzählen vgl. Fabienne Liptay und Yvonne Wolf. „Einleitung. Literatur und Film im Dialog". *Was stimmt denn jetzt? Unzuverlässiges Erzählen im Film.* Hg. dies. München: edition text+kritik, 2005. 12–18; Monika Fludernik. „Unreliability vs. Discordance. Kritische Betrachtungen zum literaturwissenschaftlichen Konzept der erzählerischen Unzuverlässigkeit". *Was stimmt denn jetzt?*: 39–59 und Gunter Martens. „Revising and Extending the Scope of the Rhetorical Approach to Unreliable Narration". *Narrative Unreliability in the Twentieth Century First-Person Novel.* Hg. Elke D'hoker und Gunter Martens. Berlin und New York: De Gruyter, 2008. 77–105.
57 Stein. Replay: 7, 171. Zugleich enthält diese Aufwachszene eine intertextuelle Anspielung auf Kafkas Erzählung *Die Verwandlung.*
58 Über das versehrte Auge und das surreale Verschwimmen von Fiktion und Wirklichkeit wird auch auf Luis Buñuels Film *Un chien andalou* (1929) angespielt.

> Der LED-Spot [...] beleuchtete nun ein einzelnes Bild auf einer frei im Raum platzierten Staffelei. Es gehörte offensichtlich zur Arkadien-Serie. Dieses aber war ein Bild im Bild: Man sah eines der Pan-Gemälde auf einer Staffelei, die gut und gern eben jene Staffelei sein mochte, die wir tatsächlich vor uns hatten. Die Nymphe, die, wie ich nicht ohne Schauern bemerkte, Katelyn ungemein ähnlich sah, stand aber außerhalb des Bildes, hielt Pan an der Hand, sah zu ihm auf und schien ihn ermuntern zu wollen, ihr zu folgen. Und tatsächlich war er in die Knie gegangen und hatte, als müsste er lediglich eine etwas zu hoch geratene Treppenstufe überwinden, bereits einen Huf aus dem Bild gesetzt.[59]

Dieses Überschreiten des Rahmens im Gemälde nimmt vorweg, was Ed für die Benutzung des UniComs formuliert hatte, nämlich dass man nicht vom Bild in die Wirklichkeit, sondern „von einem Bild in ein anderes"[60] wechselt mit der Illusion, es gebe die Möglichkeit aus dem Bild in die Wirklichkeit zu steigen. Das Zeigen eines Bildrahmens und dessen Überschreiten in eine immer noch fiktionale Wirklichkeit ist typisch für Werner Wolfs „Selbstreflexivität mit Metareferenz", die den Rezipienten zur „Reflexion über die ‚Fiktionalität' des fokussierten Gegenstandes" anregt oder diese zum Inhalt hat.[61] Entsprechend nennt Ed das UniCom auch ein Kunstwerk.[62]

Im UniCom sind alle anderen Medien enthalten, wie an Eds Ausführungen deutlich wird: „Man konnte lesen mit geschlossenen Augen. Man konnte Musik hören ohne Kopfhörer oder Lautsprecher. Man konnte die Nachrichten verfolgen in Bild und Ton".[63] Entsprechend werden sämtliche Medienkonzerne von Matanas Corporation aufgekauft, wie Filmstudios und TV-Networks.[64] Diese Totalität der Medien steht somit für das totalitäre Regierungssystem, einer „digitale[n] Diktakur"[65], die die Corporation mit etabliert.

So ist es kein Zufall, dass George Orwells *1984* (1949) im Roman immer wieder erwähnt wird.[66] Allerdings ist *Replay* insofern als „ironische Umkehrung"[67] von Orwells Klassiker zu lesen, als Rosen zu Beginn seine Privatsphäre willig teilt und ihm erst gegen Ende Zweifel kommen. Mit der intermedialen Bezugnahme auf Guillermo del Toros Film *Pans Labyrinth* wird auf ein weiteres Werk verwiesen, das

---

59 Stein. Replay: 32.
60 Ebd.: 118.
61 Wolf. Metaisierung: 36, 35.
62 Vgl. Stein. Replay: 109, 117.
63 Ebd.: 113.
64 Vgl. ebd.: 115.
65 Anja Hirsch. „Fußfetischist mit Chip im Kopf". *Deutschlandfunk* vom 6.4.2012. https://www.deutschlandfunk.de/fussfetischist-mit-chip-im-kopf-100.html. (27.07.2023).
66 Vgl. Stein. Replay: 105, 116, 137, 152.
67 Jakob Hessing. „Im Auge des Betrachters." *Die Welt* vom 25.2.2012. https://www.welt.de/print/die_welt/vermischtes/article13887161/Im-Auge-des-Betrachters.html. (27.7.2023).

sich kritisch mit einem totalitären Staat auseinandersetzt, dem Faschismus Francos in Spanien. Darüber hinaus erzählt der Firmenchef Matana Ed warnend von der Diktatur Pinochets in Chile und zwar konkret von einer „irrwitzige[n] Situation", die er ins Jahr 1984 verlegt, in der Pinochet behauptet habe, er teile Matanas „Sehnsucht nach intellektueller Freiheit und kultureller Autonomie".[68]

3 Die kritische Funktion der Literatur: ein Fazit

In Steinaeckers *Geister* remediiert die Literatur visuelle Medien durch intermediale Bezüge und Medienkombinationen. Die Literatur nimmt dadurch auch neue Formen (Comicsprache, Chat) an und bildet hybride mediale Collagen. Zugleich erweisen sich die Metaisierung der Zuschauerposition und der filmisch inspirierte Schnellvorlauf als eine Erzähltechnik zum Unterlaufen einer scheinbar realistischen Erzählweise und stellen die Medialität des Romans aus.[69] Indem beschrieben wird, wie Jürgen sein Leben von den Medien bestimmen lässt, warnt die Literatur vor der Immersionskraft der visuellen und digitalen Medien. Steinaecker hat sich in verschiedenen Essays auch theoretisch mit dem Einfluss neuer Wirklichkeitsverhältnisse auf die Literatur beschäftigt: Darin postuliert er, dass durch das Internet und durch Videospiele eine Renaissance des Mythischen und des Märchens stattfinde und durch die Verbreitung von freien Verbindungen zwischen Bild und Text solche Mischformen auch in der Literatur akzeptiert werden.[70]

In Steins *Replay* ist die Fähigkeit des UniComs Emotionen und sinnliche Reize auszulösen größer als diejenige von älteren Medien, wie Literatur, (3D)-Kino, interaktive Computerspiele, Virtual-Reality-Headsets und smarte Geräte. Indem das UniCom alle anderen Medien inkorporiert, versucht es sie zum Verschwinden zu bringen und selbst als unmittelbar zu erscheinen. Diesem Begehren nach transparenter Präsentation des Realen entspricht, was Bolter und Grusin mit Unmittelbarkeit (*immediacy*) gemeint haben, dem Versuch alle Spuren medialer Vermittlung auszulöschen und die gezeigten Repräsentationen als ‚das Leben selbst' auszugeben.[71] Doch die kreisförmige Erzählstruktur und das selbstreflexive *mise en abyme*

---

68 Stein. Replay: 154.
69 Zur Zunahme fantastischer Schreibweisen in der Gegenwartsliteratur vgl. Leonhard Herrmann und Silke Horstkotte. *Gegenwartsliteratur. Eine Einführung*. Stuttgart: Metzler, 2017, 146.
70 Vgl. Reichmann. Thomas von Steinaecker; Buchenberger. Thomas von Steinaeckers Roman „Geister": 62.
71 Vgl. Bolter und Grusin. Remediation: 21, 23–24. Vgl. auch Dominik Schrey. „Analogue Nostalgia and the Aesthetics of Digital Remediation". *Media and Nostalgia. Yearning for the Past, Present and Future*. Hg. Katharina Niemeyer. Basingstoke und New York: Palgrave Macmillan, 2014. 27–38, hier 31.

im Roman heben die Hypermedialität (*hypermediacy*) des UniCom hervor – insofern werden die älteren Medien durch das UniCom remediiert. Hinsichtlich der Unabhängigkeit von einem Ort und einer bestimmten Ausstrahlungszeit, aber auch als Überwachungstechnologie ist das UniCom postkinematographisch. Entsprechend wird im Roman durch intertextuelle und intermediale Bezüge auf Orwells *1984* und Toros *Pans Labyrinth* vor totalitärer Nutzbarmachung des totalen Mediums gewarnt.

In beiden Romanen tritt sowohl die Faszinationskraft als auch das Unheimliche von Medien sowie das Unbehagen an ihrer Omnipräsenz in der heutigen Gesellschaft hervor. Insofern sind sie als „Parabel[n] unserer Smartphone-, Facebook- und GoogleWelt"[72] lesbar und heben die kritische Funktion der Literatur hervor.

Literatur- und Filmverzeichnis

Bartels, Gerrit. „Facebook, Timeline und die Folgen: Die totale Erinnerung". *Der Tagesspiegel* vom 29.1.2012. https://www.tagesspiegel.de/kultur/die-totale-erinnerung-7004677.html. (27.7.2023).

Baßler, Moritz u. a. „Einleitung". *Gespenster. Erscheinungen – Medien – Theorien*. Hg. Moritz Baßler u. a. Würzburg: Königshausen & Neumann, 2005. 9–21.

Baudrillard, Jean. *Agonie des Realen*. Berlin: Merve, 1978.

Baudrillard, Jean. *Der symbolische Tausch und der Tod*. München: Matthes & Seitz, 1991.

Bolter, Jay David und Richard Grusin. *Remediation: Understanding New Media*. Cambridge, Mass. [u. a.]: MIT Press, 2000.

Buchenberger, Stefan. „Thomas von Steinaeckers Roman ‚Geister': Eine Weiterentwicklung der graphic novel?" *Bildlichkeit und Schriftlichkeit in der deutschen Kultur zwischen Barock und Gegenwart*. Hg. Yuji Nawata. Tokyo: JGG, 2015. 57–64.

Fludernik, Monika. „Unreliability vs. Discordance. Kritische Betrachtungen zum literaturwissenschaftlichen Konzept der erzählerischen Unzuverlässigkeit". *Was stimmt denn jetzt?: unzuverlässiges Erzählen in Literatur und Film*. Hg. Fabienne Liptay und Yvonne Wolf. München: edition text+kritik, 2005. 39–59.

Grau, Oliver. *Virtual Art. From Illusion to Immersion*. Cambrige, Mass.: MIT Press, 2003.

Herrmann, Leonhard und Silke Horstkotte. *Gegenwartsliteratur. Eine Einführung*. Stuttgart: Metzler, 2017.

Hessing, Jakob. „Im Auge des Betrachters." *Die Welt* vom 25.2.2012. https://www.welt.de/print/die_welt/vermischtes/article13887161/Im-Auge-des-Betrachters.html. (27.7.2023).

Hirsch, Anja. „Fußfetischist mit Chip im Kopf". *Deutschlandfunk* vom 6.4.2012. https://www.deutschlandfunk.de/fussfetischist-mit-chip-im-kopf-100.html. (27.07.2023).

Kreuzmair, Elias und Eckhard Schumacher. „Literatur nach der Digitalisierung: Zeitkonzepte und Gegenwartsdiagnosen – Einleitung". *Literatur nach der Digitalisierung: Zeitkonzepte und Gegenwartsdiagnosen*. Hg. dies. Berlin und Boston: De Gruyter, 2022. 1–6.

---

72 Gerrit Bartels. „Facebook, Timeline und die Folgen: Die totale Erinnerung". *Der Tagesspiegel* vom 29.1.2012, https://www.tagesspiegel.de/kultur/die-totale-erinnerung-7004677.html. (27.7.2023).

Liptay, Fabienne und Yvonne Wolf. „Einleitung. Literatur und Film im Dialog". *Was stimmt denn jetzt?: unzuverlässiges Erzählen in Literatur und Film.* Hg. dies. München: edition text+kritik 2005. 12–18.
Martens, Gunter. „Revising and Extending the Scope of the Rhetorical Approach to Unreliable Narration". *Narrative Unreliability in the Twentieth Century First-Person Novel.* Hg. Elke D'hoker und Gunter Martens. Berlin und New York: De Gruyter, 2008. 77–105.
Morsch, Thomas. „Digitales Kino, Postkinematografie und Post-Continuity". *Handbuch Filmtheorie.* Hg. Bernhard Groß und Thomas Morsch. Wiesbaden: Springer, 2021. 567–585.
Pans Labyrinth. Reg. Guillermo del Toro. Tequila Gang u. a., 2006.
Rajewsky, Irina O.: *Intermedialität.* Tübingen und Basel: Francke, 2002.
Ramet, Igor. „Zur Dialektik von On und Off im narrativen Film". *Der Raum im Film.* Hg. Susanne Dürr und Almut Steinlein. Frankfurt a. M.: Peter Lang, 2002. 32–45.
Reichmann, Wolfgang: „[Art.] Thomas von Steinaecker". *Munzinger Online/KLG – Kritisches Lexikon zur deutschsprachigen Gegenwartsliteratur.* http://www-1munzinger-1de-100006dfs000d.han. (30.08.2021).
Schrey, Dominik. „Analogue Nostalgia and the Aesthetics of Digital Remediation". *Media and Nostalgia. Yearning for the Past, Present and Future.* Hg. Katharina Niemeyer. Basingstoke und New York: Palgrave Macmillan, 2014. 27–38.
Schmidt, Nadine Jessica. „[Art.] Benjamin Stein". *Munzinger Online/KLG – Kritisches Lexikon zur deutschsprachigen Gegenwartsliteratur.* URL: http://www-1munzinger-1de-100006dfs000d.han.ku.de/document/16000005035. (30.8.2021).
Steinäcker, Thomas von. *Geister. Roman.* Frankfurt a. M.: Fischer, 2016.
Stein, Benjamin. *Replay. Roman.* München: dtv, 2015.
Wolf, Werner. „Metaisierung als transgenerisches und transmediales Phänomen: Ein Systematisierungsversuch metareferentieller Formen und Begriffe in Literatur und anderen Medien." *Metaisierung in Literatur und anderen Medien. Theoretische Grundlagen – Historische Perspektiven – Metagattungen – Funktionen.* Hg. Janine Hauthal u. a. Berlin und New York: De Gruyter, 2007. 25–64.
Yeh, Sonja. *Anything goes? Postmoderne Medientheorien im Vergleich. Die großen (Medien-)Erzählungen von McLuhan, Baudrillars, Virilio, Kittler und Flusser.* Bielefeld: transcript, 2013.

Kirsten von Hagen
Schreiben gegen das Vergessen

Erinnerungsbilder im aktuellen französischen Roman in
Alice Zeniters *Juste avant l'oubli* (2015)

Eine Autorin, die sich mit gleich zwei sehr unterschiedlichen Romanen in aktuelle intermediale Konstellationen einschreibt, ist die französische Gegenwartsautorin Alice Zeniter. In ihrer spielerisch angelegten Spurensuche *Juste avant l'oubli* (2015; dt.: *Kurz vor dem Vergessen*, 2021), begeben sich Fans, Wissenschaftler und Kritiker auf die Suche nach einem verschwundenen Autor und dessen Kriminalromanen auf eine abgelegene fiktive Insel der schottischen Hebriden. Dabei werden nicht nur Erinnerungsbilder – an Hand unterschiedlicher Medien wie Filme, Fotografien, Briefe, Interviews, Zeitungs- oder Wikipediaartikel – rekonstruiert, sondern der Roman spielt zugleich mit Erinnerungsbildern einer Liebesgeschichte, die auf dieser Insel ihr Ende findet. In ihrem späteren, ebenfalls mehrfach ausgezeichneten Roman *L'art de perdre* (2017), der 2019 auch auf Deutsch erschienen ist und in Form von autofiktionalen Elementen die Geschichte einer Familie zwischen Algerien und Frankreich zu rekonstruieren sucht, ist es ebenfalls der wiederholte Rekurs auf andere Medien wie Fotografie, (performative) Kunst oder Videoinstallationen und Filme, die diese Erinnerungsrekonstruktion und die Suche nach der eigenen Identität formen.

In beiden Romanen spielen intermediale Formen oder Remediation bzw. Remediatisierung eine entscheidende Rolle für die Rekonstruktion von Erinnerung, wie im Folgenden gezeigt werden soll. So lässt sich Intermedialität mit Werner Wolf als ein Begriff fassen, „that can be applied in a broad sense, to any phenomenon involving more than one medium."[1] Irina O. Rajewsky bezeichnet Intermedialität dementsprechend auch „als Hyperonym für die Gesamtheit all jener Phänomene, die, dem Präfix ‚inter' entsprechend, in irgendeiner Weise zwischen Medien anzusiedeln sind."[2] Dabei gilt es Intermedialität als Analysekategorie in den Blick zu rücken, um Formen und Funktionen dieser intermedialen Spielformen bzw. Remediationen genauer beschreiben und analysieren zu können.

---

[1] Werner Wolf. „Musicalized Fiction and Intermediality. Theoretical Aspects of Word and Music Studies". *Word and Music Studies. Defining the Field.* Hg. Walter Bernhart, Steven P. Scher und Werner Wolf. Amsterdam, 1999. 37–58, hier 40–41.
[2] Irina O. Rajewsky. „Intermedialität ‚light'? Intermediale Bezüge und die ‚bloße Thematisierung' des Altermedialen". *Intermedium Literatur. Beiträge zu einer Medientheorie der Literaturwissenschaften.* Hg. Roger Lüdeke und Erika Greber. Göttingen: Wallstein Verlag, 2004. 27–77, hier 31.

Open Access. © 2024 bei den Autorinnen und Autoren, publiziert von De Gruyter. Dieses Werk ist lizenziert unter einer Creative Commons Namensnennung 4.0 International Lizenz.
https://doi.org/10.1515/9783110774337-004

1 Kurzer Exkurs: Intermedialität – Remediation

Intermediale Bezüge definiert Rajewsky schließlich als „ein Verfahren der Bedeutungskonstitution eines medialen Produkts durch Bezugnahme auf ein Produkt oder das semiotische System beziehungsweise bestimmte Subsysteme eines konventionell als distinkt wahrgenommenen Mediums"[3]. Zu diesem Bereich zählen unter anderem die so genannte *filmische Schreibweise*. Intermedialität stellt sich ebenfalls als ein „kommunikativ-semiotischer Begriff"[4] dar, wobei hier – anders als im Fall der Medienkombination – immer nur ein Medium in seiner Materialität präsent ist. Elemente und Strukturen eines anderen, konventionell als distinkt wahrgenommenen Mediums werden mit den eigenen medienspezifischen Mitteln lediglich thematisiert, evoziert oder simuliert.[5] Im Sinne der Remediation bzw. Remediatisierung geht es dabei darum, Formalehnungen bzw. -übernahmen benachbarter Medien, in diesem Fall des älteren analogen Mediums des Buches im Rekurs auf andere teils digitale Medien wie Fotografie, Film und World Wide Web in den Blick zu nehmen. Wenn wie in diesem Fall Medien ineinandergreifen, haben wir eine Form der Remediation vorliegen, d. h. die Repräsentation eines Mediums in einem anderen, was die mediale Umgestaltung in technischen, narrativen und ästhetischen Prozessen der Inkorporation impliziert.[6] Dabei sei auf die Kontexte der Remediation und des *refashionings* (Bolter/Grusin) verwiesen, die Isabelle Stauffer in ihrer Einleitung vorstellt, mit dem Unterschied, dass hier ein älteres Medium – die Literatur im Medium des Buches – andere analoge wie neuere digitale Medien erwähnt, aber auch umgestaltet, um die eigenen erzählerischen Stärken in einem Wechselspiel von Wiedereinschreibung, Überlagerung und Umformung zu explorieren. Dabei soll das Konzept der Remediation – aber im Sinne Rajewskis – vor dem einer genauen Analyse tatsächlicher Formen von Remediation, das heißt Konzepten von medialen Grenzüberschreitungen und Hybridisierungen erfolgen, das heißt unter Berücksichtigung der jeweiligen Medienspezifität und eines Bewusstseins der Materialität und Medialität kultureller Praktiken.[7]

---

3 Irina O. Rajewsky. *Intermedialität*. Tübingen und Basel, 2002, 199.
4 Ebd.: 16.
5 Vgl. ebd.: 16–17. sowie Wolf. Musicalized Fiction and Intermediality: 174.
6 Vgl. Irina O. Rajewsky. „Intermediality, Intertextuality, and Remediation: A Literary Perspective on Intermediality". *Intermédialités/Intermediality* 6 (2005): 43–64, hier 61–64; Irina O. Rajewsky. „Intermedialität und *remediation*. Überlegungen zu einigen Problemfeldern der jüngeren Intermedialitätsforschung". *Intermedialität – Analog/Digital*. Hg. Joachim Paech und Jens Schröter. München, 2008. 47–60; Fabienne Liptay und Susanne Marshall. *Remediation*. https://filmlexikon.uni-kiel.de/doku.php/r:remediation-7675. (26. September 2022).
7 Vgl. Rajewsky. Intermediality, Intertextuality, and Remediation: 44.

2 Auf den Spuren eines Kultautors – der fiktive Autor Galwin Donnell

In Zeniters Roman *Juste avant l'oubli* geht es um ein Anschreiben gegen das Vergessen. Donnell, ein berühmter Autor von Kriminalromanen ist verschwunden, sein letzter Band über den Ermittler Carr ist Fragment geblieben, was nicht unerheblich zum Kultstatus des Autors beigetragen hat. Damit er nicht aus dem literarischen Gedächtnis getilgt wird, werden in regelmäßigem Abstand Tagungen, „Journées d'Études internationales sur Galwin Donnell"[8], abgehalten. Seine Jünger:innen pilgern dafür nach Mirhalay, einer menschenleeren Insel der schottischen Hebriden, um sich während einiger Tage dem Kultautor nahe zu fühlen. Auch die Wissenschaftler:innen, die hier jährlich zu seinen Ehren eine Tagung abhalten, auf der auch filmische Adaptationen seiner Werke gezeigt werden, erleben sich wie eine Familie, in der man den anderen und seine Fehler kennt. Da wetteifern Psychoanalyse und Hermeneutik um den richtigen Ansatz, da wird auch schon einmal verführt und gehasst. Émilie, die zugleich an- wie abwesende Protagonistin des Romans, gehört ebenfalls zu diesem illustren Kreis der Donnell-Verehrer:innen und beschließt, an diesem weltentlegenen Ort ihre Dissertation zu verfassen und dafür Paris und ihren Freund, Franck Lemercier, einen Krankenpfleger, zurückzulassen.

Nun ist es eben jener Franck, aus dessen Perspektive nicht nur das Leben Donnells, sondern auch die gemeinsame Liebesgeschichte von ihm und Émilie im Rekurs auf zahlreiche intermedial induzierte Schreibformen rekonstruiert wird. Bereits in folgender Sicht Francks auf den Wissenschaftsbetrieb offenbart sich die Selbstreflexivität des Textes, der mit unterschiedlichen Darstellungsformen und Medien spielt: „Ils se connaissaient tous de vue ou de nom [...] Ils se battaient pour planter des drapeaux de conquérants sur le même territoire: l'œuvre de Galwin Donnell [...], un cadavre littéraire offert en pâture à leurs études, à leurs esprits analytiques, à leurs méthodes de dissection."[9] Franck, der sich selbst stets als mittelmäßig wahrgenommen hat, reist seiner Freundin Émilie nach, um diese wieder für sich zu gewinnen und wird derart zum beredten Beobachter des für ihn höchst befremdlichen Kults um den Starautor Donnell. Der Krankenpfleger ist befremdet ob der Aufmerksamkeit, die man dem *Meister* zollt, irritiert ob der Ernsthaftigkeit, mit der man hier jeden noch so kleinen Schnipsel des Autors untersucht. Deshalb verwundert es nicht, dass er sich mit einem anderen Außenseiter, dem Museums- oder besser Inselwärter Jock anfreundet, der zwar mit Donnell, genauer den Re-

---

8 Alice Zeniter. *Juste avant l'oubli*. Paris: Flammarion, 2015, 81.
9 Ebd.: 84.

likten seines Lebens und diversen Memorabilia auf der Insel sein Leben verdient, aber den Schriftsteller zugleich auch zum Sündenbock seines eigenen Scheiterns stilisiert: „Je sentais une énergie électrique m'envahir, me brûler. Je riais [...] en regardant le village devenir une place de mort – ce qu'il était déjà en fait."[10]

Der Roman liest sich wie eine Autofiktion eines am Leben Gescheiterten und zugleich wie die Biografie eines Kultautors, ist gespickt mit Fußnoten und Verweisen auf ein imaginäres Œuvre und einen fiktiven Autor und spiegelt damit zugleich den aktuellen Literaturbetrieb mit seinen Moden wider, man denke nur an Delphine de Vigans Roman *D'après une histoire vraie*, im selben Jahr und Monat erschienen wie der Text Zeniters und 2018 von Roman Polanski verfilmt. Welche intermedialen Schreibformen zum Einsatz kommen, um diese Rekonstruktion des Realen einzuschreiben in ein Genre, das vielleicht am stärksten mit einem Effekt der Authentizität, der *écriture de soi* behaftet ist, soll im Folgenden näher ausgeführt werden.

3 Rekonstruktion einer verlorenen Liebe: Vom Foto zum Text

Die Rekonstruktion des Realen ist eng mit der Frage der Remediation von Medien wie Fotografie und Film verknüpft. Serge Doubrovsky, auf den der Begriff der *autofiction* zurückgeht, nennt folgendes Merkmal des Genres: autofiktionale Texte seien „nicht Autobiografien, nicht ganz Romane", sondern im Zwischenbereich der Gattungen Texte, „die gleichzeitig und somit widersprüchlich den autobiografischen und den romanesken Pakt geschlossen haben"[11]. Nach Philippe Lejeune könnte man auch von einem fingierten „autobiographischen Pakt"[12] sprechen, schreibt sich doch der fiktive Autor Donnell durch die Paratexte in den Text ein, wie die folgende Analyse zeigt. So eröffnet Philipp Anderson, einer der fiktiven Wissenschaftler:innen, der sich mit dem Werk Donnells beschäftigt, seinen Vortrag mit einem Paradox: Warum nur möchte man soviel über einen Autor wissen, wenn zugleich dessen Abwesenheit in den eigenen Romanen immer wieder hervortritt? Warum stellen Literaturwissenschaftler:innen immer wieder die Frage: „Qu'est-ce qui a constitué la vie réelle de Donnell?"[13] Diese Fragen, die zugleich Teil des remediatisierten mündlichen Wissenschaftsdiskurses über den fiktiven Autor Donnell sind, wie sie

---

10 Ebd.: 140.
11 Serge Doubrovsky. „Nah am Text". *Kultur & Gespenster: Autofiktion* 7 (2008): 123–133, hier 126.
12 Philippe Lejeune. *Le pacte autobiographique*. Paris: Seuil, 1975.
13 Zeniter. *Juste avant l'oubli*: 91.

sich in den Roman von Zeniter wiedereinschreiben, sind Teil eines Kapitels, das den Erinnerungsprozess eigens durch den Paratext, d. h. die Kapitelüberschrift, markiert: „Un trou à la place des souvenirs fondateurs: Journée d'études – Philipp Anderson."[14]

Nun ist Franck ebenfalls nicht nur Krankenpfleger, sondern zugleich selbst Autor zahlreicher unveröffentlichter Romane, in denen es jedoch nicht darum geht, möglichst realistisch noch das kleinste Detail nachzuzeichnen, sondern im Stil von John Ronald Reuel Tolkiens Fantasy-Trilogie *Lord of the Rings* (1937) imaginäre Welten, „continents imaginaires"[15], zu entwerfen, in denen jede Figur über die notwendige Portion an Magie verfügt, um ihre Aufgaben zu meistern, Donnell ist deshalb in seinen Augen ein nicht besonders einfallsreicher und zudem depressiver und zudem kurzsichtiger Schriftsteller:

> Un écrivain, selon Franck, avait pour tâche de mettre son pouvoir d'invention au service d'un agrandissement du monde au lieu de s'acharner à le rétrécir. Or Donnell lui donnait toujours l'impression de décrire un monde qu'il aurait vu de trop près, et sans amour. Il avait l'écriture d'un dépressif myope.[16]

Dass in diesem Abschnitt bereits auf eine visuelle Qualität des Textes verwiesen wird, ist kein Zufall, entwirft doch auch Émilie Donnells Porträt im Rekurs auf mehrere Fotografien.

Der Roman ist Autobiografie, *polar* und *roman sentimental* in einem, wobei zu diskutieren bleibt, wie das für dieses Genre konstitutive *triangle amoureux* aussieht: Ist es die Beziehung zwischen Émilie, Franck und dem einflussreichen Professor aus Cambridge, die im Zentrum steht, oder vielmehr die zwischen Émilie, Franck und dem Meister des *polar*, Donnell. Letzte Lesart wird im Roman noch durch die Ähnlichkeit zwischen Franck und dem jungen Autor betont. Émilie stellt sich gar vor, das Foto des Autors beizeiten durch das des gealterten Franck zu ersetzen:

> Elle avait eu l'espoir qu'elle vieillirait aux côté de Franck et que lorsqu'il atteindrait l'âge qu'avait Donnell sur cette image, quand il aurait son visage d'homme, ce visage unique auquel nul ne peut plus échapper – au contraire des traits lisses de la jeunesse qui portent encore le flou du futur et de tous les devenirs possibles –, quand le dessin de son visage serait fixé (ou quand l'histoire de son visage serait écrite) comme l'était celui de l'auteur en 1961, elle prendrait à son tour une photo de lui qu'elle glisserait dans son portefeuille.[17]

---

14 Ebd.
15 Ebd.: 73.
16 Ebd.
17 Ebd.: 247–275.

Das Foto, das einen bestimmten temporären Moment auf Dauer stellt, kann anders als das Erzählen oder auch die Kinematographie eben nicht den Verlauf der Zeit darstellen bzw. umkehren. So gelingt es Émilie nicht, die beiden geliebten Männer Franck und Donnell zumindest in ihrem realistischen Abbild, in ihren jeweiligen photographischen Repräsentationen übereinanderzulegen und derart den Verlauf der Zeit umzukehren. Die Protagonistin versucht, die beiden Männer in Form der photographischen Repräsentation zu vereinen in einem imaginären Raum, der Zeit und Raum enthoben ist. Doch der Versuch misslingt. Die hier zugrundeliegende Remediation ist dabei auch als Form der Emphase zu begreifen, eine Evokation der schwindenden Macht des früheren analogen Speichermediums Fotografie, die hier mit anderen Medien dem Bewegtbild des Films kontrastiert wird. Franks Gesichtszüge werden so zunächst in Bewegung versetzt, dann arretiert, um dem Vorbild, dem verehrten Autor Donnell nahezukommen. Doch Émilies Vorstellung scheitert an der Materialität der Gegenwart, deren Beweislast das imaginative Vermögen nicht zu entkräften vermag.

4 Der Blick der Anderen

In dem Kapitel *Les Fèches et les objectifs*, das mit einem Zitat Conan Doyles eröffnet wird und das als eines der wenigen (zusammen mit *À l'intérieur*) durchgängig aus Émilies Perspektive erzählt wird, wird deutlich, dass die Dissertation über die weiblichen Figuren im Werk Donnells – Thema zugleich ihres Vortrags – sie nicht nur in dem bewundernden Blick der Anderen erscheinen lässt, sondern ihr auch die Erfüllung ihrer Liebe zu Donnell/Franck in Aussicht stellt: „Elle voulait qu'il la voit pour ce qui était pour elle la pleine réalisation de son être et qu'il l'en aime d'un amour accru."[18] Doch Franck lässt sich von Jock abhalten, er wird dem Vortrag Émilies nicht beiwohnen, was den Bruch der beiden markiert, ebenso wie das unbedingte Begehren des Professors aus Cambridge für seine Schülerin, das einmal nicht den Umweg über Worte geht, sondern sich direkt im begehrenden Blick des Anderen offenbart. Damit reflektiert der Text erneut eine Heterochronie, wie sie auch schon für den Roman am Ende des 19. Jahrhunderts konstitutiv war, in dessen Tradition er sich ja nicht zuletzt durch die Anspielungen an Conan Doyle auch konsequent einschreibt. Elisabeth Strowick schreibt in ihrer 2019 erschienenen Studie *Gespenster des Realismus:*

> Es ist qua Dynamisierung literarischer Darstellungsverfahren, dass der Realismus die Herausforderung der wissenschaftlich-technologischen Moderne aufnimmt und ästhetisch-poe-

---

18 Ebd.: 148.

tologisch daran mitarbeitet: In spezifischen Modi von Beschreibung, dynamisch-szenischen Anordnungen, seriellem Erzählen und Rahmentechniken inszenieren realistische Texte den bewegten Blick, Wahrnehmung als *déjà vu*, Dauer und Langeweile und *zeitigen* derart ein Wirkliches, das sich der Präsenzlogik entzieht, und dessen genuin zeitliche Signatur sich in Figuren des Übergänglichen, von Flüchtigkeit, Wiederkehr, Nachträglichkeit und Heterochronie darstellt.[19]

Franck, der zugleich für den Großteil des Romans als Fokalisierungsinstanz fungiert,[20] notiert selbstreflexiv die Poetik des Textes von Zeniter. Er nimmt die Welt wie einen TV-Film wahr, was gleich zu Beginn konturiert wird, als sich die Bilder des Gesehenen mit denen seiner persönlichen Erinnerung überlagern:

> Au petit matin, quand il rentrait de ses gardes de nuit, il regardait des comédies romantiques et des dessin animés [...] jusqu'à ce que les images de l'hôpital soient remplacées par celles de beautés blondes, de sourires blancs, d'animaux pleins de bonne volonté. Il basculait lentement dans un monde où les mammouths et les dodos existaient encore.[21]

Dieser Prozess der Derealisierung, der Überlagerung von Realem und Imaginärem, der Erinnerungsbilder ganz eigener Art kreiert, ließe sich auch mit Deleuzes Kristallbild vergleichen. Nach Deleuze macht der Film zum einen das Denken als Prozess wahrnehmbar, zum anderen generiert er Konzepte, die in anderen Medien nicht im gleichen Maße denkbar sind. Bewegung und Zeit, Wahrnehmung und Erinnerung, aber auch Wirklichkeit sind Denkfiguren, die Deleuze zufolge vor allem filmisch hervorgebracht werden. Wie im Folgenden zu zeigen sein wird, schreibt Deleuze dem Film mit dem Kino des Bewegungsbildes einerseits einen besonderen Wirklichkeitsbezug zu, andererseits bringt er das Kino des Bewegungsbildes jedoch auch damit in Verbindung, was zu Beginn der 2000er Jahre als mediale *Absorbierung* und *Derealisierung* von Wirklichkeit diskutiert wurde – Deleuze spricht von einer „civilisation du cliché"[22]. Im Kino des Zeitbildes sieht Deleuze nicht nur die Möglichkeit des Films gegeben, das Klischee zu überwinden, das Kino des Zeitbildes verfügt darüber hinaus über einen Bildtypus, der die mediale *Absorbierung* und *Derealisierung* von Wirklichkeit zu reflektieren vermag:[23] das Kristallbild.

---

19 Elisabeth Strowick. *Gespenster des Realismus*. Leiden: Wilhelm Fink, 2019, 10.
20 Nur an wenigen Stellen ist Émilie Reflektorinstanz, etwa wenn unmittelbar ihre Sicht auf den Vortrag geschildert wird.
21 Zeniter. *Juste avant l'oubli*: 16.
22 Deleuze zitiert nach David Martin-Jones. *Deleuze and world cinemas*. London u. a., 2011, 33; David Martin-Jones und William Brown (Hg.). *Deleuze and Film*. Edinburgh: Edinburgh University Press, 2012, 33.
23 Vgl. Regine Leitenstern. *Zeitfiguren in Philosophie und Film: Bergson, Deleuze und Lynch*. Gießen, 2009. Nicht veröffentlichte Dissertationsschrift, 46.

Deleuze bezeichnet diesen auch als „plan d'immanence", auf dem Gegenwart und Vergangenheit, Wirkliches und Mögliches koexistieren. Deleuze spricht in diesem Zusammenhang von einer Koexistenz des Aktuellen und des Virtuellen.[24] Das Aktuelle ist für Deleuze das Gegenwärtige, aber auch das Zugängliche, das, was wir wahrnehmen und erfahren können, wohingegen das Virtuelle das Vergangene, aber auch das Mögliche ist, das, was sich nicht aktualisiert hat und sich folglich unserem Zugang entzieht. Den Ursprung dieser Koexistenz des Aktuellen und des Virtuellen sieht Deleuze in der Zeit, wobei er sich auf Bergson bezieht. Bergsons Zeitkonzeption zufolge entsteht die Vergangenheit zeitgleich mit der Gegenwart. Die Gegenwart ist in jedem Moment eine doppelte, eine aktuelle Wahrnehmung und eine die aktuelle Wahrnehmung spiegelnde virtuelle Erinnerung. „Notre existence actuelle, au fur et à mesure qu'elle se déroule dans le temps, se double ainsi d'une existence virtuelle, d'une image en miroir. Tout moment de notre vie offre donc deux aspects: il est actuel et virtuel, perception d'un côté et souvenir de l'autre."[25] Allerdings entsteht mit dem aktuellen Moment nicht nur sein virtuelles Double, das heißt die der aktuellen Gegenwart korrespondierende virtuelle Vergangenheit, sondern auch die Vergangenheit all der Momente, die sich nicht aktualisiert haben. Auf der Ebene der Immanenz koexistieren nicht nur Gegenwart und Vergangenheit, sondern auch Wirkliches und Mögliches. Neben Gegenwart und Vergangenheit bringt die Zeit für Deleuze folglich auch zwei *Wirklichkeitsordnungen* hervor: „die Aktualität materieller Verkörperungen" einerseits sowie „die Virtualität denkbarer Möglichkeiten"[26] andererseits. Aktuelle Wahrnehmung und virtuelle Erinnerung koexistieren[27] und tendieren, wie Deleuze es mit Bergson ausdrückt, zu einem einem „point d'indiscernabilité", einem Punkt der Ununterscheidbarkeit. Diese „coalescence de l'image actuelle et de l'image virtuelle" im Medium des Films vollzieht sich wie ein Bild im Spiegel, das vom virtuellen in den aktuellen Bereich wechselt:

---

24 Gilles Deleuze. *L'Image-mouvement. Cinéma 1.* Paris: Editions de Minuit, 1983, 87–88.
25 Henri Bergson. *Œuvres*. Anm. von André Robinet, Einleitung Henri Gouhier. Paris: Presses Universitaires de France, 1959, 917–918.
26 Das Kristallbild vermittelt nach Deleuze einen Einblick in diesen grundlegenden Prozess. „Ce que le cristal révèle ou fait voir, c'est le fondement caché du temps, c'est-à-dire sa différenciation en deux jets, celui des présents qui passent et celui des passés qui se conservent." Gilles Deleuze. *L'Image-Temps.* Paris: Editions de Minuit, 1985, 129.
27 Im Kristallbild manifestiert sich der Augenblick in seiner ursprünglichen Dopplung von aktueller Wahrnehmung und virtueller Erinnerung. Das Kristallbild ist ein wechselseitiges, sowohl aktuelles als auch virtuelles Simultanbild, das fortwährend zwischen seinen beiden Polen, dem aktuellem und dem virtuellen, oszilliert. „Le cristal en effet ne cesse d'échanger les deux images distinctes qui le constituent, l'image actuelle du présent qui passe et l'image virtuelle du passé qui se conserve: distinctes et pourtant indiscernables." (Ebd.: 109).

> C'est comme si une image en miroir, une photo, une carte postale s'animaient, prenaient de l'indépendance et passaient dans l'actuel, quitte à ce que l'image actuelle revienne dans le miroir, reprenne place dans la carte postale ou la photo, suivant un double mouvement de libération et de capture.[28]

Während das ursprünglich virtuelle Bild aktuell wird, wird das ursprünglich aktuelle Bild virtuell. Es findet ein ständiger Austausch statt, ein Kreislauf, der einen permanenten Wechsel von Aktuellem und Virtuellem impliziert, so dass nicht mehr eindeutig feststellbar ist, zu welcher Kategorie ein gegebenes Bild gehört. Die von ihm hergestellte Analogiebeziehung zwischen optischen Spiegelreflexionen, technischen Bildreproduktionen und mimetischen Darstellungsformen bedingt bei Deleuze, sämtliche spiegelbildlichen Konstellationen im Film als Koexistenzen des Aktuellen und Virtuellen und damit als Kristallbilder zu betrachten. So begreift Deleuze nicht nur das Spiegelbild selbst, sondern auch das filmische Geschehen spiegelnde Fotos, Videos oder Filme im Film als Koexistenzen des Aktuellen und Virtuellen und versteht sogar Spiegelungen auf dramaturgischer oder audiovisueller Ebene als Kristallbilder in einem weiteren Sinn. Darüber hinaus schließt er theatrale Inszenierungen, Schauspiele und Rollenspiele innerhalb des filmischen Geschehens ein und begreift letztlich auch Bilder, die mehrere Wirklichkeitsordnungen zugleich umfassen können, also gleichzeitig gegenwärtig und vergangen oder real und imaginär sein können, als Kristallbilder. Im Kristallbild thematisiert und bezieht sich der Film auf sich selbst, er ist selbstreferenziell und selbstreflexiv: „Tantôt c'est le film qui se réfléchit dans une pièce de théâtre, dans un spectacle, un tableau, ou mieux, un film à l'intérieur d'un film; tantôt c'est le film qui se prend pour objet dans le procès de sa constitution ou de son échec à se constituer."[29]

Deleuze zufolge überwindet der Film seine Klischeehaftigkeit, indem er sich selbst zum Gegenstand des Films macht; der Film vermag mit dem Kristallbild jedoch auch die Klischeehaftigkeit von Wirklichkeit zu reflektieren. Das Kristallbild umfasst mehrere, einander spiegelnde ontologische Ebenen, und stellt dadurch ein privilegiertes Instrument dar, um das Verhältnis von medial vermittelter und *eigentlicher* Wirklichkeit, von Realität und Fiktion, Wirklichkeit und Inszenierung im Film zu analysieren. Zeniter nun rekurriert auf diese filmische (Denk-)form in Form eines intermedialen Spiels, mit Rajewsky gesprochen einer simulierenden und teilreproduzierenden Systemerwähnung.[30] Ohne die überdifferenzierte und heuristisch wenig produktive Typologie hier anzuführen, möchte ich darauf hinweisen, wie diese sich nicht nur konkret im Text konstituiert, sondern welche zusätzlichen

---

28 Ebd.: 93.
29 Ebd.: 94.
30 Vgl. Rajewsky. *Intermedialität*: 159 und 83–84.

Lesarten und Bedeutungsebenen der Roman durch den Rekurs auf andere Medien generiert. (Bei der zweiten Form der intermedialen Systemerwähnung, der „Systemerwähnung qua Transposition", werden fremdmediale Elemente und Strukturen mit den Mitteln des Ausgangsmediums „evoziert", „simuliert" oder „(teil-)reproduziert".[31] Im Gegensatz zur expliziten Systemerwähnung zeichnet sich dieser zweite Grundtypus der Systemerwähnung durch die Herbeiführung einer fremdmedial bezogenen Illusionsbildung aus. Voraussetzung hierfür ist einerseits eine Ähnlichkeitsbeziehung zwischen Elementen und Strukturen des Ausgangs- und des Bezugssystems, andererseits eine entsprechende Markierung des Rekurses in Form einer expliziten Systemerwähnung. Letztere ist nicht nur notwendig, um das intermediale Bezugsverfahren als solches ausweisen zu können, sie sorgt darüber hinaus für das Zustandekommen einer Rezeptionslenkung, die dazu führt, dass der Rezipient die entsprechenden Elemente und Strukturen des Ausgangsmediums in Relation zum jeweiligen Bezugsmedium setzt.) Frank als interne Reflektorfigur ist es vor allem, durch den diese Prozesse zugleich auf einer Metaebene reflektiert werden. – Émilie dagegen ist als Kontrafaktur des Literarischen zu sehen, speist sich ihre Erinnerung doch neben der Fotografie vor allem aus literarischen Texten. Dieser Unterschied wird gleich zu Beginn narrativ produktiv gemacht zur Figurenzeichnung, als es heißt: „Elle ne s'asseyait que rarement à côté de lui dans le canapé: le monde des animaux parlants ne l'intéressait pas beaucoup. Elle faisait une thèse sur Galwin Donnell – ,le pape de la cruauté', disait-elle parfois en ne plaisantant qu'à demi."[32]

5 Franck und Émilie – filmisches vs. literarisches Kristallbild

Francks Lieblingsfilm ist *Ice Age*, ein Animationsfilm von Chris Wedge und Carlos Saldanha von 2002 – Frank mag Youtubevideos, (Animations-)Filme und Serien. Sie prägen seine Wahrnehmung der Welt, die sich ihm als Kristallbild zeigt. Es ist eben diese Simulation des Kristallbildes mit den Mitteln des literarischen Textes, im Medium der Schrift, die dem Roman bzw. der Autofiktion Kontur verleiht. So heißt es etwa angesichts der Reise Francks, die ihn in ein englisches Hotelzimmer mit seinem ebenso belanglosen wie langweiligen englischen TV-Programm führt:

---

31 Vgl. Rajewsky. *Intermedialität*: 159 und 83–84.
32 Zeniter. *Juste avant l'oubli*: 16.

> Il regardait sans voir, en mâchouillant. Il pensait à la dispute qu'il avait eue avec Émilie la veille de son depart. Il s'en voulait. C'était ridicule de se disputer avant une separation de trois mois. Il aurait fallu se quitter les yeux mouillés d'amour, un mouchoir blanc à la main sur le quai d'une gare. Il aurait fallu s'éloigner sur une musique de violons infiniment triste au milieu des visages brouillés des passants qui n'existent plus.[33]

Was Zeniter hier inszeniert, ist im Sinne Deleuzes ein anderes Medium, das Fernsehen, das als *Générateur* ein anderes Bild evoziert, bei dem Aktuelles und Virtuelles sich überlagern. Francks Erinnerung an das Gespräch mit Émilie wird mit einer an einen Film angelehnte imaginierte Erinnerungssequenz am Bahnhof überlagert, die eingedenk gängiger filmischer Klischees gefilmt ist, wie sie für Liebesdramen üblich sind. Die Klischees werden so gleichermaßen evoziert, wie sie wiederum selbstreflexiv gebrochen werden, bis zur Unentscheidbarkeit von virtuellem und aktuellem Bild.

Anders bei Émilie: Bei ihr ist es vor allem das Buch, die Literatur, die als Referenzsystem aufgerufen wird, zusammen mit älteren Medien wie der Fotografie, um hier ebenfalls Kristallbilder im Sinne Deleuzes zu evozieren, die trotz der Literatur als Referenzsystem in ihrer Inszenierung ebenso als Film vorstellbar sind. So trägt sie nicht nur die Fotografie Donnells, des Autors, über den sie bereits ihre Masterthesis verfasst hat und über den sie nun promovieren möchte, ständig bei sich, sondern imaginiert sich angesichts ihres Dissertationsprojekts zugleich als Geliebte des Autors und das, obwohl sie ausgerechnet die Derealisierung, die Deformation der Welt im Werk des Autors zum Thema hat, was sie selbst metareflexiv als diabolischen Realismus („réalisme diabolique") bezeichnet[34]:

> Le jury a apprécié la précision de ses formulations et la justesse de ses exemples. Émilie a gardé pour elle, tout au fond de son cœur dont la photographie n'est jamais bien éloignée, l'intime conviction que si elle avait connu Donnell en 1940, s'il l'avait rencontrée elle et pas Lorna lors d'une de ses permissions, elle aurait pu faire de lui un homme heureux – et il ne serait jamais mort avant d'avoir achevé *Le Pont des anguilles*.[35]

Beide Szenen werden nicht von einem Blick in den Spiegel, wohl aber von einem Blick auf ein anderes Medium ausgelöst: Dem Blick auf den Fernseher bzw. auf die Fotografie. Ebenso verhält es sich mit dem zugleich an- wie abwesenden Kultautor Donnell, sein Tod wird immer wieder durch diverse Medien und den unterschiedlichen Blick der Akteure auf diese Medien reflektiert, wie etwa das Kapitel *La satisfaction de la faim* deutlich macht. Ein ebenfalls in der Fußnote als Commandant

---

33 Zeniter. *Juste avant l'oubli*: 23.
34 Ebd.: 44.
35 Ebd.

X ausgewiesener Autor reflektierte angesichts der Romane von Donnell: „Le roman policier typique fait en sorte que l'intime conviction de l'enquêteur rencontre toujours la quanité de preuves nécessaires."[36] Donnell nun ist jemand, der gegen diese Richtung anschreibt, indem er einen Außenseiter erfindet, der eben nicht den gängigen Idealen der Zeit entspricht, auch wenn weniger dieser eigene Stil als vielmehr sein früher mysteriöser Tod zum Erfolg seines Fragment gebliebenen Werks beigetragen hat, wie der Text später metareflexiv festhält. Damit reflektiert der Text zugleich, wie sich die Romane Donnells immer stärker in die Fiktion des Film Noir einschreiben. Wenig später heißt es angesichts dieses Kristallbilds, das von weiteren, ähnlich gelagerten anderen inszenierter Leser und Autoren im Text gefolgt wird: „Dans une société en changement – ‚Pas d'idéaux mais des épaulettes', avait écrit Donnell -, *Le Pont des anguilles* trouvait un écho très fort. Des gens étaient prêts à oublier que la mort de son auteur était responsable de son inachèvement."[37]

Damit reflektiert der Text aber zugleich eine literarische Entwicklung und spielt mit der literarischen Tradition der Autofiktion. Dieses Zusammenspiel wird von Zeniter immer wieder im intermedial und intertextuell angelegten Text herausgestellt, um die produktive Macht der Bilder bei der Rekonstruktion der eigenen wie der Erinnerung anderer sowie einer aktuellen Erinnerungskultur zu verdeutlichen, die immer schon intermedial geprägt ist und zugleich selbstreflexiv wie im Kristallbild die eigene *Écriture* zu reflektieren.

Mit dem fiktiven Autor Galwin Donnell schreibt sich der Text nicht nur ins kulturelle Gedächtnis ein und zitiert in einem intertextuellen Verweisungsspiel andere Größen des *polar* wie Arthur Conan Doyle oder Raymond Chandler, sondern verfasst zugleich eine Meta-Geschichte und Kritik des Kriminalromans, des *roman policier*. Galwin Donnell kreiert mit seinem Protagonisten Carr nicht den scharfsinnigen Detektiv nach dem Modell Sherlock Holmes oder den *hard-boiled-detective* wie Chandler in der *Roman-Noir*-Tradition, sondern eine ungleich mittelmäßigere und zugleich düsterere Figur, die als Privatdetektiv zugleich stets danach trachtet, ihren Geldgeber zufrieden zu stellen. Damit spiegelt Zeniters Roman die aktuelle Entwicklung von Serienheld:innen oder auch Thrillern vornehmlich skandinavischer Provenienz wider, die indes deutlich häufiger den Weg auf die Leinwand finden als es in Zeniters Roman für Carr, den fiktiven Serienhelden des fiktiven Autors Donnell beschrieben wird.[38] Dessen filmische Versionen lösen bei den intradiegetischen Donnell-Fans nämlich alles andere als Begeisterung aus.

---

36 Ebd.: 55.
37 Ebd.
38 Vgl. Ulrike Götting. *Der deutsche Kriminalroman zwischen 1945 und 1970: Formen und Tendenzen.* Marburg: Tectum Verlag, 2000, 80–81 und 87–88.

6 Literatur und Wissenschaft – Interferenzen

Im Kapitel *Un cormoran dans la poitrine*, der zugleich eine kurze Reflexion über Verfilmungen beinhaltet, wird die Adaptationsproblematik explizit angesprochen. Am Beispiel der unterschiedlichen fiktiven filmischen Adaptationen, insbesondere einer von 1955, wird erneut in Form eines Kristallbildes Aktuelles und Virtuelles inszeniert und zugleich eine Metakritik angeregt: Kritisiert wird hier alles – angefangen von den Schauspielern, die dem Autor als Bewertungsinstanz als furchtbaren Besetzungsirrtum (*terrible erreur de casting*) erschienen und weiter anhand einer Interpretation, die, so das vernichtende Urteil Donnells, allenfalls Ausdruck guten Willens (*pleine de bonne volonté*[39]) gewesen sei. Einzig die pornographische Darstellung von *Emily Rose* findet den Zuspruch des Autors. Die Fans hingegen, von denen einige auch wieder bei der Vorführung der Filme im Rahmen der Donnell-Tage zugegen sind, sind vor allem begeistert, dass der von Donnell geschaffene Serienheld Carr von insgesamt mehr Schauspielern verkörpert wurde als James Bond, der von Ian Fleming erfundene Protagonist. Sie venerieren diese Verfilmung, wie man eine alte Jugendfotografie liebt, wodurch erneut der Erinnerungsaspekt zum Tragen kommt.[40]

Frank verfolgt die Filmprojektion zusammen mit Émilie. Der Film wird im Medium der Schrift teilreproduziert, wobei wie zuvor sich aktuelles und virtuelles Bild überlagern und der Film gleichzeitig zur Projektion die Rezeption erfährt: „Le film commença dans une atmosphère presque religieuse. Il s'ouvrait sur ls plans larges d'une ville noir et blanc qui n'était pas du tout à fait Édimbourg, pas tout à fait Londres, ni New York, dévoilant son labyrinth de rues, ses docks et ses passants anonymes."[41] Über den Film heißt es, er respektiere die Intrige des Romans, die Zuschauer aber sind verärgert ob des Auftritts von Donnells Ex-Frau: „À la quarante-troisième minute du film, un léger murmure parcourut la salle, fait de petits rires, de discrètes huées."[42] Émilie, die den Film mit Franck anschaut, erklärt ihm die Reaktion der Fans und sagt, diese seien verärgert über ihre Trennung, die sie für den Tod des Autors verantwortlich machten ebenso wie über die dreibändige Autobiografie, welche ihn als ganz normalen Menschen zeige und damit zur Entmystifizierung seines Werkes beigetragen habe. Indem der Roman die Projektion des Films teils mit den eigenen sprachlichen Mitteln simuliert, reflektiert er zugleich seine eigene *Écriture*.

---

39 Zeniter. *Juste avant l'oubli*: 115.
40 Vgl. ebd.: 116.
41 Ebd.
42 Ebd.: 117.

Der Text avanciert streckenweise selbst zum *Polar*, schreibt die Leser:innen in seine Codes des *roman noir* ein, bei dem es Indizien zu sammeln gilt, um ein Rätsel zu lösen. Er führt damit zugleich einen zentralen Gedanken des Adaptationsdiskurses weiter, dass es eben nicht gilt, die Werktreue in den Fokus zu rücken, sondern die eigenen erzählerischen Mittel zu explorieren. Dies zeigt sich als am Schluss der Roman selbst sich den Strukturen eines verfilmten *Polar* annähert. Franck, der einzige, der durch den Inselwärter Jock, der sich aus *ennui* das Leben nimmt, die Wahrheit über Donnells Tod erfährt, beschließt, dieses Wissen für sich zu behalten, um den Kultstatus Donnells nicht zu gefährden. Die Auflösung ähnelt in seiner Struktur einem Film Noir: Konstitutiv sind auch hier eine trianguläre Begehrensstruktur und eine Frau, Émilie, die zur Femme fatale avanciert. Die letzten, fehlenden Seiten des zehnten und des letzten (fiktiven) Romans von Donnell *Les pont des anguilles* werden so niemals den Weg in die literarische Öffentlichkeit finden:

> Il sait qu'il pénalise non seulement Émilie mais des millions de lecteurs. Il sait qu'il décide pour des millions de gens en cet instant. Il est en train de mentir sur à des millions de gens. Ne serait-ce que par omission. [...] Il est difficile de croire que ces dix-sept pages puissent constituer un des grands mystères de la littérature contemporaine.[43]

Diese Szene verweist zugleich als *mise-en-abyme* auf Zeniters Text: So ist dieser ja nichts anderes als die Darstellung der Rekonstruktion des Lebens von Donnell – allerdings in Form eines virtuellen Als-Obs, d.h. die Literatur macht sich hier in Form einer Reappropriation, einer Wiedereinschreibung filmische Verfahren zu eigen, bei denen wie im Kristallbild beides aufscheint: das Virtuelle wie das Aktuelle.

Der Tod des Inselwärters Jocks markiert eine Schlüsselstelle selbstreferenzieller metaisierender Verdichtung: der Moment, da den Teilnehmer:innen der *Journées d'Études* bewusst wird, dass Fiktion umschlägt ins Reale und gleichzeitig die Realität sich ausnimmt wie ein Film Noir. Die Grenze zwischen Realität und Fiktion, aktuellem und virtuellem Bild verschwimmt: „Il était extrêmement improbable, songea Franck, que ce dialogue eût pu être prononcé un jour ailleurs que dans un film et sans une once d'affectation. Pourtant, cela venait d'arriver. Tous ces spécialistes de Donnell était désormais *plongés* dans une scène de roman noir."[44] Wörter wie Polizei (*police*) oder Kadaver (*cadavre*) wollen den zuvor noch fröhlichen Literaturtourist:innen nun gar nicht mehr leicht über die Lippen kommen. Sie, die zunächst in mehr oder weniger fein ziselierten Vorträgen über Donnells Romanuniversum und die mysteriösen Umstände seiner Hauptfigur räsoniert und die

---

43 Ebd.: 276.
44 Ebd.: 259.

Verfilmung begeistert verfolgt haben, sind angesichts dieser realen Katastrophe sprachlos. Frank übergibt am Ende den Roman den Wellen, die Tinte löst sich auf – was bleibt ist der Text Zeniters und die Rekonstruktion der Erinnerung an den verlorenen Roman im Medium der Schrift.

Dabei werden hier wie an anderen Stellen die jeweils anderen Medien, wie von Rajewsky beschrieben, in Form von Systemreferenzen sowohl erwähnt, als auch teilweise simuliert und mit verbalen Mitteln reproduziert, wobei stets die Mediendifferenz und die Brüche zwischen den unterschiedlichen Systemen eine entscheidende Rolle spielen: Hierdurch wird zugleich wie in Zeniters späterem Text die Stärke der Literatur beschworen, die als chamäleonhafte Form alle weiteren in sich aufnehmen kann, ohne die eigene Literarizität zu verleugnen.

Der Roman als Möglichkeit, neue Wahrnehmungsmodi, wie sie mit der Darstellung von Wirklichkeit bereits im 19. Jahrhundert einhergehen, zu reflektieren, ist immer auch von einer besonderen Form der Zeitlichkeit markiert. Wahrnehmungsexperimente unterliegen in besonderer Weise der Zeitlichkeit, die ja auch durch präkinematographische serielle Bildverfahren und den frühen Film prägnant formuliert werden und in dem Jahrhundert der zunehmenden Mobilisierung von Körpern und Daten im Kontext neuer Fortbewegungs- und Kommunikationsmedien erneut virulent werden. Aber auch der Roman als zentrales Medium des 19. Jahrhunderts reflektiert diese Prozesse. Zeniter greift dies auf anhand des Mediums der Fotografie, die ja eben nicht, wie der Film, Zeit und Bewegung verbindet, sondern lediglich einen Moment festhält im Modus des *so ist es gewesen*, wie Proust und Roland Barthes dies reflektiert haben. Bei Proust wird das Foto als Medium kritisiert, das eben nicht in der Lage sei, mehr als einen Augenblick zu rekonstruieren, das vermag letztlich nur die Schrift, insbesondere das Romanprojekt des Ich-Erzählers, das diesen Moment mit anderen in einem zeitlichen Gewebe verknüpft, das voller Assoziationen, Synthesen, aber auch voller Brüche ist. Nicht zuletzt durch die Fotografie gelingt es Proust, seine Schreibweise und intermediale Ästhetik zu begründen.[45] Gleichzeitig wird die Fotografie wie auch schon das Telefon in besonderer Weise zu einem Medium der Präfiguration des Todes, ihr wird eine Signatur des Gespenstischen verliehen, wie auch bei Barthes. Barthes erkennt in der Fotografie eine unmittelbare Verknüpfung mit ihren ReferentInnen und sieht hierin ihre Eigentümlichkeit begründet: „je ne voyais que le référent, l'objet désiré, le corps chéri"[46]. Anders als Malerei und Film, gebe sich die Fotografie nicht als vermittelndes Medium zu erkennen, sie erfinde nichts, sondern erscheine als das

---

45 Vgl. Irene Albers. „Prousts photographisches Gedächtnis". *ZFSL* 111 (2019): 19–56, hier 19. Vgl. auch Volker Roloff. „Marcel Proust und Roland Barthes". *Proustiana* XXXI (2020): 96–114, hier 107.
46 Roland Barthes. *Œuvres complètes*. Bd. 3. Hg. Éric Marty. Paris: Seuil, 1993, 1113.

„Wirkliche in seinem unerschöpflichen Ausdruck" („Le Réel, dans son expression infatigable"[47]). Gleichzeitig wird der Fotografie aber auch eine Magie bescheinigt, auf die Zeniter hier ebenfalls rekurriert. So beschreibt Barthes „cette chose un peu terrible"[48], einen „unheimlichen Beigeschmack"[49], der jeder Fotografie zu eigen sei: „le retour du mort"[50]. Volker Roloff hat jüngst noch einmal auf die Nähe von Barthes und Proust aufmerksam gemacht, wenn er konstatiert, dass es darum gehe, eine Ästhetik der Lektüre zu begründen, eine Lust an der Entschlüsselung. Barthes habe folgerichtig die Konzeption seines Seminars über *Proust et la photographie* folgendermaßen begründet: „La photo [...] va fonctionner comme un affrontement du Rêve, de l'Imaginaire de lecture, au Réel."[51] Welches sind die idealen Speichermedien, sind sie analog oder digital? Fragen wie diese reflektiert der Roman, indem er mit unterschiedlichen Wissensmedien, von Tagebüchern, über Briefe, Youtube-Videos, Wikipedia- und Zeitschriften-Artikel und natürlich auch Fotografien spielt und derart auch auf eine Lust an der Entschlüsselung zielt. Auch hier lässt die Fotografie den Traum, das Imaginäre der Lektüre, auf das Reale treffen. Derart bleibt Donnell ein Wiedergänger, wie auch Franck allmählich Teil der Erinnerung Émilies wird, einer Erinnerung, die den anderen, den sehenden Anderen als Zeugen benötigt, um nicht als pure Erfindung zu erscheinen:

> Et il semble à Franck, sur le pont du bateau, qu'il connait le même processus d'effacement, que tout ce qu'il avait pensé avoir écrit d'immuable dans sa vie pâlit à présent jusqu'à s'évanouir. En perdant Émilie, il a perdu le témoin de son existence, ce qui ne lui laisse rien sinon un corps qui ne parvient plus à se définir. Dans sa tête, des pans de souvenir s'écroulent comme des murs ou comme des maisons, village fantôme de sa mémoire. On ne peut pas éxister dans ses propres yeux. [...] Il faut d'autres yeux pour ça.[52]

Was bleibt von ihrer gemeinsamen Geschichte, ist mithin nur der Roman. Als Franck den unveröffentlichten Roman dem Meer übergibt, verschwimmt die Schrift: „L'encre bave en taches grises. Déjà, on ne peut plus rien lire. Le texte disparaît."[53] Sie kehrt wieder in der Remediation Zeniters, d.h. einem Text, der sich als Reappropriation liest, die analoge wie digitale Medien gleichermaßen umfasst,

---

47 Ebd.: 1112.
48 Ebd.: 1114.
49 Roland Barthes. *Die helle Kammer. Bemerkungen zur Photographie.* Frankfurt a. M.: Suhrkamp, 1989, 17.
50 Barthes. *Œuvres completes*: 1114.
51 Ebd.: 397. Vgl. Roloff. Marcel Proust und Roland Barthes: 108.
52 Zeniter. *Juste avant l'oubli*: 278.
53 Ebd.: 277.

die im Medium des Buches den Film vergegenwärtigt – im Rekurs auf das Kristallbild Deleuzes.

Literaturverzeichnis

Albers, Irene. „Prousts photographisches Gedächtnis". *ZFSL* 111 (2019): 19–56.
Barthes, Roland. *Die helle Kammer. Bemerkungen zur Photographie.* Frankfurt a. M.: Suhrkamp, 1989.
Barthes, Roland. *Œuvres complètes.* Bd. 3. Hg. Éric Marty. Paris: Seuil, 1993.
Bergson, Henri. *Œuvres.* Anm. von André Robinet, Einleitung Henri Gouhier. Paris: Presses Universitaires de France, 1959.
Deleuze, Gilles. *L'Image-Temps.* Paris: Editions de Minuit, 1985.
Doubrovsky, Serge. „Nah am Text". *Kultur & Gespenster: Autofiktion* 7 (2008): 123–133.
Götting, Ulrike. *Der deutsche Kriminalroman zwischen 1945 und 1970: Formen und Tendenzen.* Marburg: Tectum Verlag, 2000.
Leitenstern, Regine. *Zeitfiguren in Philosophie und Film: Bergson, Deleuze und Lynch.* Gießen, 2009. Nicht veröffentlichte Dissertationsschrift.
Lejeune, Philippe. *Le pacte autobiographique.* Paris: Seuil, 1975.
Liptay, Fabienne und Susanne Marshall. *Remediation.* https://filmlexikon.uni-kiel.de/doku.php/r:remediation-7675 (26. September 2022).
Martin-Jones, David. *Deleuze and world cinemas.* London u. a.: Continuum, 2011.
Martin-Jones, David und William Brown (Hg.). *Deleuze and Film.* Edinburgh: Edinburgh University Press, 2012.
Rajewsky Irina O. „Intermedialität und *remediation*. Überlegungen zu einigen Problemfeldern der jüngeren Intermedialitätsforschung". *Intermedialität – Analog/Digital.* Hg. Joachim Paech und Jens Schröter. München: Wilhelm Fink, 2008. 47–60.
Rajewsky, Irina O. „Intermediality, Intertextuality, and Remediation: A Literary Perspective on Intermediality". *Intermédialités/Intermediality* (2005): 61–64.
Rajewsky, Irina O. „Intermedialität ‚light'? Intermediale Bezüge und die ‚bloße Thematisierung' des Altermedialen". *Intermedium Literatur. Beiträge zu einer Medientheorie der Literaturwissenschaften.* Hg. Roger Lüdeke und Erika Greber. Göttingen: Wallstein Verlag, 2004: 27–77.
Rajewsky, Irina O. *Intermedialität.* Tübingen und Basel: Francke, 2002.
Roloff, Volker: „Marcel Proust und Roland Barthes". *Proustiana* XXXI (2020): 96–114.
Strowick, Elisabeth. *Gespenster des Realismus.* Leiden: Wilhelm Fink, 2019.
Wolf, Werner. „Musicalized Fiction and Intermediality. Theoretical Aspects of Word and Music Studies." *Word and Music Studies. Defining the Field.* Hg. Walter Bernhart, Steven P. Scher und Werner Wolf. Amsterdam: Rodopi, 1999. 37–58.
Zeniter, Alice. *Juste avant l'oubli.* Paris: Flammarion, 2015.

Felix Hüttemann
Die kalte Linse des Samurai

Die Montierung von Yukio Mishimas *yukoku* (*Patriotismus*) in Christian Krachts Roman-Aufblende in *Die Toten*

> „Das Sehen ist ihm ein Angriffsakt."[1]
>
> „Ein Film sei ja nichts anderes als Zellulosenitrat, Schießpulver für die Augen."[2]

1 Poetologie des sachlichen Sehens

Der Anfang von Christian Krachts Roman *Die Toten* (2016), den man ebenso als eine Aufblende bezeichnen kann, elaboriert die Herstellung eines literarisch referenzreichen *snuff movies:* Ein japanischer Offizier begeht im Jahr 1936 in Tokio, von einer in der Wand versteckten – nur durch ein kleines Guckloch hineinblickenden – Kamera aufgezeichnet, rituellen Selbstmord, *seppuku* im Stil eines Samurai-Kriegers.

> Der Offizier kniete sich hin, öffnete die weiße Jacke links und rechts, fand prüfend mit nahezu unmerklich zitternden, gleichwohl präzise suchenden Fingerspitzen die korrekte Stelle, verneigte sich und tastete nach dem vor ihm auf einem Sandelholzblock liegenden, hauchscharfen *Tantō*. Er hielt inne, horchte, hoffte darauf, noch einmal das Geräusch des fallenden Regens zu hören, aber es ratterte lediglich leise und maschinell hinter der Wand.[3]

Statt des Regens hört der Suizidant nur die laufende Kamera in ihrem Nebenzimmerversteck. Die, wenn auch verborgene, Anwesenheit der Kamera repräsentiert eine Zeugenschaft für den Suizid des Offiziers. „Das Eigentümliche der Aufnahme im Filmatelier aber besteht darin, daß sie an die Stelle des Publikums die Apparatur setzt."[4] Walter Benjamins Bemerkung zum Auraverlust des Dargestellten sowie des Darstellenden im kinematographischen Dispositiv hat, neben dem Benjamin'schen Ausstellungs- und/oder Politisierungswert von (Bewegt-)Bildern vermittelnden

---

[1] Ernst Jünger. „Über den Schmerz". *Sämtliche Werke. Betrachtungen zur Zeit.* 2. Aufl. Band 7. Stuttgart: Klett-Cotta, 2002. 143–191, hier 182.
[2] Christian Kracht: *Die Toten.* Köln: Kiepenheuer & Witsch, 2012, 114.
[3] Ebd.: 12.
[4] Walter Benjamin. „Das Kunstwerk im Zeitalter seiner technischen Reproduzierbarkeit". 3. Fassung. *Gesammelte Schriften.* 9. Aufl. Band I.2. Frankfurt a. M.: Suhrkamp, 2019. 471–508, hier 489.

Medien, dennoch eine re-theatralisierende Seite. Denn erst durch die Kamera, in Stellvertretung eines Publikums, wird der Suizid des japanischen Kriegers produziert und beglaubigt. Diese rituelle Form des Suizides ist per se eine theatrale. Sie bedarf unweigerlich des Publikums. Gewalt, vor allem auch potenzielle, ist laut Benjamin der Film- und Fotokamera sowie der Film- und Fotoaufnahme bereits inhärent. Wenn etwa aus menschenleeren Orten vermittelt durch die Fotografie Tatorte[5] werden oder jeder durch tragbare Kameras zu(m) potenziell Fotografierenden wird, der/die jederzeit Fotos schießen kann. „Aber ist nicht jeder Fleck unserer Städte ein Tatort? Nicht jeder ihrer Passanten ein Täter?"[6]

Über den Punkt potenzieller oder tatsächlicher Gewalt von Bildmedien hinaus gehend, vermittelt diese Szene in Krachts Roman ein Begehren, welches weiter unten im Hinblick auf Krachts Referenzen zu Yukio Mishima und dessen literarische und filmische Verfahren weiter ausgeführt wird. Die apparative bzw. filmische Zeugenschaft der Selbsttötungsperformance beglaubigt im Weiteren nicht nur die Sühne „dieser oder jener Verfehlung"[7] und die somit wiedererlangte Kriegerehre, sondern die Schilderung dieser, wie auch der weiteren, Kameraaufnahmen innerhalb des Kracht'schen Textes elaboriert ein „Es-ist-so-gewesen"[8] einer kalten, nicht-involvierten und distanzierten *Écriture*, die hier zentral ist für die weiteren Ausführungen.

„Jetzt aber hatte er jenen abscheulichen Selbstmordfilm vor sich, diese Dokumentation eines realen, tatsächlichen Todes"[9], konstatiert der japanische Protagonist in *Die Toten*, der Offizier und Filmliebhaber Masahiko Amakasu. Dieser ersehnt eine, wenn auch mehr strategische als ideologische, „zelluloidene Achse"[10] zwischen Berlin und Tokio. Mit einem Brief, „wie Amakasu mit einiger Zufriedenheit feststellte, ein Meisterwerk der Manipulation"[11], soll die Universum Film AG (UFA) und ihr Chef Alfred Hugenberg dazu gebracht werden, mit ihrem sprichwörtlichen dummen deutschen Geld einen deutschen Regisseur für ein Filmprojekt nach Japan zu entsenden: „[D]ürfe er auf Fritz Lang hoffen?"[12] Er darf nicht. Denn dieser befindet sich bereits mit *Das Testament des Dr. Mabuse* im Gepäck auf dem Weg ins

---

5 Vgl. ebd.: 485.
6 Walter Benjamin. „Kleine Geschichte der Photographie". *Gesammelte Schriften*. 7. Aufl. Band II.1. Frankfurt a. M.: Suhrkamp, 2019. 368–385, hier 385.
7 Kracht. Toten: 11.
8 Roland Barthes. *Die Helle Kammer. Bemerkungen zur Photographie*. Frankfurt a. M.: Suhrkamp, 1989, 87.
9 Kracht. Toten: 26.
10 Ebd.: 30.
11 Ebd.: 28.
12 Ebd.: 30–31.

Exil.[13] Stattdessen geht der Schweizer Regisseur Emil Nägeli den Teufelspakt mit Hugenberg und der UFA ein und macht sich nach Japan auf, um den gewünschten Horrorfilm zu drehen, aus dem im Weiteren eine antizipierte *Nouvelle-Vague*-Liebesgeschichte mit dem Titel *Die Toten* werden wird.

> Nägeli jedenfalls habe es sich lange und reiflich überlegt, er wolle ohne Drehbuch arbeiten, das habe es zwar noch nie gegeben, aber er stelle sich das in etwa so vor, daß er die Kamera überallhin mitnehme, eine simple Handkamera werde es sein, er würde in natürlichem Licht inszenieren und den beiden, Masahiko und Ida, folgen auf ihren Wegen durch die Stadt, in die Straßenbahn, in Restaurants und Cafés, in Museen, Hotels, überallhin.[14]

Es stellt sich, neben der weiter folgenden Auseinandersetzung mit verschiedenen Referenzen, die die Textszene des Suizids bei Kracht erfordert, die grundsätzliche Frage, wie an dieser Stelle filmisch vermitteltes, oder auch bildvermitteltes Sehen in der Literatur funktioniert und welche Konsequenzen bzw. Implikationen dies für die Auseinandersetzung mit Literatur haben kann. Kracht lässt Amakasu nach der Sichtung des Suizidfilms konstatieren: „[E]s gab bestimmte Dinge, die man nicht abbilden durfte, nicht vervielfältigen, es gab Geschehnisse, an denen wir uns mitschuldig machten, wenn wir deren Wiedergabe betrachten, es war genug gewesen, es war alles da."[15] Amakasus These eines Bilderverbotes ist schon aus der *Écriture* Krachts zu entgegnen: Schuld setzt Teilnahme am Geschehen voraus. Die Kamera ist als *pars-pro-toto*-Publikum in der Szene zwar vorhanden, doch die Teilnahme der Kamera entäußert sich in Form des sachlichen, distanzierten Blickens, Sehens und Aufzeichnens. Welche, auch problematischen, Konsequenzen dies birgt, wird unten weiter ausgeführt. Die Perspektive einer moralischen Teilnahme der Kamera wird schon im Romananfang nivelliert. Denn zum einen werden die Gewalt-Bilder schließlich gezeigt und erhalten zum anderen für Amakasu selbst eine erotische und somit anders geartete affektive Komponente, die Kracht der Poetik und Erotik sowohl Georges Batailles als auch Yukio Mishimas entlehnt.

Mishima und dessen Figuren, wie auch Krachts Figur Amakasu, die auffällige Parallelen zu Yukio Mishimas literarischem Selbstentwurf in seinem bekanntesten Roman *Bekenntnisse einer Maske* aufzeigt, teilen eine sexuelle Faszination für Gewaltdarstellungen; unter anderem repräsentiert in der Emblematik des Leidens und Sterbens Sankt Sebastians.[16] Kracht lässt Amakasu im Zusammenhang mit dem

---

13 Vgl. ebd.: 135.
14 Ebd.: 170–171.
15 Ebd.: 24.
16 Dazu ebd.: 44. Vgl. Yukio Mishima: *Bekenntnisse einer Maske*. Zürich und Berlin: Kein & Aber, 2018.

Suizidfilm, von Georges Bataille inspiriert, an Fotografien einer *Lingchi*-Hinrichtung[17] denken:

> Die ganze Chose erinnerte ihn an die Serie von braunstichigen Fotografien, die er einmal kurz in den Händen gehalten hatte; darauf war zu sehen gewesen, wie ein Delinquent im imperialen China mittels *Lingchi* gepeinigt und in den Tod geschickt worden war – man hatte den Verurteilten, der seinen Blick während der Folter ekstatisch wie Sankt Sebastian himmelwärts richtete, auf barbarische Weise mit Messern traktiert; die Haut war abgeschält worden, die Extremitäten einzeln, Finger um Finger, abgeschnitten.[18]

Das kalte, registrierende, distanziert phänomenbeschreibende Sehen der Kameralinse wird hier mit einer Form von Blickregime gepaart, die einer Bataille'schen Affektpolitik folgt und die Gewalt, den Tod und die physische Marter sowohl religiös als auch sexuell auflädt. Bataille schreibt in *Die Tränen des Eros* über eine *Lingchi*-Fotografie, auf welche sich die oben zitierte Stelle bei Kracht bezieht:

> Dokument eines zeitgleich ekstatischen (?) und unerträglichen Schmerzes, ist es mir nicht mehr aus dem Sinn gegangen. [...] Diese Gewalt – und ich kann mir noch heute keine irrsinnigere, grauenhaftere Gewalt vorstellen – erschütterte mich dermaßen, daß ich eine Ekstase erlebte.[19]

Trotz aller erregenden Bildträger existiert im Roman, entgegen der Feststellung Amakasus, keine mitschuldig-werdende teilnehmende Beobachtung. Zumindest nicht in dem Sinne, dass von einem involvierten, affizierten Sehen bzw. Beobachten des filmischen Dispositivs gesprochen werden kann. Es lässt sich vielmehr im Kontrast zur Figurenrede bei Kracht fragen, inwiefern das Sehen im Roman, sowohl das der Figuren als auch der verschiedenen Kameralinsen, überhaupt partizipierend ist.

Im Sehen und Beobachten innerhalb des Romans geht es, so die These, nicht etwa um eine Dokumentierbarkeit des Empfindens oder der Affekte, genauso wenig um ihre Evokation, sondern viel eher um eine „entmenschte Imago des Realen"[20], in der ein Blickregime vermittelt wird, welches ich hier als Topos der kalten Linse

---

[17] Diese chinesische Methode des 19. und frühen 20. Jahrhunderts eine delinquente Person zu Tode zu foltern, wird als besonders grausam, als eine „Hinrichtung der tausend Schnitte" beschrieben. Diese Hinrichtungsmethode erhielt durch die erotische Aufladung bei Georges Bataille kultur- und literaturwissenschaftliche Aufmerksamkeit. Vgl. Georges Bataille. *Die innere Erfahrung*. Berlin: Matthes & Seitz, 2017, sowie Georges Bataille. *Die Tränen des Eros*. München: Matthes & Seitz, 1981, 246–247.
[18] Kracht. Toten: 23–24.
[19] Bataille. Tränen des Eros: 246–247.
[20] Kracht. Toten: 23.

bezeichnen möchte, als ein nicht-involviert-seiendes, distanziertes, auf der Oberfläche affektbefreites Begehren eines Gesehen-Werdens als solches. Dieses Blickregime birgt in ihrer dispositiven Ordnungs- bzw. Normierungspolitik durchaus Probleme, wie man an der politischen bzw. hegemonialen Männlichkeit,[21] reaktionären Ideologie und Biografie Yukio Mishimas feststellen kann. Dazu unten mehr.

2 Kalter Kracht?

Die zu Anfang vorgenommene Kennzeichnung der literarisch montierten Filmaufzeichnung des Suizids als *snuff movie* muss im Folgenden, zumindest teilweise, revidiert werden. Ist doch das Kennzeichen eines *snuff movies* die – wie auch immer geartete – Affizierung der Betrachtenden, die, mit Walter Benjamin sprichwörtliche Schockwirkung des Mediums Film, die hier zumindest in der literarischen Schilderung des Tötungsaktes nicht primär der Fall ist. Ein bestehender Fakt, den die literarische Schilderung Krachts vom Dokumentarischen des *Snuff*-Films[22] entlehnt, ist ein vermeintliches Authentizitätsversprechen, welches wiederum in der indirekten Rede, der sich die Schreibweise Krachts bedient, subvertiert wird.

So ist die Schilderung dieser Filmaufnahme doch anderer Natur: Die Linse der Kamera wird sachte an ein Loch an der Wand herangeführt. Aber nicht wie ein sich an der Szenerie erregender Voyeur, der durch das kleine Loch das Objekt seines Begehrens belauert, sondern die Kamera ist vielmehr wie eine kalte, sachliche Messapparatur in Stellung gebracht.[23] Auf dem Höhepunkt des Todeskampfs, in den letzten Zuckungen des sterbenden Offiziers, werden die physischen Reaktionen der Agonie, die sogenannte *terminal restlessness*, in einem Modus des distanzierten, nicht-involvierten Sehens geschildert: „Es wurde angeordnet, die Kamera weiterlaufen zu lassen."[24] Lediglich diese mechanisch-funktionale (Regie-)Anweisung kommentiert das Geschehen. In der minutiösen Beschreibung des Selbsttötungsvorganges, die die Registrier- und Dokumentier-Maschine Kamera aufzeichnet, elaboriert sich eine Form der „Metaisierung"[25], genauso wie die Schreibweise

---

21 Vgl. zum Begriff der hegemonialen Männlichkeit Raewyn Connell. *Masculinities*. 2. Aufl. Cambridge: Polity Press, 2005. 77.
22 Vgl. Karl Juhnke. „snuff". *Das Lexikon der Filmbegriffe*. https://filmlexikon.uni-kiel.de/doku.php/s:snuff-517. Universität Kiel (20. Januar 2022).
23 Vgl. Kracht. Toten: 11–12.
24 Ebd.: 13.
25 Vgl. Werner Wolf. „Metaisierung als transgenerisches und transmediales Phänomen: Ein Systematisierungsversuch metareferentieller Formen und Begriffe in Literatur und anderen Medien".

Krachts selbst vielerlei werkinterne und -externe Selbstreferenzen sowie Referenzen auf verschiedene Schreibweisen und Autoren vollzieht, wie unter anderen auf die hier noch zu besprechenden Autoren Ernst Jünger und Yukio Mishima.

3 Jüngers kalte Linse

Das poetologische Verfahren, dessen Kracht sich zur distanzierten, filmischen Schilderung bedient, ist eine Metaisierung, die man als eine „implizite Metareferenz"[26] auf Ernst Jüngers *Écriture* und dessen *Verhaltenslehre der Kälte*[27] verstehen kann. Die poetologische Konsequenz der von Jünger aus den Kriegserlebnissen elaborierten, kalten Phänomenbeschreibung, wie sie sowohl in den Texten zum Ersten Weltkrieg vom *Kampf als inneres Erlebnis*, den *Stahlgewittern* und seiner politischen Publizistik als auch in den Essays *Der Arbeiter* und *Über den Schmerz* auftritt, lässt sich bei Kracht im Hinblick auf eine filmische bzw. kinematographische Schreibweise wiederfinden. Jünger schreibt in *Über den Schmerz* zur Fotografie:

> Die Aufnahme steht außerhalb der Zone der Empfindsamkeit [...]; man merkt, daß der Vorgang von einem unempfindlichen und unverletzlichen Auge gesehen wird. Sie hält ebensowohl die Kugel im Fluge fest wie den Menschen im Augenblick, in dem er von einer Explosion zerissen wird.[28]

Jünger schildert die mit der Medialisierung bzw. Technisierung der Wahrnehmung einhergehende Veränderung der Partizipation – jenseits jedweder romantischer oder eben empfindsamer *aisthesis* – als neutrale Schilderung eines nicht privilegierenden Sehens, wie es in der Neuen Sachlichkeit zum Programm wurde.

> Merkwürdig, daß diese Eigenart auf anderen Gebieten, etwa auf dem der Literatur, noch so wenig sichtbar ist, aber ohne Zweifel wird, wenn wir hier wie in der Malerei noch etwas zu erwarten haben, die Beschreibung der feinsten seelischen Vorgänge abgelöst werden durch eine neue Art der präzisen, sachlichen Schilderung.[29]

Metaisierung in der Literatur und anderen Medien. Hg. Janine Hauthal, Julijana Nadj, Ansgar Nünning und Henning Peters. Berlin: De Gruyter, 2012. 25–64, hier 36.
26 Ebd.: 45: „Die Metareferenz wird durch eine bestimmte (meist deviante oder sonst wie auffällige) Gestaltung des verwendeten inhaltlichen oder medialen Materials nahegelegt [...]."
27 Helmut Lethen: *Verhaltenslehre der Kälte. Lebensversuche zwischen den Kriegen.* Frankfurt a. M.: Suhrkamp, 1994.
28 Jünger. Schmerz: 182.
29 Ebd.

Diese Form von Subjektivierung, welche Helmut Lethen als Verhaltenslehren der Kälte bezeichnete, findet nach wie vor, wie man an Krachts *Écriture* verfolgen kann, ihre literarische Durcharbeitung. Letztlich ist sowohl diese Aneignung des filmisch-fotografischen Schreibens als auch der Beschreibung und Reflektion des Filmischen, von und durch die Literatur, eine durchaus ambivalente Geste. Jünger beschreibt in *Über den Schmerz* eine politisch-männliche,[30] problematische Aneignung des filmischen bzw. fotografischen Dispositivs: „Das ist die uns eigentümliche Weise zu sehen; und die Photographie ist nichts anderes als ein Werkzeug dieser unserer Eigenart."[31] Kracht wiederum reflektiert diesen Zusammenhang und führt dies in *Die Toten* vor, wenn er Nägeli zwischen die (filmtheoretischen) Fronten – von Alfred Hugenberg und der nationalsozialistisch umgestalteten UFA auf der einen und Siegfried Kracauer und Lotte Eisner auf der anderen Seite – geraten lässt.[32]

4 Schneidende Blicke

Auch wenn etwa Christine Riniker berechtigter Weise eine reflektierte Metaisierung bzw. eine vorsichtig einrahmende *Écriture* in Krachts *Die Toten* – in Form einer „werkpolititische[n] Entstörung"[33] – konstatiert, wird hier angenommen, dass dagegen in den protokinematographischen Passagen, in der Reflektion des Filmischen und des Kameradispositivs, typische Kältetopoi Blaupausen bilden, die in Referenz zur Jünger'schen Verhaltenslehre oder auch der Poetik von *Sonne und Stahl*[34] Yukio Mishimas stehen. Dies äußert sich neben dem Diskurs des sachlichen Sehens des Suizides ebenso wie in der voyeuristischen Perspektive einer weiteren Kameraszene. In dieser wird Nägeli, durch eben jenes bereits aus der Anfangsszene bekannte Guckloch seine Geliebte Ida von Üxküll beim Liebesakt mit Amakasu filmen. Der Regisseur, schon von Berufs wegen in einer per se voyeuristischen Position, schlüpft in das Nebenzimmer, hinter die Kulisse, um die Liebenden zuerst im Zimmer, in welchem noch die Blutflecken des Suizides zu sehen sind, zu beob-

---

30 Vgl. Klaus Theweleit. *Männerphantasien*. Überarb. Neuausgabe. Berlin: Matthes & Seitz, 2019. 711, 764. Vgl. zum Begriff der polititischen Männlichkeit Susanne Kaiser. *Politische Männlichkeit. Wie Incels, Fundamentalisten und Autoritäre für das Patriachat mobilmachen*. 2. Aufl. Berlin: Suhrkamp, 2021.
31 Jünger. Schmerz: 182.
32 Vgl. Kracht. Toten: 106 und 116.
33 Christine Riniker. „‚Die Ironie verdampft ungehört.' Implizite Poetik in Christian Krachts *Die Toten* (2016)". *Christian Kracht revisited. Irritation und Rezeption*. Hg. Matthias N. Lorenz und Christine Riniker. Berlin: Frank & Timme, 2018. 71–119, hier 76.
34 Vgl. Yukio Mishima. *Sun and Steel. His personal testament on art, action, and ritual death*. Medina: Medina Univ. Press, 1982.

achten und daraufhin zu filmen. „Auge, Blick und Bild"[35] konvergieren in dieser Passage zu einer literarischen Einstellung.

> Er klettert ganz hinauf und späht durch das Guckloch in das Schlafzimmer hinein, ein Gemälde an der Wand dort mit roten Klecksen eines modernen Malers versehen. Zitternd beobachtet er das monströse Phantasma von Masahiko und Ida, die sich nackt auf dem Bett räkeln, und er sieht und sieht und sieht [...].[36]

Das blanke, sachliche Sehen gerät, um Ernst Jünger zu paraphrasieren, auch hier durch die Kamera vermittelt, zum Angriffsakt[37], der das Anblicken zu einer „eigentümlichen, und zwar zu einer grausamen Weise zu sehen"[38] emergieren lässt. Die damit einhergehende Frage, inwieweit „man jedoch die der Betrachtung dieses Gegenstandes angemessene Kälte"[39] aufbringt und inwieweit dieses aus der kalten Linse extrapolierte Sehen als ein Angriffsakt verstanden und gleichsam eingeübt werden müsse, lässt Kracht seine Figuren, allen voran Nägeli, durcharbeiten.

Durch das literarisch evozierte Kameradispositiv werden alle, Nägeli in dieser Blick-Konstellationen durchpulsenden Affekte sublimiert. Es überkommt ihn sich, erstens, entweder selbst schamerfüllt, oder, zweitens, die Liebenden aus Wut und Eifersucht, mit einem *Tanto*-Messer zu töten, ebenso wie sich, drittens, für das „Blutbad"[40] gar einen Revolver zu leihen. Die Affektentladung, die Gewalttat, ist jedoch nicht mehr vonnöten, denn der Angriff wird durch die Kamera statt durch den herbeigesehnten Revolver oder das bereitliegende Messer vollzogen.

Man denkt im Zusammenhang dieser Textstelle, wie auch an anderen Stellen im Roman, unweigerlich an die kulturwissenschaftlich kanonische Kombination von Kamera und Schusswaffe, von Krieg und Kino[41] oder auch an die Verknüpfung von Tod und Kameraobjektiv. Bisweilen kann man den Eindruck gewinnen, Kracht habe seiner Interpretation von Alfred Hugenberg und dessen Vision vom deutschen Film Zitate Friedrich Kittlers in den Mund gelegt. „Kino, sagt Hugenberg und steckt

---

35 Georg Christoph Tholen. „Auge, Blick und Bild. Zur Intermedialität der Blickregime". *Blickregime und Dispositive audiovisueller Medien*. Hg. Nadja Borer, Samuel Sieber und Christoph Tholen. Bielefeld: Transcript, 2011. 19–30.
36 Kracht. Toten: 177.
37 Vgl. Jünger. Schmerz: 182.
38 Ebd.: 183.
39 Ebd.: 146–147.
40 Kracht. Toten: 178.
41 Vgl. Paul Virilio. *Krieg und Kino. Logistik der Wahrnehmung*. Frankfurt a. M.: Fischer, 1989. Vgl. auch Susanne Komfort-Hein. „Harakiri, Hitler und Hollywood: ‚Die Toten'". *Christian Kracht. Text +Kritik. Zeitschrift für Literatur* IX (2017): 67–74, hier 72–73.

sich eine von Putzis Zigarren an, Kino sei Krieg mit anderen Mitteln."⁴² Oder wie es bei Kittler lautet: „Die Geschichte der Filmkamera fällt also zusammen mit der Geschichte automatischer Waffen. Der Transport von Bildern wiederholt nur den von Patronen."⁴³

In Krachts *Écriture* vollzieht sich diese kriegstechnologische Genealogie etwas subtiler, indem er Nägelis voyeuristischen Filmdreh als Fortsetzung des Suizidfilms mit anderen, aber dann doch auch mit gleichen Mitteln, schildert. Die Kamera schneidet, wie das *Tanto*-Messer in die Bauchdecke des Suizidanten, ein Loch in die Wand des Hauses und in die Szenerie der Liebenden. Die Kamera sowie der Film sind Medien, die nicht nur eines nachträglichen Schnittes in der Verarbeitung bedürfen, sondern selbst, und sei es auch nur als bildproduzierendes Medium des Imaginären, in das Reale der Wahrnehmung schneiden.

> Nun schnell wieder hinein in die Innereien des Hauses, hoch bis ans Guckloch und die Linse der Kamera an dasselbe geführt, mit dem Ärmel des Pullovers das Ganze abgedichtet, damit ja kein ratterndes Geräusch ins Schlafzimmer dringt. Er zieht am Auslöser und wartet ab [...].⁴⁴

Die Kamera ist Nägelis Medium des bösen Blicks, so kommen im weiteren Verlauf des Romans die beiden von ihm verfluchten Liebenden auf grausame Weise zu Tode. „Er packt seinen Koffer und einen Seesack mit den Kameras und den Filmkartuschen, belegt Masahiko und Ida mit dem Fluch, sie mögen doch bitte rasch und qualvoll sterben [...]."⁴⁵

5 Suizid mit Zuschauer

Die zentrale Referenz für die Anfangsszene des Romans, so wurde es bereits oben angedeutet, ist die Kurzgeschichte *Yukoku* (*Patriotismus*) von Yukio Mishima und ihre Verfilmung *Yukoku: Patriotism or the Rite of Love and Death*⁴⁶, von Mishima selbst inszeniert und in der Hauptrolle verkörpert.⁴⁷ Der Hintergrund dieser Kurzgeschichte von 1960 ist der versuchte *coup d'etat* von jungen japanischen Of-

---

42 Kracht. Toten: 114.
43 Friedrich Kittler. *Grammophon Film Typewriter*. Berlin: Brinkmann & Bose, 1986, 190.
44 Kracht. Toten: 178.
45 Ebd.: 179.
46 *Yukoku: Patriotism or the Rite of Love and Death*. Reg. Yukio Mishima. Yukio Mishima Production, 1966.
47 Vgl. Riniker. Die Ironie verdampft ungehört. Vgl. auch Azuza Takata. „Lob des Schattens. Christian Krachts Die Toten als ‚japanische Ästhetik'". *Christian Krachts Ästhetik*. Hg. Susanne Komfort-Hein und Heinz Drügh. Berlin: Springer Wissenschaft, 2019. 165–173, hier 166.

fizieren, die am 26. Februar 1936 aus Protest gegen korrupte Kabinettmitglieder und Ratgeber des Kaisers Hirohito revoltieren, scheitern und inhaftiert bzw. hingerichtet wurden. Es handelt sich hierbei um einen Putschversuch rechtsnationaler Kräfte, denen die imperialistische Politik Japans nicht weit und schnell genug vonstattenging, ähnlich dem anti-modernistischen Attentat rechtskonservativer Marinekadetten auf den Premierminister Tsuyoshi Inukai vom 15. Mai 1932, welches in *Die Toten* beschrieben wird.[48]

Mishima, als reaktionär ausgerichteter japanischer Autor, gibt vor dieser Blaupause einen Kommentar zur *Verwestlichung* des entmilitarisierten Nachkriegsjapans und zur *Menschwerdung* des Kaiser Hirohitos ab, der nach dem Zweiten Weltkrieg durch die Siegermächte auf rein repräsentativen Status degradiert wurde. In *Yukoku* steht ein junger, frisch verheirateter Offizier namens Shinji Takeyama vor dem Dilemma, zum einen mit den Putschisten befreundet und an den Planungen des *coup d'etats* beteiligt gewesen zu sein, jedoch an der Durchführung nicht teilgenommen hat, da er nicht in den genauen Ablauf eingeweiht wurde; sich jedoch zum anderen als kaisertreues Mitglied der Palastgarde dazu verpflichtet sieht, an den Hinrichtungen seiner Freunde zu partizipieren. Aufgrund dieses Widerspruchs fühlt sich der Offizier gezwungen, zusammen mit seiner Ehefrau Reiko *seppuku* zu begehen, um *ehrenhaft* der weiteren Zwangslage zu entgehen. Sowohl die Kurzgeschichte von 1960 als auch die Verfilmung von 1966 sind in fünf Teile gegliedert und wie Krachts *Die Toten* an das *Noh*-Theater angelehnt. Der erste Teil beginnt mit dem Aufbruch des Offiziers zum Kaiserpalast und dem gescheiterten *coup d'etat*. Im zweiten Akt schildert Takeyama seiner Ehefrau die sich entspinnende Krise, seine eigenen Freunde als Mitglied der Palastgarde exekutieren zu müssen, woraufhin das Paar beschließt, den gemeinsamen ehrenhaften Selbstmord durch *seppuku* zu begehen. Die sich daraus ergebende letzte Liebesnacht des Ehepaares bildet den dritten Teil der Geschichte. Der längste und ausführlichste Part ist dem Suizid des Offiziers vorbehalten, von dem, in minutiöser Beschreibung, die einzelnen Vorbereitungen und die Durchführung sowie alle physischen Reaktionen genauestens wiedergegeben werden. Bemerkenswert hierbei ist, dass, entgegen der Tradition, der Offizier zuerst aus dem Leben scheiden will und ihm seine Frau eigenständig bzw. eigenhändig zu folgen hat. Traditionell hätte die Frau von ihrem Mann zuerst getötet werden müssen. Die Ausnahme wird zum einen damit begründet, dass sie, da sein Suizid von einer höheren Dringlichkeit sei, notfalls korrigierend eingreifen könne, falls die Selbsttötung von ihm nicht finalisiert werden kann. Zum anderen könnte man vermuten, dass der rituelle Suizid des Mannes nicht ohne Publikum vonstattengehen kann und die Frau hier zur nar-

---

48 Vgl. Kracht. Toten: 101.

zisstischen Bespiegelung des Mannes bezeugen muss, wie tapfer dieser sei. „Good. We'll go together. But I want you as a witness, first, for my own suicide."[49] Im fünften Akt korrigiert Reiko ihr Make-up, rückt sich die Garderobe zurecht und tötet sich neben der Leiche ihres Mannes.

In der Verfilmung, ein knapp dreißigminütiger Schwarz-Weiß-Stummfilm, sieht man Mishima selbst in der Rolle des jungen Offiziers im vierten Akt zu Richard Wagners *Der Liebestod* aus *Tristan und Isolde* in einem weiten Kamera-Shot in einem repräsentativen Zimmer knien. „The lieutenant, sitting erect with his back to the alcove, laid his sword on the floor before him. [...] To have every moment of his death observed by those beautiful eyes – it was like being borne to death on a gentle, fragrant breeze."[50]

Gefolgt von verschiedenen *Close-ups*, die die einzelnen Regungen des sterbenden Mannes in allen blutigen, an das *Gore*-Kino der sechziger Jahre angelehnten Einzelheiten einfangen, wird die Prozedur und die Perspektive, identisch zu der Schilderung der *seppuku*-Szene in *Die Toten*, visualisiert.

> The lieutenant pushed the cloth down with both hands, further to ease his stomach, and then reached for the white bandaged blade of his sword. With the left hand he massaged his abdomen, glancing downward as he did so. [...] The lieutenant aimed to strike deep into the left of his stomach. His sharp cry pierced the silence of the room. [...] The five or six inches of naked point had vanished completely into his flesh, and the white bandage, gripped in his clenched fist, pressed directly against his stomach.[51]

6 Suizid, Kamera und Subjektivität

Der Film wird in der Forschung als Mishimas Generalprobe auf seinen eigenen Suizid durch *seppuku* besprochen. Er selbst versuchte sich mit seiner paramilitärischen Gruppe, den *tatenokai*, an einem *coup d'etat*. Die Gruppe besetzte den Hauptsitz der japanischen Streitkräfte und hielt den diensthabenden Kommandanten als Geisel. Mishima und ein weiteres Mitglied der Miliz töteten sich daraufhin nach turbulenter, fehlgeschlagener und von den benachrichtigten Journalistinnen und Journalisten auf Film festgehaltener Ansprache an die im Innenhof versammelten Soldaten des Stützpunkts.

---

49 Yukio Mishima. „Patriotism". *Death in Midsummer and other Stories*. New York: New Directions Books, 1966. 93–118, hier 100. Aufgrund der mangelhaften deutschen Übersetzung wird hier auf die bessere englische Ausgabe zurückgegriffen.
50 Ebd.: 110–111.
51 Ebd.: 112.

Kracht emuliert in *Die Toten* nicht nur Mishimas Biografie in die Figur Amakasus, sondern lässt – auch das dem Filmischen entlehnt – den japanischen Autor selbst in einem Cameo-Auftritt am Ende des Romans erscheinen, und dies in typisch Kracht'scher Parallelweltfiktion. Denn Mishima wäre 1932, zur Zeit des Romans, eigentlich erst sieben Jahre alt. Nägeli trifft in einem Gasthaus auf einen namenlosen Literaten. „Der Literat nimmt den Regisseur samt seinem Gepäck zu sich ins Haus, in dem neben dem Eingang zur Küche eine unsauber gerahmte Reproduktion von Guido Renis' Sankt Sebastian hängt, [...]."[52] An verschiedenen Hinweisen wird im Text deutlich, dass es sich in dieser Referenz des namenlosen Literaten um Mishima handeln muss. Der erste und deutlichste Hinweis ist das Guido-Renis-Gemälde der Marter Sankt Sebastians, das eine wesentliche Rolle in Mishimas Ästhetik und Erotik spielt, wie er in *Bekenntnisse einer Maske* schildert:

> Ich schlug eine Seite fast am Ende des Buches auf. Dort fand ich ein Bild, das nur auf mich gewartet zu haben schien. Es war Guido Renis *Heiliger Sebastian*, das sich im Besitz des Palazzo Rosso in Genua befand. [...] Ich ahnte, dass es sich um einen Märtyrer handelte. [...] Sein weißer, unvergleichlich schöner nackter Leib leuchtet gegen den Abendhimmel.[53]

In diesem Kunstwerk kulminiert die literarische Verbindung aus Erotik, Ekstase, Religion, Gewalt und Tod, wie sie für Mishima, aber auch beispielsweise für Georges Bataille vor ihm, den Kern künstlerischen Schaffens bildet und die Kracht in Referenz an diese beiden Autoren aufgreift. So lässt Kracht den Literaten zu Nägeli sagen:

> Halt, wird ihm gesagt, er solle sich doch bitte beruhigen, der Literat würde ihn erst einmal gerne massieren, und es sei ja überhaupt so, daß es nur zwei große, eng miteinander verwandte Leitgedanken auf der Welt gäbe, den Sexus und den Freitod. Beide Topoi, wie er es nennt, seien durchdrungen von Transzendenz und gegenseitiger Überlagerung, und Nägeli, der nun von dem hinter ihm stehenden Mann an den Schultern gepackt und heftig geknetet wird, überlegt sich, wie er hier möglichst unbeschadet wieder herauskommt.[54]

Ein weiterer Hinweis ist die angedeutete Homoerotik und Körperlichkeit der Szene sowie die Verklärung der Verbindung aus Ekstase und Suizid zu einem Topos von Männlichkeit, eines der zentralen Themen und Lebensprinzipien Mishimas:

---

52 Kracht. Toten: 181.
53 Mishima. Maske: 38–39.
54 Kracht. Toten: 182.

> Es sei doch wohl so, sagt der Literat, während Nägeli auf dem Stuhl hin und her rutscht, daß große Rauschen jenseits Gottes nur von demjenigen erfahren werden könne, der sich fest zum Suizid entschlossen und bekannt habe, mit konzentrierter, unumstößlicher Manneskraft.[55]

In dieser gefährlichen Gemengelage erscheint es nicht weiter verwunderlich, dass Nägeli die Flucht aus dem Haus des Literaten ergreift. Die Frage im Anschluss an diese Schilderung ist jedoch, wie die Topik von kalter Linse oder auch eines „grausamen Sehens"[56] im Zusammenhang von literarischer Referenzialität im Falle Kracht und Mishimas zu begreifen ist: Das Erreichen von Souveränität durch Suizid, wie sie hier in der Figur des Literaten alias Mishima konstatiert wird, produziert eine äußerst fragliche, fragmentierte, soldatisch-männliche Subjekt-Werdung. Klaus Theweleit hat in *Männerphantasien* diese Psychologie der fragilen und fragmentierten Subjektivität als Dreh- und Angelpunkt faschistischer Männlichkeitsentwürfe als ein „Fragmentpanzer"[57] im Ich des soldatischen Mannes geschildert.

Dieser Fragmentpanzer im Falle der Suizidszene bei Kracht und Mishima lässt sich zusammenfassen als die literarisch dargestellte und filmisch aufgezeichnete Wiedergabe der Selbsttötung, die die Ideologie eines maximalen Subjektivitätsentwurfs visualisiert. Da die vermeintlich maximale, ekstatische Subjektivität auf Kosten des eigenen Subjektstatus geschehen muss, kann dies wiederum nur erreicht werden, wenn die Selbstauslöschung kommuniziert bzw. vermittelt wird. Dieser Suizid, sei es in der Referenz bei Kracht oder in der Literatur und Biografie Mishimas, ist ohne ein mediales Apriori, also ohne Antizipation des Vermittelt-Werdens, nicht möglich. Mit anderen Worten: Die Szene als solche produziert ihre eigene Referenzialität, die durch ihre literarische und ebenso filmische Vermittlung nochmals auf einer zweiten Ordnungsebene des Medialen potenziert wird. Die Widersprüchlichkeit, zum einen in dieser angedeuteten Ideologie die höchste Form von Subjektivität und Souveränität zu erreichen und zum anderen seine eigene Subjektivität gerade deswegen auszulöschen, wird durch die Medialität, sei es diejenige der Literatur, der Fotografie oder des Films, überbrückt.

Diese vermittelte Subjektivität lässt sich mit Hilfe des Topos der kalten Linse verdeutlichen. Helmut Lethen bemerkt in den *Verhaltenslehren* zu Jüngers Implementierung der Kamera in seine Schreibweise Folgendes:

> Die Auslagerung des „grausamen Sehens" in die Welt der Geräte gibt ihm die wertneutrale Qualität einer technischen Norm; die Rückübertragung des Vermögens der Geräte auf die menschliche Wahrnehmung entlastet diese von den Einsprüchen der Moral.[58]

---

55 Ebd.
56 Lethen. Verhaltenslehre der Kälte: 189.
57 Theweleit. Männerphantasien: 764.
58 Lethen. Verhaltenslehre der Kälte: 189.

Die Externalisierung des Sehens soll in dieser Schreibweise zum einen zu einer Affektblockade mithilfe der Mimesis technischer Medien führen und zum anderen erweist sich diese Aneignung als eine Priorisierung der Ästhetik vor jedweder ethischen bzw. moralischen Codierung. Das ist ein Punkt, den die „Ideologie des Kamera-Auges"[59] mit dem Ästhetizismus bzw. mit dem Dandyismus[60] teilt, als dessen Fortsetzung mit technischen Mitteln man dieses „Pathos der Wahrnehmungsschärfe"[61] bezeichnen muss. Diese kalte Maskerade auf der Oberfläche soll gerade die massiven und heterogenen Affekte nicht nur blockieren, sondern durch Medialität kanalisieren. In Charles Baudelaires Konzeption des Dandyismus, die man sowohl bei Jünger und Mishima als auch bei Kracht nicht nur als bekannt, sondern auch als Einfluss voraussetzen kann, wird diese Haltung in Anlehnung an die Stoa folgendermaßen zusammengefasst: „Sie ist die Lust, erstaunen zu machen, und die stolze Genugtuung, niemals erstaunt zu sein."[62] Auch wenn Kracht sich in seiner Poetikvorlesung dezidiert gegen eine (neo-)dandyistische Lesart seiner Texte ausgesprochen hat,[63] so ist dies allerdings auch ein Manöver, dass in der dandyistischen Literatur von Barbey d'Aurevilly und Charles Baudelaire über Oscar Wilde und Max Beerbohm häufig anzutreffen ist. Die Kunst zu verblüffen, zu schockieren und stets das Unerwartete zu tun, und sei es durch Verneinung, Leugnung oder Täuschung. Dies sind klassische Merkmale eines dandyistischen Diskurses.

7 Ironische Kamerafahrt oder todernste Linse?

Die Faszination für die Implementierung von Filmaufnahmen und Prozesse des Aufnehmens und Sehens in die Literatur ist im Kontext des Forschungsdiskurses um Kracht nicht nur ausschließlich in einer Reihe mit einer neodekadenten Schreibweise zu sehen.[64] So wurde in vielerlei Weise in der literaturwissenschaft-

---

59 Ebd.
60 Vgl. zum Dandyismus und Technologie: Felix Hüttemann. *Der Dandy im Smart Home. Ästhetiken, Technologien und Umgebungen des Dandyismus*. Bielefeld: Transcript, 2021.
61 Lethen. Verhaltenslehre der Kälte: 189.
62 Charles Baudelaire. „Der Maler des modernen Lebens". *Charles Baudelaire. Sämtliche Werke/ Briefe. Aufsätze zur Literatur und Kunst 1857–1860*. Hg. Friedrich Kemp und Claude Pichois. Band 5. München: Carl Hanser, 1989. 213–258, hier 243.
63 Vgl. Kevin Kempke. „Variationen über einen unverfügbaren Text. Christian Krachts Frankfurter Poetikvorlesungen". *Christian Krachts Ästhetik*. Hg. Susanne Komfort-Hein und Heinz Drügh. Berlin: Springer, 2019. 227–240, hier 231.
64 Vgl. dazu Alexandra Tacke und Björn Weyand (Hg.): *Depressive Dandys. Spielformen der Dekadenz in der Pop-Moderne*. Köln, Weimar, Wien: Böhlau, 2009. Vgl. auch Hüttemann. Dandy im Smart Home: 262.

lichen Forschung zu Krachts *Écriture* auf den Bezug zum Dandyismus und der Dekadenzliteratur hingewiesen. Sei es im Hinweis auf den ästhetizistischen Kult des Bösen, der sich in den Auslöschungsfantasien in Romanen wie *1979* oder in der Mimesis Jünger'schen kalten Schreibens aus *Der Arbeiter* in Krachts Roman *Ich werde hier sein im Sonnenschein und im Schatten* belegen lässt. Ebenso gehören bereits die Verweise in Krachts Erstlingsroman *Faserland* auf die Romane *Less than Zero* oder *American Psycho* von Bret Easton Ellis in diese Auseinandersetzung, nicht nur der neodekadenten, sondern ebenso der filmischen Schreibweise. Man muss in der Auseinandersetzung mit Referenzialität in der Literatur Christian Krachts mit Einschränkung nicht so weit gehen, wie es beispielsweise Oliver Jahraus beschrieben hat, und Kracht einen „Ästhetischen Fundamentalismus"[65] bescheinigen, der eine Kracht'sche „Ästhetik des Schreckens"[66] elaboriere. Von Interesse für den Fokus auf die Montierung der Mishima-Referenzen in *Die Toten* ist diese Perspektive auf eine Weiterführung des Ästhetizismus bzw. der Dekadenz auf ein literarisches, von verschiedenen Fluchtlinien und Ambivalenzen durchzogenes Niveau absolut erhellend. Verschiebt man die Fragestellung aber darauf, was man aus dieser Diskurslinie für die filmische Schreibweise in Krachts *Die Toten* ableiten kann, sind weitere Auseinandersetzungen vonnöten.

Sowohl Krachts *Écriture* als auch seine Autorinszenierung entziehen sich durch verschiedene Volten, ironische Brüche, unzuverlässiges Erzählen und Unterwanderungen der Erwartungshaltungen einer abschließenden oder auch nur eindeutigen Zuordnung. Das gilt in gleichem Maße für die Montage der Kamera-Szenen in *Die Toten*. Man kann die Emulation der neusachlichen Ideologie in das Kameraauge als einen Entwurf einer, im wahrsten Sinne des Wortes, todernsten, kalten Linse des grausamen Sehens verstehen oder aber genauso als ein ironisches Anblitzen der funkelnden Linse; auch hier ist ein augenzwinkerndes *„Irony is over. Bye, Bye"*[67], möglich.

Die Kamera ist in der Literatur Krachts insofern sichtbar und doch nicht sichtbar. Sie zeichnet auf und ist nicht nur stiller, beobachtender Teil der Szenen. Sie ist beeinflussender Aktant der Schreibweise und doch wird nicht nur mit ihr, sondern auch gegen die Übertragung der Erzählung auf die Apparate in indirekter

---

65 Oliver Jahraus. „Ästhetischer Fundamentalismus. Christian Krachts radikale Erzählexperimente". *Christian Kracht. Zu Leben und Werk*. Hg. Johannes Birgfeld und Claude Conter. Köln: Kiepenheuer & Witsch, 2009. 13–23, hier 15.
66 Heinz Drügh. „Dandys im Zeitalter des Massenkonsums. Popliteratur als Neo-Décadence". *Depressive Dandys. Spielformen der Dekadenz in der Pop-Moderne*. Hg. Alexandra Tacke und Björn Weyand. Köln, Weimar, Wien: Böhlau, 2009. 80–100, hier 87–88.
67 Zitat von Jarvis Cocker. Dies ziert den Umschlagrücken von Christian Kracht (Hg.). *Mesopotamia. Ernste Geschichte am Ende des Jahrtausends*. Stuttgart: DVA, 1999.

Rede erzählt. Kracht schreibt nicht in Frontalaufnahmen und ganz und gar fremd scheinen ihm Panoramabilder zu sein. Die Kameralinse der Kracht'schen *Écriture* schwankt zwischen dem Heranzoomen in minutiösen *Close-ups* zu verschwommenen Großaufnahmen, um vielleicht in einem kurzfristigen Standbild zu verharren, um die Lesenden daraufhin wieder auf eine wilde Kamerafahrt mitzunehmen.

Literatur- und Filmverzeichnis

Barthes, Roland. *Die Helle Kammer. Bemerkungen zur Photographie.* Frankfurt a. M.: Suhrkamp, 1989.
Bataille, Georges. *Die Tränen des Eros.* München: Matthes & Seitz, 1981.
Bataille, Georges. *Die innere Erfahrung.* 2. Aufl. Berlin: Matthes & Seitz, 2017.
Baudelaire, Charles. „Der Maler des modernen Lebens". *Charles Baudelaire. Sämtliche Werke/Briefe. Aufsätze zur Literatur und Kunst 1857–1860.* Hg. Friedrich Kemp und Claude Pichois. Band 5. München: Carl Hanser, 1989. 213–258.
Benjamin, Walter. „Das Kunstwerk im Zeitalter seiner technischen Reproduzierbarkeit". 3. Fassung. *Gesammelte Schriften.* 9. Aufl. Band I.2. Frankfurt a. M.: Suhrkamp, 2019. 471–508.
Benjamin, Walter. „Kleine Geschichte der Photographie". *Gesammelte Schriften.* 7. Aufl. Band II.1. Frankfurt a. M.: Suhrkamp, 2019. 368–385.
Connell, Raewyn. *Masculinities.* 2. Aufl. Cambridge: Polity Press, 2005.
Drügh, Heinz. „Dandys im Zeitalter des Massenkonsums. Popliteratur als Neo-Décadence". *Depressive Dandys. Spielformen der Dekadenz in der Pop-Moderne.* Hg. Alexandra Tacke und Björn Weyand. Köln, Weimar, Wien: Böhlau, 2009. 80–100.
Hüttemann, Felix. Der *Dandy im Smart Home. Ästhetiken, Technologien und Umgebungen des Dandyismus.* Bielefeld: Transcript, 2021.
Jahraus, Oliver. „Ästhetischer Fundamentalismus. Christian Krachts radikale Erzählexperimente". *Christian Kracht. Zu Leben und Werk.* Hg. Johannes Birgfeld und Claude Conter. Köln: Kiepenheuer & Witsch, 2009. 13–23.
Juhnke, Karl. „snuff". *Das Lexikon der Filmbegriffe.* https://filmlexikon.uni-kiel.de/doku.php/s:snuff-517. Universität Kiel (03. Mai 2024).
Jünger, Ernst. „Über den Schmerz". *Sämtliche Werke. Betrachtungen zur Zeit.* 2. Aufl. Band 7. Stuttgart: Klett-Cotta, 2002. 143–191.
Kaiser, Susanne. *Politische Männlichkeit. Wie Incels, Fundamentalisten und Autoritäre für das Patriachat mobilmachen.* 2. Aufl. Berlin: Suhrkamp, 2021.
Kempke, Kevin. „Variationen über einen unverfügbaren Text. Christian Krachts Frankfurter Poetikvorlesungen". *Christian Krachts Ästhetik.* Hg. Susanne Komfort-Hein und Heinz Drügh. Berlin: Springer, 2019. 227–240.
Kittler, Friedrich. *Grammophon Film Typewriter.* Berlin: Brinkmann & Bose, 1986.
Komfort-Hein, Susanne. „Harakiri, Hitler und Hollywood: ‚Die Toten'". *Christian Kracht. Text+Kritik. Zeitschrift für Literatur* IX (2017): 67–74.
Kracht, Christian (Hg.). *Mesopotamia. Ernste Geschichte am Ende des Jahrtausends.* Stuttgart: DVA, 1999.
Kracht, Christian: *Die Toten.* Köln: Kiepenheuer & Witsch, 2012.
Lethen, Helmut: *Verhaltenslehre der Kälte. Lebensversuche zwischen den Kriegen.* Frankfurt a. M.: Suhrkamp, 1994.

Mishima, Yukio. „Patriotism". *Death in Midsummer and other Stories.* New York: New Directions Books, 1966. 93–118.
Mishima, Yukio. *Sun and Steel. His personal testament on art, action, and ritual death.* Medina: Medina Univ. Press, 1982.
Mishima, Yukio. *Bekenntnisse einer Maske.* Zürich und Berlin: Kein & Aber, 2018.
Riniker, Christine. „,Die Ironie verdampft ungehört.' Implizite Poetik in Christian Krachts *Die Toten* (2016)". *Christian Kracht revisited. Irritation und Rezeption.* Hg. Matthias N. Lorenz und Christine Riniker. Berlin: Frank & Timme, 2018. 71–119.
Tacke, Alexandra und Björn Weyand (Hg.). *Depressive Dandys. Spielformen der Dekadenz in der Pop-Moderne.* Köln, Weimar, Wien: Böhlau, 2009.
Takata, Azuza. „Lob des Schattens. Christian Krachts Die Toten als ‚japanische Ästhetik'". *Christian Krachts Ästhetik.* Hg. Susanne Komfort-Hein und Heinz Drügh. Berlin: Springer Wissenschaft, 2019. 165–173.
Theweleit, Klaus. *Männerphantasien.* Überarb. Neuausgabe. Berlin: Matthes & Seitz, 2019.
Tholen, Georg Christoph. „Auge, Blick und Bild. Zur Intermedialität der Blickregime". *Blickregime und Dispositive audiovisueller Medien.* Hg. Nadja Borer, Samuel Sieber und Christoph Tholen. Bielefeld: Transcript, 2011. 19–30.
Virilio, Paul. *Krieg und Kino. Logistik der Wahrnehmung.* Frankfurt a. M.: Fischer, 1989.
Wolf, Werner. „Metaisierung als transgenerisches und transmediales Phänomen: Ein Systematisierungsversuch metareferentieller Formen und Begriffe in Literatur und anderen Medien". *Metaisierung in der Literatur und anderen Medien.* Hg. Janine Hauthal, Julijana Nadj, Ansgar Nünning und Henning Peters. Berlin: De Gruyter, 2012. 25–64.
Yukoku: Patriotism or the Rite of Love and Death. Reg. Yukio Mishima. Yukio Mishima Production, 1966.

Teil II: Der Film zeigt Literatur

Annette Simonis
Sylvain Tessons Dokumentarfilm *6 Mois de cabane au Baïkal* (F 2011) als subtile zeitgenössische Erprobung des *Nature Writing*

Medienkomparatistische Perspektiven

1 Intermediale und medienkomparatistische Aspekte im Naturfilm von Sylvain Tesson

Im vorliegenden Beitrag möchte ich einen unter intermedialen und medienkomparatistischen Gesichtspunkten hochinteressanten *Naturfilm* von Sylvain Tesson vorstellen, *6 Mois de cabane au Baïkal* (F 2011), der zwischen den Formaten des neueren Dokumentarfilms und eines künstlerisch-experimentellen Genres autobiografisch geprägter Reiseerzählung oszilliert. Hinsichtlich der ästhetischen Gestaltung lässt sich beobachten, dass der Film insbesondere auf der visuellen Ebene mit vielfältigen intermedialen Referenzen operiert und durch die Integration von zahlreichen Bild- und Schriftzitaten seine mediale und materielle Dimension hervorhebt. Eine medienkomparatistische Perspektive[1] bietet sich also bereits aufgrund der besonderen ästhetischen Gestaltungsform und ihrer Selbstreflexion im Film an, zumal der Akt des Schreibens, der Prozess der Naturbeobachtung und die Filmgenese im Verlauf des Geschehens immer wieder gezielt aufeinander bezogen werden. Somit eröffnet der Film selbst ein inter- und transmediales Beziehungsgefüge, das die Betrachter zu einem elaborierten Medienvergleich einlädt. Zudem wird die Ausstrahlung von Tessons Film durch zwei thematisch eng verwandte Publikationen des Autors flankiert, einem bei Gallimard im gleichen Jahr erschienen Reisebericht (*Dans les forêts de Sibérie*) und einer vorausgehenden Reportage

---

1 Zur medienkomparatistischen Forschungsrichtung und ihrer Methodologie vgl. ausführlich Annette Simonis und Lisa Gotto. „Medienkomparatistik – Aktualität und Aufgaben eines interdisziplinären Forschungsfelds". *Medienkomparatistik* 1 (2019): 7–20.

∂ Open Access. © 2024 bei den Autorinnen und Autoren, publiziert von De Gruyter. Dieses Werk ist lizenziert unter einer Creative Commons Namensnennung 4.0 International Lizenz.
https://doi.org/10.1515/9783110774337-006

im *Figaro* über Tessons Aufenthalt am Baikalsee vom 25. September 2010, *J'ai vécu six mois en ermite au bord du lac Baïkal*[2], auf die noch zurückzukommen ist.

Um die spezifische Inszenierung des Protagonisten im Film, seine Selbstdarstellung als Schriftstellerexistenz in der Einsamkeit des sibirischen Rückzugsorts, und die komplementäre Beobachtungsperspektive zu erfassen, wird in den folgenden Überlegungen ein medial erweitertes Konzept der *Schreibszene* verwendet, das es erlaubt, die durchgespielten Analogien zwischen unterschiedlichen medialen Dimensionen und Phänomenen präziser zu beschreiben und analytisch zu erfassen. Inzwischen hat sich das Konzept der Schreibszene in der Nachfolge der Forschungsarbeiten von Rudolf Campe, Martin Stingelin, Davide Giuriato, Sandro Zanetti[3] und anderen als ein literaturwissenschaftlicher Grundbegriff etabliert, der die materiell-konkreten Aspekte und die körperliche sowie instrumentelle Dimension des Schreibprozesses hervorhebt. In diesem Sinne hat Campe die Schreibszene als „einen Vorgang" definiert, „in dem Körper sprachlich signiert werden oder Gerätschaften am Sinn, zu dem sie sich instrumental verhalten, mitwirken"[4]. Demzufolge erweist sich das Schreiben bzw. der künstlerische Produktionsprozess als eine spezifische Kulturtätigkeit, die sich bezeichnenderweise innerhalb eines Ensembles aus heterogenen Komponenten bewegt, verschiedenen instrumentellen, gestischen und semantischen Faktoren.[5] Mit dem Begriff der Schreibszene erhalten nicht nur die beteiligten Werkzeuge und Materialien sowie die medialen Träger der Schrift eine neue Bedeutung in einem als dynamischer Vollzug verstandenen Modell der Schrift. In unserem Zusammenhang ist vor allem die mediale und medienkomparatistische Erweiterung der Konzeption der Schreibszene entscheidend. In dem Maße, in dem der Begriff über den engen Radius einer Niederschrift im

---

2 Sylvain Tesson. „J'ai vécu six mois en ermite au bord du lac Baïkal". https://www.lefigaro.fr/voyages/2010/09/25/03007-20100925ARTFIG00002-j-ai-vecu-six-mois-en-ermite-au-bord-du-lac-baikal.php. *Le Figaro Voyages* vom 25. September 2010 (1. September 2022).
3 Siehe Rüdiger Campe. „Die Schreibszene". *Schreiben. Paradoxien, Dissonanzen, Zusammenbrüche. Situationen offener Epistemologie*. Hg. Hans Ulrich Gumbrecht und Ludwig Pfeiffer. Frankfurt a. M.: Suhrkamp, 1991. 759–773. Vgl. ferner Davide Giuriato, Martin Stingelin und Sandro Zanetti (Hg.). *„Schreibkugel ist ein Ding gleich mir: Von Eisen". Schreibszenen im Zeitalter der Typoskripte*. München: Fink, 2005; und Davide Giuriato, Martin Stingelin und Sandro Zanetti (Hg.). Schreiben heißt: sich selber lesen. Schreibszenen als Selbstlektüren. München: Fink, 2008. Martin Stingelin (Hg.). *„Mir ekelt vor diesem tintenklecksenden Säkulum". Schreibszenen im Zeitalter der Manuskripte*. München: Fink, 2004.
4 Campe. Die Schreibszene: 760.
5 Vgl. auch Catherine Marten. *Bernhards Baukasten. Schrift und sequenzielle Poetik in Thomas Bernhards Prosa*. Berlin und Boston: De Gruyter, 2018, hier 20. Siehe ferner: Jennifer Clare, Susanne Knaller, Rita Rieger, Renate Stauf und Toni Tholen (Hg.). *Schreibprozesse im Zwischenraum. Zur Ästhetik von Textbewegungen*. Heidelberg: Winter, 2018.

buchstäblichen Sinn hinausweist und die kulturellen Praktiken, Rituale und Rahmungen des Schreibprozesses in den Blick nimmt, wird die Aufmerksamkeit fast unweigerlich auf die beteiligten medialen Aspekte und Dimensionen gelenkt. Zu Recht hat Achim Geisenhanslüke bemerkt, dass der „Begriff der Schreibszene insbesondere im Rahmen medialer Umbruchzeiten an Erklärungskraft gewinnt"[6]. Gerade in Hinblick auf intermediale Konstellationen erweist sich das Konzept als vielversprechend, insbesondere wenn es – wie in Tessons Dokumentarfilm – um die Beobachtung paralleler ästhetischer Gestaltungsprozesse im filmischen und literarischen Werk geht, um die Darstellung filmischer und literarischer Aufzeichnungsprozesse, die einem kreativen Subjekt in Gestalt des reisenden Schriftsteller-Protagonisten zugeordnet sind.

2 Sylvain Tesson als *poète voyageur* und Regisseur eines neuen Nature Writing

Bevor die angedeuteten intermedialen Beziehungen im Film genauer betrachtet werden sollen, erscheint es sinnvoll, den Autor, der in Frankreich kein Unbekannter ist, in der gebotenen Kürze vorzustellen: Sylvain Tesson zählt zweifellos zu den vielversprechendsten neueren französischsprachigen Gegenwartsautoren. Da er als aktueller Schriftsteller naturgemäß noch nicht zum literarischen Kanon gehört, bietet es sich an, der Werkanalyse zur Orientierung einige kurze biobibliografische Informationen voranzustellen. Der 1972 in Paris als Sohn des bekannten Journalisten Philippe Tesson geborene Autor hat sich vor allem als *poète voyageur* durch seine originelle literarische Verarbeitung verschiedener Reisen und Expeditionen einen Namen gemacht. Zu seinen wichtigsten Werken in diesem Genre zählen *Une vie à coucher dehors* (2009), *Sur les chemins noirs* (2016), *Un été avec Homère* (2018) und *La Panthère des neiges* (2019).[7] Während seiner Reisen führt Tesson stets ein

---

[6] So Achim Geisenhanslüke in seiner ausführlichen Rezension zum neueren Sammelband zu Schreibszenen von Christine Lubkoll und Claudia Öhlschläger, vgl. Achim Geisenhanslüke: [Rez.] „Christine Lubkoll und Claudia Öhlschläger (Hg.): Schreibszenen. Kulturpraxis – Poetologie – Theatralität". Freiburg i. Br.: Rombach 2015 (Litterae, Bd. 213), 401 S. *Kleist Jahrbuch* (2017): 225–227, hier 227. In der Tat verdeutlicht der genannte Band eindrucksvoll die kulturpoetologische Relevanz des Konzepts der Schreibszene.

[7] Vgl. zum letztgenannten Titel Annette Simonis. „Echapper à l'épilepsie du temps – Sylvain Tessons Roman *La Panthère des neiges* als alternativer Lebensentwurf und intermediales ästhetisches Modell im Kontext des Artensterbens und ökologischer Krisen". *Formen guten Lebens. Ästhetische Entwürfe zwischen Experiment, Inszenierung und Reflexion*. Hg. Annette Simonis, Cora Dietl und Kirsten von Hagen. Heidelberg: Winter, 2021. 275–296.

persönliches Tagebuch, sein *journal intime*[8], das ihn überall hinbegleitet. Aus der Retrospektive verarbeitet er das Material seiner Aufzeichnungen zu sehr unterschiedlichen Werken, Reiseberichten und Romanen oder auch Filmen, die stets die individuelle Signatur eines subjektiven Erlebnishorizonts tragen. Die Übergänge zwischen dokumentarischen und fiktionalen Genres erweisen sich dabei als gleitend bzw. fließend.

In den meisten seiner Bücher liegt der Schwerpunkt auf der Darstellung des Naturverhältnisses des Menschen im Zeitalter des fortgeschrittenen Anthropozäns.[9] Zugleich vermittelt Tesson die jeweiligen Natur- und Landschaftserfahrungen aus der subjektiven Perspektive einer Ich-Projektion, die immer auch eine künstlerische Selbststilisierung einschließt. Der erlebende Protagonist stellt eine literarische Erweiterung der Autorpersönlichkeit dar, die den Rezipienten dazu einlädt, über die individuelle Imagination und Empathie an den Erlebnissen des reisenden Subjekts teilzuhaben. Eine solche Partizipationsmöglichkeit bildet sicherlich einen integralen Bestandteil der Faszination, die Tessons Schriften ausüben und die ihm eine Serie von renommierten Literaturpreisen eingetragen hat, darunter den *Prix Medicis essai* (2011) und den *Prix de Goncourt* (2009) sowie den *Prix Renaudot* (2019). Die bemerkenswerte Popularität Tessons wird dabei nicht beeinträchtigt durch seine Kultivierung eines anspruchsvollen und kunstvollen poetischen Stils, der zuweilen zwanglos lyrische Qualitäten annimmt.[10]

---

[8] Vgl. dazu die aufschlussreiche Sendung vom 22. Juni 2018 auf France Culture: Sylvain Tesson. „Le seul matériau d'inspiration pour l'écriture, une fois revenu d'un voyage, c'est le journal intime". https://www.franceculture.fr/emissions/les-masterclasses/sylvain-tesson-le-seul-materiau-dinspiration-pour-lecriture-une-fois-revenu-dun-voyage-cest-le. *radiofrance* vom 22. Juni 2018 (19. Juli 2021).
[9] Vgl. zu diesem interdisziplinären Begriff ausführlich Fabienne Will. *Evidenz für das Anthropozän. Wissensbildung und Aushandlungsprozesse an der Schnittstelle von Natur-, Geistes- und Sozialwissenschaften.* Göttingen: Vandenhoeck & Ruprecht, 2021. Vgl. auch Erle C. Ellis. *Anthropozän. Das Zeitalter des Menschen – eine Einführung.* Übersetzung von Gabriele Gockel. München: oekom verlag, 2020.
[10] Vgl. hierzu auch die Stimmen der französischen Kritiker, die besonders den lyrischen Stil von Tessons Schriften akzentuieren: Bernard Pivot. „Sylvain Tesson remporte le Renaudot 2019: retrouvez la chronique". https://www.lejdd.fr/Culture/sylvain-tesson-a-laffut-la-chronique-de-bernard-pivot-3926773. *Le Journal du Dimanche* vom 25. Oktober 2019 (1. September 2022): „Le récit de l'expédition de Sylvain Tesson au Tibet est un très beau chant d'admiration de la nature et des animaux, une œuvre souvent lyrique où pourtant demeure constant le souci du voyageur d'être vrai et précis."; Etienne de Montety. „La Panthère des neiges, de Sylvain Tesson: habiter le monde en poète". https://www.lefigaro.fr/livres/la-panthere-des-neiges-de-sylvain-tesson-habiter-le-monde-en-poete-20191016. *Le Figaro* vom 4. Oktober 2019 (1. September 2022): „Tout en guettant dans le froid tibétain la mythique panthère des neiges comme d'autres attendent Godot, l'aventurier laisse courir sa plume, peuplant le silence de souvenirs et de réflexions souriantes".

Ein weiterer Grund für seine wachsende Beliebtheit liegt sicherlich in der Behandlung existenzieller Themen, wie zum Beispiel der Konfrontation des Protagonisten mit der Einsamkeit in der unberührten Natur, einer Erfahrung, die in der modernen Metropole abhandengekommen zu sein scheint. In diesem Sinne betont Tesson die Dringlichkeit, zu einem einfacheren Lebensstil zurückzukehren: „Une urgence? Assurément ! Je rêvais d'une existence resserrée autour de quelques besoins vitaux. Il est si difficile de vivre la simplicité." [11] Der Rückzug in die Einsamkeit der sibirischen Hütte am Baikalsee, in der Tesson sechs Monate ein abgeschiedenes eremitenhaftes Leben führt, erweist sich zugleich als Chance und als Bedrohung: zum einen als Möglichkeit, die *vie intérieure* wiederzuentdecken, das Innenleben der menschlichen Psyche (im Sinne Henri Bergsons) zu aktivieren,[12] das in der Reizüberflutung des urbanen Lebens tendenziell verschüttet werde, und zum anderen als Gefahr, in den Abgründen melancholischer Selbstreflexion zu versinken.

Vordergründig handelt es sich bei Tessons Selbstversuch um die Suche nach einer Grenzerfahrung und der Herausforderung, auf sich selbst gestellt inmitten des sibirischen Winters zu überleben. Man könnte darin auch einen rousseauistischen Impuls erkennen, fern der modernen Zivilisation eine Glückserfahrung zu erreichen, die dem urbanisierten Menschen heutzutage in der Regel verschlossen bleibt. Die Hütte am See und die umgebende Landschaft figurieren bei Tesson indessen in erster Linie als ein ästhetisches Experimentierfeld, als geeigneter Erfahrungsraum und Ausgangspunkt alternativer schriftstellerischer Selbstentwürfe, als Projektionsfläche der eigenen ästhetischen Gestaltungen, die stets aufs Neue hervorgebracht und ggf. wiederum verworfen werden. „Une quête? Trop grand mot. Une expérience? Au sens scientifique, oui. La cabane est un laboratoire. Une paillasse où précipiter ses désirs de liberté, de silence et de solitude. Un champ expérimental où s'inventer une vie ralentie."[13] Den szientifischen Begriff des Laboratoriums hält Tesson in diesem Zusammenhang für besser geeignet, seine schriftstellerische Intention zu erfassen, als die emphatische Bezeichnung der *Quête* mit ihren metaphysischen und religiösen Konnotationen.

Den Vorwurf des Eskapismus weist Tesson dabei entschieden zurück, während er eine gewisse spielerische Qualität seines Unterfangens nicht leugnet: „Une fuite, la vie dans les bois? La fuite est le nom que les gens ensablés dans les fondrières de

---

11 Tesson. Au bord du lac Baïkal.
12 So äußerte sich Tesson in einem Interview in der Sendung Maison de la Poésie – Scène littéraire. *Sylvain Tesson – La Panthère des Neiges*. Rencontre animée par Marie-Madeleine Rigopoulos. https://youtu.be/tvwmmrC9RVA. YouTube, 06. November 2019 (1. September 2022).
13 Sylvain Tesson. *Dans les forêts de Sibérie*. Paris: Gallimard, 2011, hier 48.

l'habitude donnent à l'élan vital. Un jeu? Comment appeler autrement la mise en scène d'une réclusion volontaire devant le plus beau lac du monde?"[14]

Seine sechsmonatige Sibirienerfahrung hat Tesson, wie bereits erwähnt, in unterschiedlichen Medien produktiv verarbeitet. Zunächst publizierte er die Reportage *J'ai vécu six mois en ermite au bord du lac Baïkal* am 25. September 2010 im *Figaro*. Bei Gallimard erschien sodann 2011 der Reisebericht *Dans les forêts de Sibérie*, der mit dem *Prix Medicis* ausgezeichnet wurde. Ein gleichnamiges französisches *Audiobook* hat Tesson als Sprecher selbst eingelesen. Im gleichen Jahr wurde auch der in Kooperation mit Florence Tran entstandene Dokumentarfilm *6 Mois de cabane au Baïkal* veröffentlicht.

Tessons Buch *Dans les forêts de Sibérie* und der korrespondierende Film versammeln, wie noch genauer zu zeigen ist, gleichermaßen subtile Beobachtungen von ästhetischen Einschreibungen, die im reziproken Zusammenspiel zwischen dem menschlichen Subjekt und der Natur, gegenwärtig in der sibirischen Landschaft, und ihren pflanzlichen und animalischen Bewohnern stehen. Die Filmbeschreibung auf der DVD hebt bezeichnenderweise die Beobachterrolle des menschlichen Subjekts hervor und betont zudem die dynamischen Transformationsprozesse, die die Landschaft ebenso wie den menschlichen Protagonisten tangieren:

> 6 mois d'ermitage, de silence, de solitude en affrontant le froid sibérien. La vie dans une cabane est un voyage immobile. Une contemplation de la splendeur du monde à partir d'un point fixe. La volonté est de filmer à la fois les changements quotidiens de la nature et la transformation de l'être humain.[15]

Der Ästhetisierung der Landschaft bzw. der poetischen Stilisierung der Natur, die vor allem in ihrer produktiven Rolle als ein künstlerisch hochgradig kreatives Agens wahrgenommen wird, korrespondiert ein schreibendes Subjekt, das die Eindrücke seines Naturerlebens nicht nur in Form fortlaufender Tagebucheintragungen festhält. Mehr noch: Während Tessons Protagonist die umgebende Natur, die unwirtliche sibirische Winterlandschaft, durchwandert, hinterlässt er unweigerlich Spuren seiner Existenz und schreibt sich zugleich mehr oder weniger kontinuierlich in die Landschaft ein (vgl. Abb. 1), wie beispielsweise die Einkerbungen seiner Schlittschuhe bzw. der Kufen seines Schlittens auf der Eisfläche des Baikalsees

---

14 Ebd.
15 Sylvain Tesson. „Six mois de cabane au Baïkal". http://www.botravail.fr/sixmoisdecabaneaubaikal/. *Bo Travail* o.J. (3. Oktober 2021). Und Sylvain Tesson. *Six mois de cabane au Baïkal*. https://www.rdm-video.fr/film-dvd/V99999000646/six-mois-de-cabane-au-baikal.html. RDM Video, 2020 (3. Oktober 2021).

Abb.1: Einschreiben in die Landschaft, Screenshot aus *6 Mois de cabane au Baïkal*.

eindringlich veranschaulichen. Die Schreibszene, die sich zunächst auf den Innenraum der Hütte konzentriert, wird auf bemerkenswerte Weise in den gefilmten Naturraum ausgedehnt und verlängert. Dabei wird die Frage aufgeworfen, wie sich das handelnde menschliche Subjekt im umgebenden Landschaftsraum positioniert, den es im Vollzug seiner Tätigkeiten, sei es bewusst oder unbewusst, immer auch modelliert und transformiert. Einerseits hinterlässt der schreibende Protagonist Spuren in der Landschaft, andererseits bleibt er zweifellos eine Nebenfigur im zyklischen Wechsel der Jahreszeiten und vor der Folie des eindrucksvollen Naturschauspiels.

Eine der frühen Einstellungen des Films zeigt im Hintergrund verschwindend das Fahrzeug auf der Straße zum Baikalsee, die durch eine weite verschneite Landschaft führt. Zwanglos werden im Betrachter Assoziationen und Erwartungen eines *Road Movie* geweckt, die sich allerdings nur teilweise erfüllen. Zwar haben wir es mit einer ähnlichen Suchbewegung des Protagonisten wie in dem genannten Filmgenre zu tun, dieser bewegt sich aber auf ein Ziel außerhalb der menschlichen Gesellschaft zu. Das Modell des Unterwegsseins wird bald durch das *Retreat*, den Rückzug in die Einsamkeit, abgelöst. Nicht von ungefähr wird die homogene weiße Fläche der Landschaft in einer kunstvollen Überblendung von einer skizzenhaften Landkarte überlagert, die das Ziel der Reise vorwegnimmt: eine Zeichnung des Sees, umgeben von Nadelbäumen sowie der Hütte mit der Inschrift *cabane*, in einem naiv-kindlichen Stil angefertigt (vgl. Abb. 2).

Abb. 2: Zeichnung des Sees, Screenshot aus *6 Mois de cabane au Baïkal*.

Auf der vereisten Seitenfenster-Scheibe des Autos wird in einer folgenden Einstellung zudem der Schriftzug *Vers le Baikal* als schlichtes Motto der Reise sichtbar (vgl. Abb. 3).

Der erwähnte Schriftzug und die Reifenspuren des Fahrzeugs in der unberührten Schneelandschaft antizipieren zugleich ein ästhetisches Grundprinzip, das sich für die Struktur des Films in seinem weiteren Verlauf als prägend herauskristallisiert. Es geht um verschiedene Figurationen der Einschreibung, die sich auf unterschiedlichen Oberflächen vollzieht und innerhalb derer bewusst gesteuerte Schreibprozesse lediglich eine Variante unter anderen konstituieren.

Die ästhetische Dimension des Films wird des Weiteren durch die jeweilige Kameraperspektive markiert. Der Blick aus dem Fenster der Hütte zeigt beispielsweise eine betonte Rahmung der gewählten Wahrnehmung, die an ein Gemälde erinnert. Der einsame Mensch in der Landschaft figuriert dabei als gerahmte ikonische Gestalt (vgl. Abb. 4). Es ergeben sich zwanglose Assoziationen der Bilder Caspar David Friedrichs oder niederländischer Winterdarstellungen.

Berücksichtigt man die ästhetische Selbstreflexion der Bilder im Film als kunstvolle Zeichensequenz und Spiel mit intermedialen Referenzen, lässt sich zugleich die fortlaufende Ästhetisierung der Handlungen des Protagonisten und der dargestellten Vorgänge auf der diegetischen Filmebene beobachten. Dabei entsteht insgesamt als verbindende Grundidee die zugrundeliegende Vorstellung eines umfassenden, erweiterten Schreibprozesses, der sich als filmisches *Nature Writing*

Abb. 3: Vereiste Autoscheibe mit Inschrift, Screenshot aus *6 Mois de cabane au Baïkal*.

Abb. 4: Der einsame Mensch als ikonische Gestalt, Screenshot aus *6 Mois de cabane au Baïkal*.

spezifizieren lässt, und zwar als eine besondere Aneignung und Abwandlung jener typischen Formen von Naturbeschreibung und Naturphilosophie, wie sie uns von Jean-Jacques Rousseau, Alexander von Humboldt und Henry David Thoreau vertraut sind.

Die Positionierung des Tischs am Hüttenfenster erlaubt es dem innerfilmischen Betrachter, selbst während der Lektüre und der Schreibarbeit hinauszuschauen. Er hat dabei eine Perspektive gewählt, die genau jener bevorzugten Wahrnehmungsdisposition der Vertreter des amerikanischen *Nature Writing* korrespondiert, wie sie besonders von Thoreau kultiviert wurde. In seiner aufschlussreichen Studie *Dramas of Solitude. Narratives of Retreat in American Nature Writing* hat Randall Roorda differenziert erläutert, inwiefern der Ausblick aus dem Fenster der Hütte bei den amerikanischen Naturschriftstellern des neunzehnten Jahrhunderts als favorisierter Ort der Schreibszene fungierte: „The Cabin" kristallisierte sich als „Windowed Site of Writing"[16] heraus.

Die Konzeption des *Nature Writing* wird in Tessons Film bezeichnenderweise in einem Doppelsinn entfaltet: Zum einen erscheint die Natur selbst als schreibendes Agens und ist künstlerisch formend aktiv. In der Art einer *écriture automatique* manifestieren sich die Naturphänomene und -prozesse in flüchtigen Figurationen in der sibirischen Landschaft, als Raureif, als Schneeverwehungen, als Überfrieren von Oberflächen, als allmähliches Auftauen oder abruptes Aufbrechen der Eisdecke im Frühjahr. Dies wird durch unterschiedliche Kameraeinstellungen, *Close ups* und Panoramaaufnahmen unterstrichen.

Zum anderen markiert auch der menschliche Beobachter durch diverse Einschreibungen in der Natur seine Präsenz, die ebenso ephemer sind wie die Gestaltungen der Landschaft durch die Naturkräfte. Dies geschieht beispielsweise, wenn der Protagonist die Eisdecke des Sees mit einem spitzen Pfahl durchstoßt, um an das lebensnotwendige Wasser zu kommen. Die dunkle Spitze des Pfahls erinnert nicht von ungefähr an eine Bleistiftspitze. Die Handlungen des Protagonisten in der umgebenden Landschaft um die Hütte am See avancieren somit zu einer erweiterten Schreibszene.

Der Protagonist kultiviert das *Nature Writing* ferner auf einer weiteren Ebene im Innenraum der Hütte durch seine täglichen Aufzeichnungen im intimen Tagebuch. Im Medium des *Journal intime* kommt es durch die Reflexionen des Subjekts

---

[16] Randall Roorda. *Dramas of Solitude. Narratives of Retreat in American Nature Writing.* Albany, N.Y.: State Univ. of New York Press, 1998, hier 161–167. Siehe auch Henry David Thoreau. *Walden; or, Life in the Woods.* Boston: Ticknor and Fields, 1854. Und Gisa Funk. „Henry David Thoreaus „Walden". Plädoyer für den Teilzeit-Ausstieg". https://www.deutschlandfunk.de/henry-david-thoreaus-walden-plaedoyer-fuer-den-teilzeit.700.de.html? dram:article_id=319434. *Deutschlandfunk* vom 10. Mai 2015 (3. Oktober 2021).

zu einer interessanten Engführung von Natur- und Lektüre-Erfahrungen, wie sie sich im Erlebnishorizont des schreibenden Subjekts überlagern. Dieses ist zwar in erster Linie ein konzentrierter Augenzeuge und aufmerksamer Protokollant seiner täglichen Naturbeobachtungen. Es verfügt aber auch über eine mitgebrachte Bibliothek (vgl. Abb. 5), in der die intermediale Dimension des Werks durch die Referenzen auf die neuzeitliche Buchkultur eine prägnante Gestalt annimmt.

Die Büchersammlung erweist sich nicht allein als überlebenswichtig für das einsame Subjekt, das unter einem psychologisch-existenziellen Blickwinkel der Lektüre bedarf, um die scheinbar endlos dahinfließende Zeit zu strukturieren. Die selbst während der Mahlzeiten bei Tageslicht oder Kerzenschein auf dem Tisch präsenten Bücher geben auch eindrucksvoll zu erkennen, inwieweit die Tesson'sche Schreibdisposition in literarischen Traditionen europäischer Herkunft verankert ist. Zu den Favoriten des Reisenden zählen neben Albert Camus auch die Werke Ernst Jüngers. Von Camus wird der Innentitel der Essaysammlung *Noces* in einer Großaufnahme eingeblendet, wobei das aufgeschlagene Buch etwa die Hälfte des Filmbilds einnimmt; daneben sieht man bezeichnenderweise zwei große Insekten auf dem Holztisch (vgl. Abb. 6).

Camus' Essays schildern das Erleben der algerischen Natur und geben Eindrücke seiner Kindheit und Jugend wieder. Die Darstellung eindrucksvoller Naturerfahrung verbindet den jungen Camus mit Ernst Jünger, dem ebenfalls ein *Close up* gewidmet wird. Mit dem Band *Approches, drogues et ivresse* hat Tesson aller-

Abb. 5: Die mitgebrachte Bibliothek, Screenshot aus *6 Mois de cabane au Baïkal.*

Abb. 6: Camus' *Noces* und zwei Insekten, Screenshot aus *6 Mois de cabane au Baïkal*.

dings ein Werk ausgesucht, in dem sich Jünger mit anderen Schriftstellern wie Charles Baudelaire und E. T. A. Hoffmann und deren Suche nach Rauschzuständen als Mittel der Selbsterweiterung des poetischen Subjekts auseinandergesetzt hat. Bezeichnenderweise findet sich der Band in der Filmaufnahme zwischen halbleeren Wodkaflaschen und einer abgebrannten Zigarre platziert.

Im Film wird Tessons Reisebibliothek auch insgesamt effektvoll in Szene gesetzt. Die Bücher avancieren wie die Kerzen, die russische Ikone und die halbleeren Wodkaflaschen zu den verstreuten Requisiten eines Tableaus der Melancholie, wie sie topisch auf berühmten frühneuzeitlichen Gemälden figuriert. Dürers *Melancolia* und seine Darstellung des heiligen Hieronymus werden dem Betrachter in Erinnerung gerufen. Auch die Gesten und die Körperhaltung Tessons unterstreichen die intermediale Beziehung zur Ikonographie der Melancholie, wenn er sich konzentriert und versonnen über seine Bücher beugt oder das Kinn während des Nachdenkens auf die Hand stützt. Dabei starrt er grüblerisch aus dem Fenster (vgl. Abb. 7).

Auch das bildkünstlerische Genre des frühneuzeitlichen Stilllebens mit seinen *Clair-obscur*-Effekten wird in den Filmbildern anzitiert. Melancholie oder, modern gesprochen, Depression mit ihrem Hang zu Suizidgedanken werden auch im langen Monolog Tessons, der den Filmbildern als Erzählstimme unterlegt ist, thematisiert. Als Gegengewicht zum selbstzerstörerischen Impuls fungiert die Gesellschaft der drei Hunde, die den Protagonisten als *companion animals* begleiten, sowie die

Abb. 7: Melancholische Pose Tessons, Screenshot aus *6 Mois de cabane au Baïkal*.

ständige Anwesenheit einer Natur, gegenwärtig in einer sich dauernd verändernden Landschaft und Vegetation, deren Transformationen die Monotonie und Langeweile durchbrechen. Als weiteres Remedium und Mittel der Selbstrettung fungiert die ästhetische und poietische Tätigkeit des Subjekts. Dessen Streifzüge durch die Natur werden in den Filmbildern, wie bereits erwähnt, häufig als Schreibprozesse mit stiftähnlichen Instrumenten inszeniert. So sieht man den Protagonisten im beginnenden Frühjahr mit einer Angel beim Fischen, mit einem Stab zwischen Eisschollen auf einem Erkundungsgang (vgl. oben Abb. 1).

Besonders eindrücklich kommt die Idee der Beschriftung der Natur in den Schriftzügen im Schnee zum Ausdruck, die eine poetologische Aussage wiedergeben: Der Protagonist, den die Kamera zunächst als Rückenfigur zeigt, wird einmal mehr in einem Schreibprozess gezeigt, während er mit einem langen Stab beginnt, langsam Worte in den Schnee zu zeichnen (vgl. Abb. 8 und 9).

Die poetischen Worte werden sodann nacheinander einzeln in Nahaufnahmen eingeblendet, so dass schrittweise der Satz entsteht: „J' écris la poésie sur la neige pour que le printemps l'emporte." In dieser selbstreflexiven Beobachtung findet die toposhafte Vorstellung der Vergänglichkeit ein materielles Korrelat im Schnee, der sich jahreszeitlich bedingt verflüssigen wird. Die spielerisch in den Schnee gezeichnete poetologische Aussage markiert die transitorische Qualität der Schrift-

Abb. 8: Zeichnen von Worten in den Schnee, Screenshot aus *6 Mois de cabane au Baïkal*.

Abb. 9: Schneeinschrift, Screenshot aus *6 Mois de cabane au Baïkal*.

zeichen und positioniert sich damit gezielt auf dem Gegenpol der vertrauten Horaz'schen Konzeption der Dichtkunst als *aere perennius*[17], als beständiger als Erz. Zugleich sucht der Protagonist Anschluss an postmoderne Konzepte, indem er die Spuren der menschlichen Existenz im zyklischen Verlauf der Naturvorgänge wieder verschwinden lässt. Die Kulturtechnik des Schreibens scheint dabei ganz auf ihre ursprüngliche Form der Einschreibung bzw. Inschrift projiziert, wobei der Protagonist mit unterschiedlichen Materialien experimentiert.

3 Schlussbetrachtung

Gegen Ende des Films verwendet Tesson als Grundlage seiner Beschriftungen flache Kieselsteine, die er teilweise zu Steinmännchen aufeinandertürmt, teilweise nach erfolgter Schreibarbeit in den See wirft. Die Szene entbehrt nicht einer gewissen Komik und Selbstironie, hinter der Tesson seine eigene ästhetische Intention ein wenig versteckt.

Insgesamt gibt gerade die zuletzt erwähnte Sequenz zu erkennen, wie hochgradig artifiziell die intermedialen und intermaterialen Arrangements der innerfilmischen Gegenstände sowie die visuellen filmischen Eindrücke auf die Betrachter wirken. Es handelt sich offenbar um ästhetische Selbststilisierungen des Protagonisten, die zugleich mit einer beträchtlichen Ästhetisierung des Dokumentarischen einhergehen, wobei die Suggestionen von Authentizität dadurch nicht eingeschränkt werden. Vielmehr scheint die Konzentration auf das isolierte menschliche Subjekt, die zurückgezogen lebende Schriftstellerexistenz im *Retreat* in den sibirischen Wäldern, gerade die Beglaubigung der gezeigten Erfahrungen zu unterstreichen. Aber auch die Dimension der Ästhetisierung wird keineswegs versteckt, sondern immer wieder selbstreflexiv und spielerisch hervorgekehrt, insbesondere in Form eines kontinuierlichen Spiels mit der intermedialen Dimension, eines Spiels mit den Medien und Materialien des Schreibprozesses. Dieses wird zunächst auf der diegetischen Ebene des Films inszeniert und dabei durch spezifische filmische Mittel wie Kameraführung und Wahl der Einstellungen profiliert. Der Film setzt den menschlichen Protagonisten im Zeitalter des Anthropozäns in Szene als *homo ludens* (Johan Huizinga) und *homo pictor* im Sinne Hans Blumenbergs.[18]

---

[17] Mit dem selbstbewussten Satz „exegi monumentum aere perennius" beginnt Horaz' berühmtes *Carmen III, 30 (An Melpomene)*.
[18] Siehe Johan Huizinga. *Homo ludens. Vom Ursprung der Kultur im Spiel*. Aus dem Niederländischen übertragen von H. Nachod. Reinbek: Rowohlt, 1960 und Gottfried Boehm und Stephan Hauser (Hg.). *Homo Pictor*. München und Leipzig: Saur, 2001. Vgl. Hans Blumenberg. *Arbeit am Mythos*.

Seine Tätigkeit im Umfeld der Hütte am Baikalsee wird zudem als eine ausgeweitete Schreibszene gedeutet, als Serie von Einschreibungsvorgängen bzw. Beschriftungen, die man, wie oben erläutert wurde, in einem spezifischen Doppelsinn als *Nature Writing* auffassen kann. Die ästhetische Naturdarstellung des Films in seiner Gesamtheit wiederum knüpft an dieses *Nature Writing* der diegetischen Dimension an und setzt es mit den eigenen filmischen Mitteln fort, etwa durch die Gestaltung der Schriftzeichen im Vorspann, durch die Wahl eines vergleichsweise langsamen Tempos und den subtilen Einsatz von Kameraperspektiven.

Die gezielte ästhetische Modellierung der Schreibsituation und des Schreibprozesses verleiht Tessons Dokumentarfilm insgesamt eine besondere künstlerische Qualität. Sie betont vor allem eine inhärente Dynamik der Schrift und positioniert den Entstehungsprozess literarischer Werke geschickt in einem erweiterten medialen und materialen Kontext, wobei zugleich eine Analogie zwischen der literarischen Werkgenese bzw. dem Schreiben in seiner materiellen Dimension und dem filmischen Aufzeichnungsprozess erkundet wird. Besondere Bedeutung erlangen nicht zuletzt die Naturphänomene selbst in ihrer erstaunlichen Eigendynamik, die im vorgestellten sibirischen Landschaftsraum in ihrem ephemeren und wandelbaren Charakter wiederum an diversen schreibförmigen Prozessen teilhaben bzw. solche auslösen.

Literatur- und Filmverzeichnis

Blumenberg, Hans. *Arbeit am Mythos.* Frankfurt a. M.: Suhrkamp, 2006.

Boehm, Gottfried und Stephan Hauser (Hg.). *Homo Pictor.* München und Leipzig: Saur, 2001.

Campe, Rüdiger. „Die Schreibszene". *Schreiben. Paradoxien, Dissonanzen, Zusammenbrüche. Situationen offener Epistemologie.* Hg. Hans Ulrich Gumbrecht und Ludwig Pfeiffer. Frankfurt a. M.: Suhrkamp, 1991. 759–773.

Clare, Jennifer, Susanne Knaller, Rita Rieger, Renate Stauf und Toni Tholen (Hg.). *Schreibprozesse im Zwischenraum Zur Ästhetik von Textbewegungen.* Heidelberg: Winter, 2018.

De Montety, Etienne. „La Panthère des neiges, de Sylvain Tesson: habiter le monde en poète". https://www.lefigaro.fr/livres/la-panthere-des-neiges-de-sylvain-tesson-habiter-le-monde-en-poete-20191016. *Le Figaro* vom 16. Oktober 2019 (1. September 2022).

Ellis, Erle C. *Anthropozän. Das Zeitalter des Menschen – eine Einführung.* Übersetzung von Gabriele Gockel. München: oekom verlag, 2020.

Frankfurt a. M.: Suhrkamp, 2006, hier 16: „Der homo pictor ist nicht nur der Erzeuger von Höhlenbildern für magische Jagdpraktiken, sondern das mit der Projektion von Bildern den Verläßlichkeitsmangel seiner Welt überspielende Wesen." Siehe auch Hans Jonas. „Homo pictor und die differentia des Menschen". *Zeitschrift für philosophische Forschung* 15.2 (1961): 161–176.

Funk, Gisa. *Henry David Thoreaus „Walden". Plädoyer für den Teilzeit-Ausstieg.* https://www.deutschlandfunk.de/henry-david-thoreaus-walden-plaedoyer-fuer-den-teilzeit.700.de.html?Dram:article_id=319434. *Deutschlandfunk* vom 10. Mai 2015 (1. September 2022).

Geisenhanslüke, Achim. [Rez.] „Christine Lubkoll und Claudia Öhlschläger (Hg.): Schreibszenen. Kulturpraxis – Poetologie – Theatralität". Freiburg i. Br.: Rombach 2015 (Litterae, Bd. 213), 401 S. *Kleist Jahrbuch* (2017): 225–227.

Giuriato, Davide, Martin Stingelin und Sandro Zanetti (Hg.). *„Mir ekelt vor diesem tintenklecksenden Säkulum". Schreibszenen im Zeitalter der Manuskripte.* München: Fink, 2004.

Giuriato, Davide, Martin Stingelin und Sandro Zanetti (Hg.). *„Schreibkugel ist ein Ding gleich mir: Von Eisen". Schreibszenen im Zeitalter der Typoskripte.*: Fink, 2005.

Huizinga, Johan. *Homo ludens. Vom Ursprung der Kultur im Spiel.* Aus dem Niederländischen übertragen von H. Nachod. Reinbek: Rowohlt, 1960.

Jonas, Hans. „Homo pictor und die differentia des Menschen". *Zeitschrift für philosophische Forschung* 15.2 (1961): 161–176.

Maison de la Poésie – Scène littéraire. *Sylvain Tesson – La Panthère des Neiges. Rencontre animée par Marie-Madeleine Rigopoulos.* https://youtu.be/tvwmmrC9RVA. YouTube, 6. November 2019 (1. September 2022).

Marten, Catherine. *Bernhards Baukasten. Schrift und sequenzielle Poetik in Thomas Bernhards Prosa.* Berlin und Boston: De Gruyter, 2018.

Pivot, Bernard. *Sylvain Tesson remporte le Renaudot 2019: retrouvez la chronique.* https://www.lejdd.fr/Culture/sylvain-tesson-a-laffut-la-chronique-de-bernard-pivot-3926773. Le Journal du Dimanche vom 25. Oktober 2019 (1. September 2022).

Roorda, Randall. *Dramas of Solitude. Narratives of Retreat in American Nature Writing.* Albany, N.Y.: State Univ. of New York Press, 1998.

Simonis, Annette und Lisa Gotto. „Medienkomparatistik – Aktualität und Aufgaben eines interdisziplinären Forschungsfelds". *Medienkomparatistik* 1 (2019): 7–20.

Simonis, Annette. „Echapper à l'épilepsie du temps – Sylvain Tessons Roman *La Panthère des neiges* als alternativer Lebensentwurf und intermediales ästhetisches Modell im Kontext des Artensterbens und ökologischer Krisen". *Formen guten Lebens. Ästhetische Entwürfe zwischen Experiment, Inszenierung und Reflexion.* Hg. Annette Simonis, Cora Dietl und Kirsten von Hagen. Heidelberg: Winter, 2021. 275–296.

Tesson, Sylvain. „J'ai vécu six mois en ermite au bord du lac Baïkal". https://www.lefigaro.fr/voyages/2010/09/25/03007-20100925ARTFIG00002-j-ai-vecu-six-mois-en-ermite-au-bord-du-lac-baikal.php. Le Figaro Voyages vom 25. September 2010 (1. September 2022).

Tesson, Sylvain. *Dans les forêts de Sibérie.* Paris: Gallimard, 2011.

Tesson, Sylvain „Le seul matériau d'inspiration pour l'écriture, une fois revenu d'un voyage, c'est le journal intime". https://www.franceculture.fr/emissions/les-masterclasses/sylvain-tesson-le-seul-materiau-dinspiration-pour-lecriture-une-fois-revenu-dun-voyage-cest-le. *radiofrance* vom 22. Juni 2018 (1. September 2022).

Tesson, Sylvain. *Six mois de cabane au Baïkal.* http://www.botravail.fr/sixmoisdecabaneaubaikal/. Bo Travail o.J. (3. September 2021).

Tesson, Sylvain. *Six mois de cabane au Baïkal.* https://www.rdm-video.fr/film-dvd/V99999000646/six-mois-de-cabane-au-baikal.html. RDM Video, 2020 (1. September 2021).

Thoreau, Henry David. *Walden; or, Life in the Woods.* Boston: Ticknor and Fields, 1854.

Will, Fabienne. *Evidenz für das Anthropozän. Wissensbildung und Aushandlungsprozesse an der Schnittstelle von Natur-, Geistes- und Sozialwissenschaften.* Göttingen: Vandenhoeck & Ruprecht, 2021.

Claudia Schmitt
Reflexionen über literarische Autorschaft im Gegenwartsfilm

In den letzten zwanzig Jahren sind Filme über Schriftsteller:innen[1], sogenannte Dichterfilme[2] – die ein Subgenre im Bereich des Künstlerfilms bilden – ausgesprochen populär. Meist stehen – neben dem Schreibprozess – die charismatische, häufig exzentrische Person des Autors oder der Autorin und ihre Lebensumstände im Vordergrund.

Bei der Beantwortung der Frage, warum im Medium Film überhaupt Schriftsteller:innen und literarisches Schreiben behandelt werden, sind die Überlegungen von Kirchmann und Ruchatz in ihrem Aufsatz *Wie Filme Medien beobachten. Zur kinematographischen Konstruktion von Medialität* (2014) hilfreich. Sie weisen nach,

> dass Filme die Medialität von (anderen) Medien beobachten und darüber reflexive Potentiale generieren können, die in doppelter Hinsicht wirksam werden: als Reflexionen der eigenen (filmischen) Medialität wie der beobachteten ›fremden‹ Medialität, also als Vermessungen von Abstand und Nähe zwischen den dergestalt relationierten Medien, als Behauptungen von Affinität/Identität und Differenz, mithin als Selbst- und Fremdkonstruktionen.[3]

Im Folgenden werde ich das medienreflexive Potential der Filme *Finding Forrester* (2000) und *Genius* (2016) ausloten, die beide im zwanzigsten Jahrhundert angesiedelt sind und auf den ersten Blick einzelgängerische, exzentrische Autoren-Genies porträtieren. Meine These lautet, dass in diesen Beispielen Konzepte literarischer Autorschaft, wie sie auch in der literaturwissenschaftlichen Theorie diskutiert werden, zumindest implizit Thema sind. Das literarische Werk wird in den Filmen in unterschiedlicher, aber doch vergleichbarer Weise als Kollektivprodukt inszeniert. Im Falle von *Finding Forrester* werden zwei auf den ersten Blick vor allem hinsichtlich Alter und sozialer Herkunft grundverschiedene Schriftsteller zufällig

---

[1] Einige Beispiele, ohne Anspruch auf Vollständigkeit, seit dem Jahr 2000: *Finding Forrester* (2000), *Iris* (2001), *The Hours* (2002), *Sylvia* (2003), *Capote* (2005), *Miss Potter* (2006), *Becoming Jane* (2007), *Bright Star* (2009), *The Last Station* (2009), *Goethe!* (2010), *The Invisible Woman* (2013), *Genius* (2016), *Lou Andreas-Salomé* (2016), *Vor der Morgenröte* (2016), *Mary Shelley* (2017), *Vita & Virginia* (2018), *Colette* (2018), *Astrid* (2018), *All is true* (2018), *Miss Austen Regrets* (2018), *Tolkien* (2019), *Tove* (2020).
[2] Begriffsdefinition vgl.: Sigrid Nieberle. „Dichterfilm". https://filmlexikon.uni-kiel.de/doku.php/d:dichterfilm-1321. *Das Lexikon der Filmbegriffe*, 09.03.2022 (28. Dezember 2022).
[3] Kay Kirchmann und Jens Ruchatz. „Einleitung: Wie Filme Medien beobachten. Zur kinematographischen Konstruktion von Medialität". *Medienreflexion im Film. Ein Handbuch*. Hg. Kay Kirchmann und Jens Ruchatz. Bielefeld: Transcript, 2014. 9–45, hier 9.

zusammengeführt, mit dem Ergebnis, dass nicht nur beider Werke neue Impulse erhalten, sondern zumindest der Jüngere von beiden sogar seine ersten Erzählungen auf den Prätexten des Älteren aufbaut. In *Genius* hingegen werden zwei einander durchaus ähnliche Charaktere vereint, die als Autor und Lektor zusammen daran arbeiten, dass die Romane des Autors ein Lesepublikum finden. Letztlich sind Schriftsteller in beiden Filmen auf Kooperationen angewiesene Individuen, deren Werke nicht ohne die konkrete Mitarbeit anderer zu Stande kämen. Mit der Fokussierung auf die Entstehungsgeschichten literarischer Texte in beiden Filmen wird der Mythos vom Schriftsteller als alleinigem genialischen Autor seiner Werke demontiert. Was für Filme selbstverständlich ist – wie jeder Abspann eines Films mit der Listung aller beteiligten Personen deutlich macht – zeigen *Finding Forrester* und *Genius* für die Literatur: Auch diese sollte stärker als Kollektivprodukt verstanden werden. Gleichzeitig betonen die Filme dadurch die mediale Nähe zwischen Film und Literatur.

Über die Thematisierung des Schriftstellerlebens im Allgemeinen hinaus ist bei den beiden ausgewählten Filmen auch der Aspekt der Medienkombination von Interesse. Besondere Bedeutung für die Dramaturgie der Filme hat der Einsatz von Briefen: *Finding Forrester* und *Genius* weisen die Gemeinsamkeit auf, dass am Ende der Filmhandlung die letzten Briefe der verstorbenen Autoren zum abschließenden Verständnis des im Film gezeigten Konzepts von Schriftstellertum und Autorschaft zentral werden. Der Fokus liegt dabei nicht in Form einer (Brief-)Schreibszene auf dem Autor, gezeigt wird vielmehr eine (Brief-)Leseszene, die den Adressaten des Briefs fokussiert. Auch der jeweilige Briefinhalt bekräftigt die wichtige Rolle des Adressaten nicht nur als Freund, sondern auch als essenzieller Helfer bei der Entstehung literarischer Werke des verstorbenen Autors.

Bevor wir uns den Filmbeispielen zuwenden, sei zunächst daran erinnert, welch bedeutende Rolle der Autor in der Literaturwissenschaft u. a. für die Interpretation literarischer Werke oder für die Literaturgeschichtsschreibung hatte. Erst Mitte des zwanzigsten Jahrhunderts wird der ‚Biografismus' zurückgedrängt, bis dann in den 1960er Jahren sogar der ‚Tod des Autors' ausgerufen wird. Aber weder bei Roland Barthes noch bei Michel Foucault wird der „Autor damit [...] vollständig verabschiedet".[4] Zeitgleich mit der Abnahme der Autorrelevanz in bestimmten Bereichen konnte auch beobachtet werden, dass Autorschaft ab den 1970er Jahren z. B. in feministischen oder postkolonialen literaturwissenschaftlichen Ansätzen wieder eine größere Rolle spielte. Zu Beginn der 2000er Jahre wurde der Autor als

---

4 Torsten Hoffmann und Daniela Langer. „Autor". *Handbuch Literaturwissenschaft. Bd. 1. Gegenstände und Grundbegriffe.* Stuttgart und Weimar: Metzler, 2007. 131–171, hier 132.

Bezugsgröße verstärkt in Sammelbänden wie *Rückkehr des Autors* (1999)[5] oder *Autorschaft. Positionen und Revisionen* (2002)[6] diskutiert. Letztlich hält sich aber immer noch die Vorstellung vom Autor als eine allein am Schreibtisch sitzende, sinnierende und schreibende Person,[7] egal, ob man sich diese in der Tradition eines (göttlich) inspirierten Dichter-Sehers (*poeta vates*), eines *poeta doctus*, eines *poeta faber* oder als schöpferisches Genie vorstellt.

1 Gus Van Sants *Finding Forrester* (2000)

Auf den ersten Blick scheint auch mein erstes Filmbeispiel solche einsamen und zurückgezogen wirkenden Autoren zu inszenieren. *Finding Forrester* handelt von der Begegnung zwischen einem 16-jährigen afro-amerikanischen, vaterlosen Jungen, Jamal Wallace, und einem spleenigen älteren Herrn, der vollständig sozial isoliert in einer Wohnung in der Nähe des Basketball-Platzes lebt, auf dem Jamal täglich stundenlang trainiert. Im Laufe der Geschichte stellt sich der ältere Mann als der berühmte Autor William Forrester heraus, der unter falschem Namen lebt. Angelehnt ist die Figur Forrester an J. D. Salinger, so zumindest die Einschätzung der Rezensenten des Films.[8] In der Kritik wurde der Film als Sozialdrama[9] eingeordnet, da mit Jamal und William zwei Welten aufeinandertreffen: Jamal stammt aus ärmlichen Verhältnissen in der Bronx. Er sieht seine einzige Möglichkeit, Anerkennung zu finden, im Basketball. Seine zweite, eigentlich größere Leidenschaft gilt aber dem Schreiben, das er vor seiner Umwelt zunächst geheim zu halten versucht. Forrester wird als Pulitzer-Preisträger eingeführt, der bereits mit 23 Jahren als einer der bedeutendsten Autoren des zwanzigsten Jahrhunderts gehandelt wurde. Ob-

---

5 Vgl. Fotis Jannidis (Hg.). *Rückkehr des Autors. Zur Erneuerung eines umstrittenen Begriffs.* Tübingen: Niemeyer, 1999.
6 Vgl. Heinrich Detering (Hg.). *Autorschaft. Positionen und Revisionen.* Stuttgart und Weimar: Metzler, 2002.
7 Dies spiegelt sich auch in vielen Schriftstellerporträts in der Bildenden Kunst wider, z. B. *Der arme Poet* (1839) von Carl Spitzweg, Édouard Manets *Portrait von Émile Zola* (1868) oder *Leo Tolstoi in seinem Arbeitszimmer in Jasnaja Poljana* (1887) von Ilja Jefimowitsch Repin, um nur drei willkürlich gewählte Bilder zu nennen.
8 Peter Travers spricht von „a reclusive, J. D. Salinger-like author" („Finding Forrester". https://www.rollingstone.com/movies/movie-reviews/finding-forrester-255896/. *Rolling Stone*, 20. 12. 2000 (07. Dezember 2021). Oliver Hüttmann stellt fest, dass Forrester „verschollen wie das literarische Phantom J. D. Salinger" gewesen sei („Großstadtmärchen im Elfenbeinturm". https://www.spiegel.de/kultur/kino/forrester-gefunden-grossstadtmaerchen-im-elfenbeinturm-a-120075.html. *Der Spiegel*, 28. 02. 2001 (07. Dezember 2021).
9 Vgl. ebd.

wohl er nach seinem sensationellen ersten Buch im Jahr 1953 kein weiteres mehr veröffentlicht hat, kann er es sich trotzdem leisten, ohne Beruf sein Leben in seiner Eigentumswohnung zu verbringen, die er nicht mehr verlässt.

Der Film arbeitet mit einem Spiel von räumlicher Distanz und Nähe, um die beiden so unterschiedlichen Männer erst nach und nach zusammenzuführen. Anfangs beobachtet der legendenumwobene ‚The Window', wie ihn die Jugendlichen der Umgebung ehrfürchtig nennen, Jamal und seine Freunde beim Basketballspielen, und er wird seinerseits von den Jungen beobachtet. Der Film spielt immer wieder mit Vorurteilen und zeigt uns im Laufe der Handlung deren Widerlegung: So erfahren wir später, dass ‚The Window' mit dem Fernglas in erster Linie Vögel beobachtet. Dass irgendwann auch Jamal seine Blicke auf sich zieht, ist nur ein Nebeneffekt seiner ornithologischen Leidenschaft. Auf gegenseitige Beobachtungen folgt eine erste räumliche Grenzüberschreitung. Jamal will den Gerüchten um den alten Mann hinter dem Fenster auf den Grund gehen: Im Rahmen einer Mutprobe bricht er in dessen Appartement ein. Bei seiner nächtlichen Erkundungstour durch die Wohnung wird er von ‚The Window' ertappt. Auf der Flucht lässt er seinen Rucksack zurück, den er dann aber überraschend zurückerhält, als der alte Mann ihn Jamal am nächsten Tag aus dem Fenster vor die Füße wirft. Eine weitere Überraschung erwartet Jamal, als er feststellt, dass seine Prosatexte, die der Rucksack enthielt, korrigiert und mit kritischen Anmerkungen versehen wurden. Jamal, dessen Interesse durch die Korrekturen geweckt wurde, sucht Kontakt zu dem alten Mann. Als die wortkargen Gespräche der beiden Männer durch die geschlossene Wohnungstür ein Ende in der Begegnung im selben Bildraum finden, befinden wir uns bereits in der 26. Minute des Films.[10] Der alte Mann, der von Jamal als der Autor William Forrester identifiziert wird, übernimmt zunächst widerwillig die Rolle eines väterlichen Mentors.

Williams Wohnung, die einer Bibliothek gleicht,[11] wird zur Schreibwerkstatt für beide. William fordert Jamal auf, seine Ideen mit der Schreibmaschine aufzuschreiben, wie er es tut. Allerdings tippt William flüssig, was ihm spontan in den Sinn kommt. Jamal hingegen ringt mit jedem Wort. Von William lernt Jamal dann folgende Schreibübung: Ausgehend vom Anfang eines Textes von William soll Jamal seine eigene Geschichte weiterspinnen, diese soll aber nie Williams Appartement verlassen. Darüber hinaus verpflichtet sich Jamal im Austausch für Williams Hilfe

---

10 Jamal wird aber erst in die Wohnung eingelassen, als er einen 5.000 Wörter langen Essay geschrieben hat, warum er nichts in dieser Wohnung zu suchen habe.
11 Auch Hüttmann fällt diesbezüglich auf, dass selbst die Farbstimmung des Films in den Schreibszenen der beiden Autoren an Papier und Bücher erinnert, alles sei „adäquat zu dem vergilbten, muffigen Papier in monochromes Licht" gehüllt (Hüttmann. Großstadtmärchen im Elfenbeinturm).

beim Schreiben dazu, dessen Identität nicht zu enthüllen. Bei einem Schreibwettbewerb der Privatschule, die Jamal inzwischen aufgrund eines Stipendiums besuchen kann, reicht er aus Zeitnot einen Text ein, der auf diese Art und Weise entstanden ist.[12] Ein Lehrer, mit dem Jamal schon seit längerer Zeit in intellektuellem Wettstreit steht, kann beweisen, dass eine im *New Yorker Magazine* veröffentlichte Geschichte des Autors William Forrester denselben Titel trägt wie Jamals, und dass darüber hinaus auch der erste Absatz dieser Geschichte mit Jamals identisch ist. Jamal droht aufgrund des Plagiats ein Schulverweis. Er sucht zunächst Hilfe bei William, der die Situation nicht aufklären will, um sein Inkognito nicht zu gefährden. Jamal hält sein Versprechen und erzählt nichts davon, dass ihm sein Freund und Mentor erlaubt hat, die Geschichte zu verwenden, ihm allerdings nicht verraten hatte, dass die Geschichte bereits publiziert wurde. Die Suspendierung rückt für Jamal näher, als er bei einem entscheidenden Basketball-Match seiner Schulmannschaft versagt und dadurch den Rückhalt auch derjenigen verliert, die ihn bisher aufgrund seiner sportlichen Leistungen unterstützt haben. Der Film mündet in zwei wichtigen Brief-Szenen, wobei nur die zweite von Anfang an als solche markiert ist.

Zunächst taucht am Tag der Entscheidung über das weitere schulische Schicksal Jamals Forrester in der Schule auf. Er liest bei einer Schulversammlung einen Text vor, der im Plenum Begeisterung auslöst. Die filmische Inszenierung setzt in dieser Szene weniger auf die Worte der Lesung als auf die Reaktionen der Zuhörer:innen: Nur wenige Zeilen werden vorgelesen, diese verschwinden in einem *fade out*. Stattdessen hören wir extradiegetische Musik. *Extreme Close ups* und Nahaufnahmen, durch Überblendungen montiert, dienen dazu, uns die Zuhörerschaft im Saal nahe zu bringen, die dem charismatischen Forrester ergriffen lauscht. Der mit den Worten „Losing family" beginnende Text wird von allen Zuhörer:innen, ebenso wie von den Zuschauer:innen des Films, selbstverständlich hinsichtlich seiner Urheberschaft Forrester zugeschrieben. Forrester erklärt aber nachträglich, dass der von ihm verlesene Text ein Brief Jamals an ihn ist. Er selbst plagiiert somit den Text

---

12 Dieser Text wird im Gespräch zwischen Forrester und Jamal von Ersterem wie folgt beschrieben: „Well, you've taken something which was mine and made it yours. That's quite an accomplishment. [...] The Title is still mine, isn't it?" (*Finding Forrester*. Reg. Gus Van Sant. Columbia, 2000. 1:07:09–1:07:14). Die Entstehung des Textes erinnert an St. Bonaventuras vier Arten der Bücherherstellung: Der *scriptor*/Schreiber schreibt ab, ohne Änderungen und Hinzufügungen. Der *compilator*/Herausgeber schreibt Werke von anderen mit Zusätzen aus weiteren fremden Werken ab. Der *commentator* schreibt sowohl das Werk anderer als auch sein eigenes nieder, der Vorrang liegt aber beim fremden Werk, das eigene wird nur zwecks Erklärung hinzugefügt: „Another writes both his own work and others' but with his own work in principal place adding others' for purposes of confirmation; and such a man should be called an 'author' (auctor)." (Vgl. Elizabeth Eisenstein. *The Printing Press as an Agent of Change*. Cambridge: Cambridge University Press, 1980. 121–122).

seines Schützlings und demonstriert, wie bereits in der Schreibszene, seine offene Haltung zu Fragen geistigen Eigentums. In diesem Zusammenhang sei erinnert an Roland Barthes, der 1967 mit der Idee des *scripteur* versuchte, den Geburtsort des Textes vom Autor hin zum Leser zu verschieben, und der polemisch forderte: „La naissance du lecteur doit se payer de la mort de l'Auteur."[13] Ein Autor geht seinem Werk nicht voraus, vergleichbar der Beziehung, die ein Vater zu seinem Kind hat, sondern der moderne *scripteur* wird „en même temps que son texte"[14] geboren. Er existiert nicht vor seinem Schreiben oder außerhalb davon: „il n'y a d'autre temps que celui de l'énonciation, et tout texte est écrit éternellement *ici* et *maintenant*."[15] In unserem Fall sieht man das ganz konkret: Durch den performativen Akt der Äußerung, in diesem Fall den Vortrag eines unveröffentlichten Textes, entsteht erst der Forrester zugeschriebene Text.

Der Film könnte mit dieser Szene einer Freundschaftsgeste enden. Es folgen jedoch noch weitere, entscheidende Szenen: Im Anschluss an diese Lesung reist Forrester, der durch Jamal den Mut gefunden hat, sich dem Leben außerhalb seiner Wohnung zu stellen, nach Schottland. Unbestimmte Zeit später, Jamal steht vor seinem Schulabschluss, erhält der Nachwuchsschriftsteller Besuch von einem Anwalt, der ihn darüber informiert, dass William verstorben ist und ihm seine Wohnung und seine Bibliothek vermacht hat. Williams letzter Brief, der lediglich mit Williams Stimme im *Voice over* zu hören ist, bekräftigt die Freundschaft der beiden und betont, dass Jamal den Anstoß gegeben hatte, dass William wieder seine Träume verfolgt habe. Erst die letzte Einstellung löst auf, was Teil dieses Traums war: Gezeigt wird ein Manuskript, dessen erste Seite mit dem Hinweis versehen ist, dass der künftige Herausgeber Jamal Wallace ein noch zu schreibendes Vorwort liefern werde. Es liegt nahe, dass Forrester dem Manuskript, das er posthum seinem Schüler anvertraut, während der gemeinsamen Schreibsitzungen mit Jamal den letzten Schliff gegeben hatte, da er seit seiner Abreise nach Schottland nicht mehr in der Wohnung war. Zum Song „Somewhere over the rainbow" gleitet die Kamera in einer allerletzten Einstellung weg vom Manuskript, bewegt sich geisterhaft durch den Raum, hin zum offenen Fenster, wo sie Jamal beim Basketballspielen auf seinem alten Trainingsplatz fokussiert und damit offenlässt, für welchen Weg, den des Schriftstellers oder den des Sportlers, Jamal sich letztlich entscheiden wird.

Hinsichtlich der Autorschaftskonzepte lassen sich noch weitere Feststellungen treffen: William Forrester ist kein aus sich selbst schöpfendes Genie. Sein berühmtes erstes Buch „Avalon Landing" basiert auf den traumatischen Erlebnissen

---

[13] Roland Barthes. „La mort de l'auteur". *Le bruissement de la langue*. Paris: Éditions du Seuil, 1984. 61–67, hier 67.
[14] Ebd.: 64.
[15] Ebd.

seines Bruders während des Zweiten Weltkriegs. Nach diesem Erfolg macht William kein größeres Werk mehr der Öffentlichkeit zugänglich, stattdessen verschanzt er sich mit den Werken anderer Autoren in seiner Privatbibliothek. Die Werke, die in den Jahren danach geschrieben werden, entstehen, so erklärt Forrester Jamal, indem er zunächst ohne große Überlegungen Text auf der Schreibmaschine niederschreibt. Danach schließe sich ein umfassender Überarbeitungsprozess an, der im Film zwar thematisiert, aber nicht visuell inszeniert wird. Forrester verfügt über einen Fundus von auf diese Art entstandenen Texten, aber erst das Auftauchen Jamals und der Austausch mit ihm führen dazu, dass er bereit ist, ein weiteres Werk zur Veröffentlichung freizugeben.

Der junge Nachwuchsautor Jamal wird von Anfang an als Person dargestellt, die mit dem Schreiben ringt. Dies hat zwar auch mit den für sein Schreiben ungünstigen Begleitumständen, z. B. der zu lauten Wohnsituation, zu tun. Aber selbst unter besseren Bedingungen in Williams Wohnung fliegen ihm die Worte nicht zu. Seine Form von Autorschaft steht in direkter Abhängigkeit von seinem Mentor, da die (teils mündlichen, teils schriftlichen) Anmerkungen und Texte des alten Schriftstellers zum konkreten Ausgangspunkt für ihn werden. Auch hier sei wieder an Roland Barthes erinnert: Zum Konzept des *scripteurs* gehört, dass der Text als „un tissu de citations, issues des mille foyers de la culture"[16] verstanden wird. „L'écrivain ne peut qu'imiter un geste toujours antérieur, jamais originel ; son seul pouvoir est de mêler les écritures, de les contrarier les unes par les autres, de façon à ne jamais prendre appui sur l'une d'elles."[17] Die Idee ‚eines Gewebes von Zitaten' legt nahe, dass wir uns im Bereich der Intertextualität bewegen. Für den Autor Jamal scheint es auf den ersten Blick nur eine Bezugsgröße zu geben, den Autor Forrester, wodurch dem Film ausschließlich ein enger Intertextualitätsbegriff zu Grunde liegen würde. Berücksichtigt man aber, dass Forrester in seiner umfangreichen Bibliothek lebt, die er für sein Schaffen konsultiert und die er auch Jamal zur Verfügung stellt, so verweist dies auf ein weit größeres Textuniversum als Bezugsgröße für beide Autoren.[18]

---

[16] Ebd.: 65.
[17] Ebd.
[18] Erwähnt werden sollte in diesen Zusammenhang auch eine Art Zitatwettstreit zwischen Jamal und seinem Lehrer, durch den Jamal beweist, dass er mit berühmten Texten der Weltliteratur und ihren Autoren bestens vertraut ist.

2 Michael Grandages *Genius* (2016)

Das zweite Filmbeispiel, *Genius*, ist eine Doppelbiografie. Es behandelt einerseits das Leben des Autors Thomas Wolfe, andererseits aber auch das seines Lektors Maxwell Perkins, was der Untertitel der deutschsprachigen Fassung – *Die tausend Seiten einer Freundschaft* – bereits andeutet. Der Film wirft die Frage auf, die von den Figuren auch explizit diskutiert wird, ob die Romane Wolfes ohne die Unterstützung von Perkins überhaupt jemals veröffentlicht worden wären. Die Bedeutsamkeit des Lektors wird paratextuell dadurch deutlich, dass der Film auf der von A. Scott Berg verfassten Biografie mit dem Titel *Max Perkins. Editor of Genius* (1978) basiert und seinen Faktualitätsanspruch noch vor Nennung des Filmtitels durch den Hinweis „Nach einer wahren Geschichte" betont.

Auf Ebene der Diegese wird die Verknüpfung der beiden Charaktere dadurch umgesetzt, dass bereits in der Eingangssequenz Szenen, die den im strömenden Regen vor dem Verlagsgebäude rauchenden Autor zeigen, parallel montiert sind mit solchen, die den im Gebäude ein Manuskript redigierenden, ebenfalls rauchenden Lektor fokussieren. Wolfe wird von Anfang an als schwieriger, exzentrischer, selbstbezüglicher Einzelgänger dargestellt.[19] Perkins ist ein stiller Mann, ein liebevoller Familienvater, der sich seinen Autoren in tiefer Verbundenheit verpflichtet fühlt.[20] Gezeigt werden im Film, außer seiner Freundschaft mit Wolfe, auch freundschaftliche Szenen mit F. Scott Fitzgerald und Ernest Hemingway. Obwohl Perkins und Wolfe sowohl charakterlich als auch bezüglich ihrer Lebensumstände zunächst als gegensätzlich dargestellt werden, scheint Perkins ebenfalls Spleens zu haben: So nimmt er in keiner im Film gezeigten Lebenssituation, weder im Schlafanzug, noch am Abendessenstisch mit der Familie, jemals seinen Hut ab – außer am Ende des Films, was an späterer Stelle noch ausführlicher thematisiert

---

[19] Auch Anke Sterneborg stellt fest, dass Wolfe als „überspanntes, extrovertiertes Genie am Rande des Wahnsinns" inszeniert wird („Genius. Ein eindrucksvolles Ensemble hochkarätiger Schauspieler". *RBB kulturradio*, 17. Februar 2016.). Vgl. auch Horst Bieneks Äußerungen über den realen Thomas Wolfe: „Wolfe war ein Mensch, der ständig Stimmungen unterworfen war. Er besaß, wie alle Künstler, einen ausgeprägten Egoismus, der aber naiv und gutmütig war; manche sprachen bei ihm von einem übermäßigen Hang zur Selbstbespiegelung, Geoffrey Moore sogar von ‚ungewöhnlichem Geltungsbedürfnis'." („Beichte eines rastlosen Lebens". *Frankfurter Allgemeine Zeitung*, 24. Februar 1962. BuZ5).
[20] Auch hierzu Anke Sterneborg. Genius: Perkins als „zurückhaltender und feinfühliger Lektor, der mit klarem Willen kürzt und zugleich damit hadert, ob er zu großen Einfluss auf das Werk nimmt". Im Vergleich dazu Bienek über den Lektor: „Perkins (wie er uns aus Wolfes Briefen ersteht) muß ein Mann von höchster Noblesse gewesen sein, der seine Energien, sein eigenes Talent völlig dem ungebärdigen, genialischen Wolfe opferte."

werden soll. Darüber hinaus arbeitet der Lektor auf seine ruhige Art genauso fanatisch wie der extrovertierte Autor: Als Perkins das erste Manuskript von Wolfe erhält, vergisst er Raum und Zeit bei der Lektüre, er liest auf dem Weg von der Arbeit nach Hause in der Bahn, auf dem Fußweg, beim Gang durch sein Haus, bei der Begrüßung seiner Töchter, im Wandschrank sitzend und bis spät in die Nacht.

Was literarische Autorschaft betrifft, bietet sich für *Genius* ein Blick auf die Überlegungen von Martha Woodmansee an, die den Aspekt der Kollektivität stark gemacht hat. Das Konzept ‚Autor' „does not closely reflect contemporary writing practices",[21] so Woodmansee. Auch historisch gesehen waren bis in die 50er Jahre des achtzehnten Jahrhunderts Schriftsteller nur Handwerker, die mit anderen Handwerkern an der Produktion eines Buches beteiligt waren. Das Buch war eine Ware, an der viele Leute arbeiteten. Dies entsprach auch der Selbst- und der Fremdeinschätzung der Schriftsteller bezüglich ihrer Rolle bei der Entstehung eines Buches „as master of a craft, master of a body of rules, or techniques, preserved and handed down in rhetoric and poetics, for the transmission of ideas handed down by tradition."[22] Die Sonderstellung des Autors ist, laut Woodmansee, „a by-product of the Romantic notion that significant writers break altogether with tradition to create something utterly new, unique."[23] Diese Auffassung findet sich z. B. 1759 bei Edward Young und wird zur Seinsbegründung von Berufsschriftstellern „from Herder and Goethe to Coleridge and Wordsworth"[24]. Woodmansee kritisiert die Fixierung auf den Aspekt der Genialität, wie sie z. B. 1815 durch Wordsworth erfolgte, als Mystifizierung des Schreibvorgangs. In ihrem historischen Überblick zeigt sie, dass es selbst im achtzehnten Jahrhundert noch die Idee vom kollektiven Schreibvorgang gibt. Als Beispiel dient ihr Samuel Johnson (1709–1784), der als, wie man heute sagen würde, ‚Ghostwriter' von Briefen, konkret Gnadengesuchen, für Londons bekanntesten Prediger William Dodd tätig war. Unter Predigern sei es generell üblich gewesen, sich Predigttexte gegenseitig auszuleihen. Johnson selbst vertrat die These, dass bei seiner Tätigkeit als ‚Ghostwriter' mit der Bezahlung auch sein Recht an den von ihm verfassten Texten erlischt. Für die Gegenwart stellt Woodmansee eine an Kooperation orientierte Haltung fest, sie spricht von einem

---

21 Martha Woodmansee. „On the Author Effect: Recovering Collectivity". *Cardozo Arts & Entertainment Law Journal* 10 (1991): 279–292, hier 279.
22 Ebd.: 280.
23 Ebd. Auch Michael Wetzel stellt fest, dass sich erst im Rahmen „neuzeitlicher Subjektivität" der Blick auf Künstler und Autor ändert. („Autor/Künstler". *Ästhetische Grundbegriffe. Historisches Wörterbuch in sieben Bänden. Bd. 1. Absenz – Darstellung.* Hg. Karlheinz Barck, Martin Fontius, Dieter Schlenstedt, Burkhart Steinwach und Friedrich Wolfzettel. Stuttgart und Weimar: Metzler, 2000. 480–544, hier 480).
24 Woodmansee. On the Author Effect: 280.

„powerful collaborative trend", der letztlich auch die „arts and humanities" erreichen werde.[25]

Eine solche an Kooperation orientierte Haltung inszeniert auch der Film *Genius*. Der Schriftsteller Wolfe glaubt zwar an sein Talent, vor allem an seine vom Jazz beeinflusste Sprache, nicht aber daran, dass sein Werk veröffentlicht werden wird. Als er zu Perkins ins Büro kommt, geht er fest davon aus, erneut eine Absage zu erhalten, er wollte lediglich den Entdecker von Fitzgerald und Hemingway kennenlernen. Wolfe, der vier Jahre an seinem Manuskript gearbeitet hat, ist davon überzeugt, dass die einzige Art zu schreiben, die autobiografische ist. Trotzdem erklärt er sich umgehend bereit, jede von Perkins vorgeschlagene Kürzung zu akzeptieren. Perkins sieht seine Aufgabe als Lektor darin, der Leserschaft gute Bücher in die Hand zu geben und Wolfes Werk in seiner bestmöglichen Form zu präsentieren. Er beharrt darauf: „The book belongs to you"[26], ist aber der Meinung, dass 300 Seiten gekürzt werden müssen, und er will einen anderen Titel.[27] Mit beidem wird er sich durchsetzen. Als der Roman nach Erscheinen ein großer Erfolg wird, äußern sich Tom und seine wohlhabende verheiratete Geliebte Aline Bernstein ähnlich: Tom sagt über Perkins: „I'm lost without him"[28] und betont, dass er in Perkins zum ersten Mal einen Freund gefunden habe. Aline, der der erste Roman gewidmet ist, stellt mit einer gewissen Eifersucht fest, dass sie Tom zwar materiell unterstützt habe, dass Tom aber mehr noch auf Perkins angewiesen sei: „Tom couldn't have done it without you."[29] Über Perkins sagt sie: „He is the genius, who made all of your [Toms] dreams come true."[30]

---

25 Ebd.: 289.
26 *Genius*. Reg. Michael Grandage. Lionsgate, 2016. 0:11:52.
27 Perkins geht dabei psychologisch geschickt vor, wenn er Tom erzählt, dass auch sein Idol Fitzgerald den Titel seines berühmtesten Romans auf Max' Anraten geändert habe.
28 Grandage. Genius: 0:19:19.
29 Grandage. Genius: 0:24:50.
30 Grandage. Genius: 0:25:14. In einem Gespräch mit Perkins Ehefrau Louise wird Aline später noch deutlicher: „I lost him [Tom] to your husband." (Grandage. Genius: 0:31:00.) Louise antwortet mit dem Bekenntnis, dass Max in Tom den lang ersehnten Sohn gefunden habe, den er als Vater von fünf Töchtern bisher nicht hatte. Dass Max zu ‚seinen' Autoren väterliche Beziehungen pflegt, zeigt sich auch im Fall seines Protégés Fitzgerald, in dessen schriftstellerisches Potenzial er große Hoffnungen setzt. Fitzgerald hat, als er Perkins besucht, den Lebensmut verloren: Er kann nicht schreiben, zudem ist seine Frau aufgrund psychischer Probleme in einer Klinik, für die er nicht mehr aufkommen kann. Perkins spricht wie ein Seelsorger mit Fitzgerald. Er muntert ihn nicht nur mit Worten auf, sondern stellt ihm auch (anscheinend privat, da er sagt, der Verlag könne Fitzgerald keinen weiteren Vorschuss gewähren) einen Scheck aus. Fitzgerald verlässt erleichtert das Büro mit den Worten: „I'll write you a great book." (Grandage. Genius: 0:28:58.) In einem Gespräch mit Tom wird Fitzgerald Max als „a genius for friendship" (Grandage. Genius: 1:26:58) bezeichnen.

Als Tom mit seinem zweiten Manuskript bei Perkins im Verlag auftaucht, ist er schüchtern und unsicher wie ein kleiner Junge angesichts der vier vollen Kisten mit Papier, doch Perkins lobt ihn wie ein Vater, „Well done!"[31], und schickt ihn erst einmal nach Hause. Das chaotische handschriftliche Manuskript wird von mehreren Schreibkräften abgetippt und Max entwickelt einen Plan: Jeden Abend wollen sie in den nächsten neun Monaten (!) am Manuskript, ihrem gemeinsamen Kind, arbeiten. Max ist streng und untersagt es Tom den bereits existierenden 5.000 Seiten noch weitere hinzuzufügen. Der Film nimmt sich Zeit ausführlich den gemeinschaftlichen Arbeitsprozess der beiden Männer zu zeigen: Tom hängt an seinen überbordenden Sprachbildern, Max erinnert ihn immer wieder an die Wichtigkeit der Handlung und an die begrenzte Geduld der Leserschaft angesichts der ausführlichen, seitenlangen Beschreibung einer zum ersten Mal auftretenden Person. Schließlich erreicht er mittels langer Gespräche, dass Tom Passagen in seinem Manuskript selbst streicht.[32] Es schließt sich eine Montage von Szenen an, in denen die weitere Arbeit gezeigt wird: Erneut sind, außer Tom und Max, auch Schreibkräfte am Werk, nicht nur die des Verlages, sondern auch Toms Geliebte.[33] Nach zweijähriger Arbeit wird das zweite Buch letztlich nur vollendet, weil Max einen strengen Publikationszeitplan vorgibt. Tom widmet sein zweites Buch Max, der sich zunächst sträubt, weil er im Hintergrund bleiben will. Er hinterfragt außerdem selbstkritisch die Rolle von Lektoren und Herausgebern: „Are we really making books better ... or just making them different."[34]

Der Bruch zwischen beiden Männern wird sowohl von Aline Bernstein als auch Ernest Hemingway vorausgedeutet. Tom macht es zu schaffen, dass er Perkins so viel verdankt. Er behauptet, Max glaube, er habe ihn, Tom, vergleichbar einem Pygmalion, erschaffen. Zudem habe er sein Werk verkrüppelt. Nach dem Ende der Freundschaft endet auch der Film *Genius* nach wenigen weiteren Szenen. In Toms finaler Szene sieht man, wie er mit letzter Kraft einen Brief an Max schreibt. Der Brief ist entscheidend zum abschließenden Verständnis seines Verhältnisses zu Perkins. Der Schwerpunkt liegt in der Briefszene, wie bereits bei *Finding Forrester*, nicht auf dem Schreiber: Man sieht lediglich, wie dieser den Brief mit den Worten „Dear Max" beginnt. Ausführlich wird stattdessen die Lektüre des Briefs gezeigt: Max liest den Brief im Büro, während die Zuschauerschaft im *Voice over* Toms

---

31 Grandage. Genius: 0:32:52.
32 Die gemeinsame Arbeitssitzung endet mit einem euphorischen Tom, der Max auf dem Bahnsteig seines ausfahrenden Zuges „I love you, Max Perkins" (Grandage. Genius: 0:40:05) hinterherruft.
33 Die nunmehr bereits zwei Jahren währende Arbeit am Buch führt zu Beziehungskrisen mit der Partnerin bei beiden Männern: Tom ist nicht bereit auch nur einen Abend nicht mit Max am Buch zu arbeiten. Max verreist nicht mit Frau und Kindern in den Urlaub.
34 Grandage. Genius: 1:00:32.

Stimme hört. Zum ersten Mal während der Filmhandlung nimmt Max nun tiefbewegt seinen Hut ab. Der Film endet mit einer Nahaufnahme, die ihn weinend und barhäuptig über den Brief gebeugt zeigt.

Beim Inhalt des Briefes wurde recht frei auf den Text eines real existierenden Briefs zurückgegriffen. Im Film heißt es z. B.:

> But I want most desperately to live. I want to see you again. For there is such impossible anguish and regret for all I can never say to you, for all the work I have to do. I feel as if a great window has been opened on life. And if I come through this, I hope to God I am a better man and can live up to you.[35]

Dem steht die entsprechende Passage im Brieftext des realen Thomas Wolfe gegenüber:

> I wanted most desperately to live and still do, and I thought about you all a thousand times, and wanted to see you all again, and there was the impossible anguish and regret of all the work I had not done, of all the work I had to do—and I know now I'm just a grain of dust, and I feel as if a great window has been opened on life I did not know about before—and if I come through this, I hope to God I am a better man, and in some strange way I can't explain, I know I am a deeper and wiser one. If I get on my feet and out of here, it will be months before I head back, but if I get on my feet, I'll come back.[36]

Deutlich ist der Filmfassung des Briefs anzumerken, dass es nicht nur um eine dem Medium Film geschuldete Kürzung, sondern auch um eine inhaltliche Zuspitzung ging, die auf das hinausläuft, was auch Horst Bienek in seiner Rezension zu der deutschsprachigen Ausgabe der Briefe von Thomas Wolfe über die Rolle von Perkins behauptet hat: „Ihm, der später sein Freund wurde, vielleicht sein einziger echter Freund, hat er zum großen Teil den Erfolg von ‚Schau heimwärts, Engel' zu verdanken, denn er hat seine geniale Maßlosigkeit in die rechte Form gebracht."[37] Der Filmbrief betont, dass Tom unbedingt Max wiedersehen wolle. Dabei wird aus der Formulierung „and wanted to see you all again", „I want to see you again". Auch will Tom ein besserer Mensch werden – für Max, um ihm gerecht zu werden, eine Formulierung, die so nur im Film-Brief verwendet wird und die erneut die tiefe Freundschaft und Arbeitsgemeinschaft der beiden Männer betont.

---

35 Grandage. Genius: 1:35:40–1:36:04.
36 Thomas Wolfe. *The Letters of Thomas Wolfe*. New York: Scribner, 1956, 777.
37 Bienek. Beichte eines rastlosen Lebens. BuZ5.

3 Ausblick

Zum Abschluss möchte ich noch kurz ein Beispiel ansprechen, dass bei der Behandlung der Autorschaftsthematik nicht von einer Männerfreundschaft unter Schriftstellern mit Vater-Sohn-Verhältnis-Anklängen ausgeht wie in den beiden zuvor ausführlich vorgestellten Filmen. *Can You Ever Forgive Me* (2018)[38], ein Film, der auf den Memoiren der Schriftstellerin Lee Israel basiert, verknüpft die Autorschafts- mit der Fälscher-Thematik. Eine in Geldnöte geratene Autorin von Biografien macht die Erfahrung, dass von ihr gefälschte Briefe berühmter Persönlichkeiten, darunter Dorothy Parker, sich bestens verkaufen, weil es ihr gelingt, mit ihren Fälschungen den Stil der imitierten Personen pointiert zu treffen. So konstatiert ein Händler angesichts eines von Lee gefälschten Dorothy-Parker-Briefs, dass niemand wie Dorothy Parker schreiben kann, was angesichts des Wissensvorsprungs der Zuschauerschaft umgehend als extreme Fehleinschätzung eingestuft wird und zu weiterer Reflexion einlädt.

Auch dieser Film kritisiert, dass es für den Literaturmarkt, egal, ob in der akademischen Literaturtheorie der ‚Tod des Autors' oder ein ‚collaborative trend' ausgerufen werden, immer noch vor allem um die eine Person geht, die (angeblich) ganz allein ein Werk verfasst: den Autor bzw. die Autorin.

Literatur- und Filmverzeichnis

Barthes, Roland. „La mort de l'auteur". *Le bruissement de la langue*. Paris: Éditions du Seuil, 1984. 61–67.

Bienek, Horst. „Beichte eines rastlosen Lebens". *Frankfurter Allgemeine Zeitung*, 24.02.1962. BuZ5.

Can You Ever Forgive Me? Reg. Marielle Heller. Fox Searchlight, 2018.

Detering, Heinrich (Hg.). *Autorschaft. Positionen und Revisionen*. Stuttgart und Weimar: Metzler, 2002.

Eisenstein, Elizabeth. *The Printing Press as an Agent of Change*. Cambridge: Cambridge University Press, 1980.

Finding Forrester. Reg. Gus Van Sant. Columbia, 2000.

Genius. Reg. Michael Grandage. Lionsgate, 2016.

Hoffmann, Torsten und Daniela Langer. „Autor". *Handbuch Literaturwissenschaft. Bd. 1. Gegenstände und Grundbegriffe*. Stuttgart und Weimar: Metzler, 2007. 131–171.

Hüttmann, Oliver. „Großstadtmärchen im Elfenbeinturm". https://www.spiegel.de/kultur/kino/forrester-gefunden-grossstadtmaerchen-im-elfenbeinturm-a-120075.html. *Der Spiegel*, 28.02.2001 (07. Dezember 2021).

Jannidis, Fotis (Hg.). *Rückkehr des Autors. Zur Erneuerung eines umstrittenen Begriffs*. Tübingen: Niemeyer, 1999.

---

38 Vgl. *Can You Ever Forgive Me?* Reg. Marielle Heller. Fox Searchlight, 2018.

Kirchmann, Kay und Jens Ruchatz. „Einleitung: Wie Filme Medien beobachten. Zur kinematographischen Konstruktion von Medialität". *Medienreflexion im Film. Ein Handbuch.* Hg. Kay Kirchmann und Jens Ruchatz. Bielefeld: Transcript, 2014. 9–45.

Nieberle, Sigrid. „Dichterfilm". https://filmlexikon.uni-kiel.de/doku.php/d:dichterfilm-1321. *Das Lexikon der Filmbegriffe,* 09.03.2022 (28. Dezember 2022).

Sterneborg, Anke. „Genius. Ein eindrucksvolles Ensemble hochkarätiger Schauspieler". https://web.archive.org/web/20160505193126/https://www.kulturradio.de/rezensionen/film/2016/02/Genius.html. *RBB kulturradio,* 17. 02. 2016 (07. Dezember 2021).

Travers, Peter. „Finding Forrester". https://www.rollingstone.com/movies/movie-reviews/finding-forrester-255896/. *Rolling Stone,* 20.12.2000 (07. Dezember 2021).

Wetzel, Michael. „Autor/Künstler". *Ästhetische Grundbegriffe. Historisches Wörterbuch in sieben Bänden. Bd. 1. Absenz – Darstellung.* Hg. Karlheinz Barck, Martin Fontius, Dieter Schlenstedt, Burkhart Steinwach und Friedrich Wolfzettel. Stuttgart und Weimar: Metzler, 2000. 480–544.

Wolfe, Thomas. *The Letters of Thomas Wolfe.* New York: Scribner, 1956.

Woodmansee, Martha. „On the Author Effect: Recovering Collectivity". *Cardozo Arts & Entertainment Law Journal* 10 (1991): 279–292.

Barbara Straumann

„It is my story!"

Medienreflexive Momente weiblicher Autorschaft im Film

1 Orlandos Töchter

Orlando (1992), Sally Potters Verfilmung von Virginia Woolfs gleichnamigem Roman, endet mit zwei verschiedenen Medienbezügen. Die von der androgynen Tilda Swinton gespielte Hauptfigur Orlando, die ohne zu altern mehrere Jahrhunderte lebt und nach einer Geschlechtsverwandlung von einem Mann zu einer Frau wird, arbeitet während mehr als 300 Jahren immer wieder an einem literarischen Text. Gegen Ende des Films bringt sie – in der Gegenwart angekommen – ihr Manuskript zu einem Herausgeber in London. Danach fährt sie mit ihrer Tochter zum aristokratischen Landsitz, auf dem sie aufwuchs, den sie aber als Frau aufgrund der patriarchalen Eigentumsrechte nicht in ihrem Besitz halten konnte. In der Schlussszene sitzt die Protagonistin auf einem Hügel unter einer Eiche, von welcher auch ihr vor über 300 Jahren begonnener Text *The Oak Tree* handelt, und spiegelt dabei die Eingangsszene, in welcher Orlando als Renaissance-Jüngling am genau gleichen Ort sitzt. Während der junge Mann in der Eingangsszene zuerst aus einem Buch rezitiert und dann einen Federkiel auf ein leeres Pergamentblatt setzt, bezieht die Schlussszene die wackeligen, körnigen Filmsequenzen ein, welche Orlandos kleine Tochter (gespielt von Swintons Nichte Jessica Swinton) auf der Wiese herumlaufend mit einer Videokamera aufnimmt. Die Literaturverfilmung ist damit gänzlich im Medium des Films angekommen. Während sich Potters Verfilmung wie schon Woolfs Roman unter anderem um die Genese eines literarischen Texts dreht und diese mit filmischen Mitteln in einer intermedialen Bezugnahme auf das literarische Medium darstellt, suggeriert die Schlussszene in einer intramedialen Referenz auf das filmische Medium, dass das Ausdrucksmedium der Tochter der Film sein wird.[1] Nach Orlandos Vollendung ihres literarischen Texts wird sich die Tochter künftig im filmischen Medium ausdrücken.

---

[1] Gemäß Irina O. Rajewskys Definition bezieht sich der Begriff der Intermedialität auf „die Gesamtheit aller Mediengrenzen überschreitenden Phänomene", während sich der Bereich des Intramedialen auf Bezüge innerhalb eines Mediums beschränkt. Gleichzeitig versteht Rajewsky Film als ein hybrides Medium, welches über „eine plurimediale Grundstruktur" verfügt. Irina O. Rajewsky. *Intermedialität*. Tübingen und Basel: Francke, 2022, 12, 203.

Das filmische Interesse am literarischen Schreiben entbehrt nicht einer gewissen Paradoxie. Literarische Schaffensprozesse sind filmisch nicht sonderlich attraktiv, denn die unzugänglichen, unsichtbaren Prozesse der literarischen Imagination und der meist einsame, statische Schreibakt stellen eine Herausforderung für die filmische Darstellbarkeit dar.[2] Trotzdem lässt sich seit den 1990er Jahren eine starke Zunahme von Filmen beobachten, welche sich um die Produktion von Literatur drehen.[3] Seit der Jahrtausendwende zeigt sich zudem ein regelrechter Boom von Filmen über weibliche Autorinnen.[4] Trotz der medialen Herausforderung setzen diese Filme auf das Porträtieren bestimmter Schriftstellerinnenfiguren, um sich mit Fragen weiblicher Kreativität auseinanderzusetzen. Dabei laden diese filmischen Autorinnen-Porträts dazu ein, über mediale Parallelen in der Annähe-

---

[2] Vgl. Judith Buchanan. „Introduction. Image, Story, Desire: The Writer on Film". *The Writer on Film: Screening Literary Authorship*. Hg. Judith Buchanan. Houndmills, Basingstoke, New York: Palgrave Macmillan, 2013. 3–32, hier 3; Sonia Haiduc. „,Here is my story of my career': The Woman Writer in Film". *The Writer on Film: Screening Literary Authorship*. Hg. Judith Buchanan. Houndmills, Basingstoke, New York: Palgrave Macmillan, 2013. 50–63, hier 51; Ellen Cheshire. *Bio-pics: A Life in Pictures*. London und New York: Wallflower, 2015, 49–50; Sigrid Nieberle. „Schreibsequenz – Schriftsequenz: Literaturgeschichten im *Biopic*". *Literaturgeschichte und Bildmedien*. Hg. Achim Hölter und Monika Schmitz-Emans. Heidelberg: Synchron, 2015. 231–244, hier 235; Karen Hollinger. *Biopics of Women*. London und New York: Routledge, 2020, 115.

[3] Siehe dazu Shachar: „Literary biographical films or literary biopics [...] have become increasingly popular since the early 1990s. While literary biopics have always featured in cinematic history, it is only in recent times that they have boomed into a considerable cinematic trend". Hila Shachar. „Authorial Histories: The Historical Film and the Literary Biopic". *A Companion to the Historical Film*. Hg. Robert A. Rosenstone und Constantin Parvulescu. Malden, Mass., Oxford, Chichester: Wiley-Blackwell, 2013. 199–218, hier 199. Siehe auch Buchanan. Introduction: 4; Nieberle. Schreibsequenz – Schriftsequenz: 238. Die Zunahme von Filmen über die Produktion literarischer Texte stimmt mit der von Thomas Metten und Michael Meyer festgestellten Zunahme an Medienreflexion im Film allgemein überein. Thomas Metten und Michael Meyer. „Reflexion von Film – Reflexion im Film". *Film. Bild. Wirklichkeit: Reflexion von Film – Reflexion im Film*. Hg. dies. Köln: Herbert von Halem, 2016. 9–70, hier 13.

[4] Seit der Jahrtausendwende wurden u. a. folgenden Autorinnen filmisch porträtiert: Iris Murdoch in *Iris* (2001), Virginia Woolf in *The Hours* (2002) und in *Vita & Virginia* (2018), Sylvia Plath in *Sylvia* (2003), Beatrix Potter in *Miss Potter* (2006), Simone de Beauvoir in *Les Amants du Flore* (2006), Jane Austen in *Becoming Jane* (2007) und *Miss Austen Regrets* (2008), Françoise Sagan in *Sagan* (2008), Enid Blyton in *Enid* (2009), Elizabeth Bishop in *Reaching for the Moon* (2013), Violette Leduc und ihre Begegnung mit Simone de Beauvoir in *Violette* (2013), Emily Dickinson in *A Quiet Passion* (2016), *Wild Nights with Emily* (2018) und der TV-Serie *Dickinson* (2019–2021), Colette in *Colette* (2018), Astrid Lindgren in *Becoming Astrid* (2018), Tove Jansson in *Tove* (2020), Shirley Jackson in *Shirley* (2020) und Emily Brontë in *Emily* (2022). Frühere Beispiele wie *The Barretts of Wimpole Street* (1934) über Elizabeth Barrett Browning, *Devotion* (1940) und *Les Soeurs Brontë* (1979) über die Brontë-Schwestern, *Out of Africa* (1985) über Karen Blixen, *Gothic* (1986) über Mary Shelley oder Jane Campions *An Angel at My Table* (1990) über Janet Frame erschienen nicht in derselben Häufung.

rung des neueren Mediums an das ältere Medium nachzudenken. Nicht zufällig suggerieren die beiden Schreibszenen, welche den Beginn und das Ende von *Orlando* einrahmen, eine gewisse Analogie zwischen der literarischen und der filmischen Textgenese. Auch lässt sich die Spiegelung des literarischen Texts des Jünglings und des filmischen Texts der Tochter als einen selbstreflexiven Kommentar der Regisseurin verstehen: Ähnlich wie Woolf, die sich in *Orlando* und *A Room of One's Own* mit den Bedingungen weiblichen Schreibens auseinandersetzt, bezieht sich Potter als künstlerische ‚Tochter' Woolfs auf ihre eigene Position als weibliche Regisseurin.

In diesem Beitrag nehme ich den intermedialen Blick des Films auf die Literatur aus einer dezidierten Geschlechterperspektive in den Blick, indem ich das filmische Interesse an weiblicher Autorschaft anhand von drei Filmen, welche in den letzten Jahren unter weiblicher Regie entstanden sind, näher beleuchte. Haifaa Al-Mansours *Mary Shelley* (2017), Sally Wainwrights Fernsehfilm über die Brontë-Schwestern mit dem Titel *To Walk Invisible* (2016) sowie Greta Gerwigs Verfilmung von Louisa May Alcotts Klassiker *Little Women* (2019), in der die Romanfigur Jo March zur Autorin wird, drehen sich alle in zentraler Weise um Autorinnenfiguren.[5] Wie wir sehen werden, wird weibliches Schreiben in allen drei Beispielen als eine Chiffre für weibliche Kreativität und selbstbestimmte Autorschaft eingesetzt.

2 Der Tod des Autors und die Geburt weiblicher Autorschaft

Das Interesse an Autorinnenfiguren im zeitgenössischen Film steht einerseits im Widerspruch zur Dekonstruktion des Autors in der Literaturwissenschaft und knüpft andererseits an feministischen Anliegen an. Unter dem Einfluss unter anderem von Roland Barthes' Text *Der Tod des Autors* (1967) wurde in der Literaturwissenschaft die traditionelle Vorstellung des Autors als Ursprung seines Werks sowie die damit verbundenen Vorstellungen von individueller Subjektivität, Einzigartigkeit und Originalität, die sich insbesondere mit der Idee des romantischen

---

5 *Mary Shelley*. Reg. Haaifa Al-Mansour. HanWay Films, BFI, 2017; *To Walk Invisible*. Reg. Sally Wainright. BBC, 2016; *Little Women*. Reg. Greta Gerwig. Columbia Pictures, 2019. Während das Drehbuch zu Al-Mansours *Mary Shelley* von Emma Jensen stammt, zeichnen Wainright und Gerwig neben der Regie auch für die Drehbücher ihrer Filme verantwortlich. Weitere zeitgenössische Autorinnen-Filme weiblicher Regisseurinnen beinhalten *Wild Nights with Emily* (Reg. Madeleine Olnek, 2018) und *Emily* (Reg. Frances O'Connor, 2022).

Autors verknüpfen, über Jahrzehnte problematisiert und dekonstruiert.[6] Weitgehend zeitgleich mit dieser Kritik am Autor bildete sich die feministische Literaturwissenschaft heraus, in welcher Fragen der Autorschaft zentral wurden. Während gewisse feministische Ansätze die Vorstellung von Autorschaft als ein patriarchales Konstrukt und somit als Ausdruck eines bestimmten männlichen Denkens kritisierten und sich deshalb von ihr loslösten, wurden Fragen der Autorschaft von anderen feministischen Ansätzen ins Zentrum ihrer Beschäftigung gerückt.[7] In der Rekonstruktion einer weiblichen Tradition spielten die Suche nach vergessenen Autorinnen sowie die Analyse ihrer gesellschaftlichen Positionen eine wichtige Rolle. Aus der Geschlechterperspektive ist Autorschaft gerade deshalb bedeutsam, weil sie Frauen oft abgesprochen wurde. Aufgrund der Marginalisierung weiblichen Schreibens in Literatur und Kultur steht die weibliche Autorin im Unterschied zur Figur des männlichen Autors nicht für eine unterdrückende Autorität, welche abgebaut und dekonstruiert werden müsste.[8] Aus feministischen Perspektiven wird vielmehr die Notwendigkeit einer Bekräftigung weiblicher Autorschaft gesehen.[9]

In ihrer klassischen feministischen Studie *The Madwoman in the Attic* (1979) argumentieren Gilbert und Gubar, dass die Häufung von verrückten und gefangenen Frauen in Texten von Schriftstellerinnen des 19. Jahrhunderts als Symptom dafür gelesen werden kann, dass der Prozess der Selbstdefinition als Autorin in dieser Zeitperiode besonders erschwert ist.[10] Doch bereits Woolfs berühmtes Essay *A Room of One's Own* (1929), welches ein Jahr nach *Orlando* erschien, beleuchtet die Schwierigkeiten, mit welchen sich schreibende Frauen über die Jahrhunderte konfrontiert sahen.[11] Neben ökonomischen Einschränkungen konstatiert Woolf das Fehlen einer eigentlichen weiblichen Tradition aufgrund von gesellschaftlichen Schranken und historisch widrigen Bedingungen. Dies machte es laut Woolf besonders schwierig für Frauen, sich als Autorinnen zu definieren. Zwar räumt Woolf ein, dass sich die Situation in ihrer Gegenwart (in der auch Orlando ihren Text

---

6 Vgl. Roland Barthes. „The Death of the Author". *Image Music Text.* Hg. Stephen Heath. London: Fontana Press, 1977. 142–148.
7 Siehe Burke: „It would scarcely be an exaggeration to say that the struggles of feminism have been primarily a struggle for authorship – understood in the widest sense as the arena in which culture attempts to define itself". Seán Burke. „Feminism and the Authorial Subject". *Authorship: From Plato to the Postmodern. A Reader.* Hg. ders. Edinburgh: Edinburgh University Press, 1995. 145–150, hier 145.
8 Vgl. Andrew Bennett. *The Author.* London und New York: Routledge, 2005, 85.
9 Vgl. ebd.
10 Vgl. Sandra M. Gilbert und Susan Gubar. *The Madwoman in the Attic: The Woman Writer and the Nineteenth-Century Literary Imagination.* New Haven and London: Yale University Press, 1984. Siehe dazu Bennett. Author: 86.
11 Vgl. Virginia Woolf. *A Room of One's Own & Three Guineas.* London: Vintage, 2001.

veröffentlicht und sich somit als Autorin konstituiert) positiv entwickeln würde und dass es Schriftstellerinnen nun möglich sei, eine neue Art von Geschichten zu schreiben.[12] Doch trotz des immensen Wandels, den Woolf in ihrer Zeit feststellt, haben sich ihre Anliegen nicht vollständig aufgelöst. Weibliche Traditionen laufen nach ihrer Rekonstruktion teilweise Gefahr, erneut in Vergessenheit zu geraten. Auch besitzen Frauen in gewissen Bereichen noch immer nicht dieselbe gesellschaftliche Sichtbarkeit. Gerade im Medium Film sind sie auch heute noch deutlich untervertreten.[13]

Die drei Filme, die im Folgenden im Zentrum meiner Analyse stehen, drehen sich in zentraler Weise um weibliche Autorschaft. Im Mittelpunkt stehen jeweils die Entwicklung und Selbstbehauptung weiblicher Schriftstellerinnen. Alle drei Beispiele zeichnen Schreibprozesse sowie einen engen Zusammenhang zwischen der erschwerten, aber schließlich erfolgreichen Textveröffentlichung und der ermächtigenden Selbstdefinition als Autorin nach. Diese Konstellation wirft eine Reihe von Fragen auf: Wie werden die Schriftstellerinnen und ihr literarisches Schreiben filmisch inszeniert? In welcher Beziehung stehen die Textgenese sowie die Publikation des materiellen Buchs zur Konstituierung der jeweiligen Autorin? Weshalb und wie greifen Regisseurinnen auf die Neuinszenierung von schreibenden Frauenfiguren aus dem 19. Jahrhundert zurück, um über die gesellschaftlichen Kontexte und Bedingungen weiblichen Schaffens zu reflektieren? Was sagt das über das Gendering von Medienreflexion aus?

---

12 Ebd.: 70–71.
13 Helen O'Hara widmet in ihrem Buch *Women vs Hollywood: The Fall and Rise of Women in Film* der Unterrepräsentation von Frauen im Filmschaffen ein eigenes Kapitel mit dem Titel „The Auteur Gap". Die von ihr zitierten Zahlen sind eindrücklich: „Between 1949 and July 1979, the major distribution companies released 7,332 films. A total of *fourteen* of those were directed by women (only seven different women), or about 0.19 per cent. [...] Things are improving slightly: female directors now hover around 15 per cent of the total each year, and between 2002 and 2013 they made a mere 4.4. per cent of the highest grossing films (which correlates roughly to the highest budgeted)". An einer späteren Stelle im Kapitel bezieht sich O'Hara auf ein Zitat von Martha Lauzen vom Center for the Study of Women in Television and Film an der San Diego State University, die ebenfalls eine schleichende Veränderung feststellt: „Women comprised just 17 per cent of all directors, writers, producers, executive producers, editors, and cinematographers working on the top 250 (domestic) grossing films of 1998 [...]. That number increased to just 21 per cent by 2019. With all of the dialogue on this issue over the last twenty years, wouldn't we expect an increase of more than a measly 4 percentage points?" Helen O'Hara. *Women vs Hollywood: The Fall and Rise of Women in Film*. London: Robinson, 2021, 184, 187, 210. In den Anfängen des Films nahmen Frauen viel Raum ein, bis sie in den späten 1920er Jahren, als sich die Filmindustrie und Film als Mediengenre fest etabliert hatten, aus dem Filmschaffen verdrängt wurden. Siehe dazu O'Hara. Women vs Hollywood: 1–33.

3 *Mary Shelley* (2017): Autorschaft als Gewebe

Haifaa Al-Mansours Film zeigt Mary Wollstonecraft Godwin (Elle Fanning), die später durch ihre Heirat mit Percy Bysshe Shelley zu Mary Shelley wird, als eine Protagonistin, die von Beginn weg in einem engen Dialog mit Texten und anderen schreibenden Figuren steht. Filmisch unterstrichen wird ihre frühe literarische Immersion durch eine Vielzahl von Schreib- und Lesezenen, welche ihre allmähliche Entwicklung zur Autorin nachzeichnen. Bereits der Beginn des Films setzt mit einer dieser zahlreichen Szenen ein: Auf der Tonspur ist neben Regentropfen und Donner zunächst das Kratzen eines Bleistifts auf Papier zu hören, begleitet von deutlichen Atemgeräuschen und einem gelegentlichen Flüstern, bevor dieses von einem Voiceover abgelöst wird, welches den Text nachspricht, den die nun ins Bild kommende Protagonistin in ihrem Notizbuch liest. Bezeichnend ist die filmische *Mise-en-Scène* dieser Schreibszene inmitten von Gräbern auf einem Friedhof: Das aufziehende Gewitter und das Setting bilden eine Entsprechung zu Mary Shelleys Schauerästhetik, welche sie in dieser Szene in einem Fragment einer Geistergeschichte und später im Roman *Frankenstein* (1818) entfaltet. Im Unterschied zum Romancharakter Frankenstein, der für die Erschaffung seiner Kreatur Körperteile aus Gräbern sammelt, holt sich Al-Mansours Heldin auf dem Friedhof keine physische Materie, sondern ihre schriftstellerische Inspiration, denn sie lehnt sich in dieser Schreibszene buchstäblich an den Grabstein ihrer Mutter Mary Wollstonecraft (vgl. Abb. 1). Da die berühmte Autorin des feministischen Manifests *A Vindication of the Rights of Women* (1792) kurz nach der Geburt der Tochter im Kindbett verstarb, kennt unsere Heldin diese nur durch ihre Texte. Die Eingangssequenz unterstreicht, dass die Protagonistin in ihren Schreibversuchen ans literarische Erbe der Mutter anknüpft.

Abb.1: Mary Shelley an den Grabstein ihrer Mutter lehnend, Screenshot aus *Mary Shelley* (00:02:24).

Die Bezüge zur literarischen Buchkultur werden in den nachfolgenden Szenen im Buchladens des Vaters, des Schriftstellers William Godwin, weiter vertieft. Mary Wollstonecraft Godwin erscheint immer wieder lesend und schreibend vor und im Laden zwischen gefüllten Bücherkisten und dicht bepackten Büchergestellen. In einer Szene öffnet sie *A Vindication of the Rights of Women,* um das Konterfei ihrer Mutter auf der Titelseite zu betrachten. Dann wiederum präsentiert der Film klassische Schreibszenen, in welchen sie Passagen einer Schauergeschichte in ein Notizbuch schreibt, welche parallel zum Schreibprozess im Voiceover zu hören sind. Als sie ihr Notizbuch in einer frühen Szene Godwin vorlegt, stellt dieser fest, dass sie noch keine eigenständige Autorin sei, und fordert sie auf, ihre eigene Stimme zu entwickeln.

Obwohl Al-Mansours Heldin aufgrund ihrer Herkunft zum literarischen Ausdruck beinahe schon prädestiniert ist, zeichnet der Film ihr Ringen um Autorschaft nach. Dieser Prozess erreicht mit dem Schreiben ihres Romans *Frankenstein* seinen Höhepunkt. Eine längere Schreibsequenz kombiniert Einstellungen der Protagonistin am Schreibtisch mit Textpassagen des Romans in ihrer inneren Voiceover-Stimme sowie Großaufnahmen ihres Manuskripts. Dazwischen montiert werden Flashbacks früherer Szenen, mit denen der Film suggeriert, dass es sich bei *Frankenstein* um eine Form von *life writing* handelt. In ihrer Lektüre von *Frankenstein* erwähnt Barbara Johnson, dass sich eine Parallele zwischen Frankenstein und seinem *Monster* einerseits und der Autorin Mary Shelley und ihrem Schauerroman beziehungsweise ihrer kulturell als monströs kodierten Autorschaft anderseits ziehen lässt.[14] Im Unterschied dazu kodiert der Film die Autorschaft seiner Hauptfigur durchwegs positiv und etabliert stattdessen eine intertextuelle Analogie zwischen der Protagonistin und Frankensteins Kreatur.[15] Ähnlich wie die Kreatur, die im Roman von ihrem Schöpfer Frankenstein im Stich gelassen wird, sieht sich die Hauptfigur im Film von ihrem Vater Godwin verstoßen, als sie sich entscheidet, mit dem bereits verheirateten Percy Bysshe Shelley in wilder Ehe zusammenzuleben. Als ihre Tochter kurz nach der Geburt stirbt, fühlt sie sich einsam wie später die Kreatur in ihrem Roman, da sie vom ichbezogenen Shelley in ihrer Trauer al-

---

14 Vgl. Barbara Johnson. „My Monster/My Self". *Diacritics* 12.2 (1982): 2–10, hier 7.
15 Im Film wird diese Parallele visuell in einer Albtraumszene etabliert, welche zu einer Hauptquelle der Inspiration wird: Während die zukünftige Autorin in einem weiß bezogenen Bett liegt, erscheint neben ihr ebenfalls unter einem weißen Leintuch der Körper der Kreatur im Moment, in dem sich Frankenstein an ihre Belebung macht. Die Szene lehnt sich deutlich an Mary Shelleys Schilderung der Textgenese in ihrem Vorwort zum Roman an. Vgl. Mary Shelley. „Introduction". *Frankenstein or The Modern Prometheus.* Oxford: Oxford University Press, 1998. 5–11, 9–10. Mit der Belebung der Kreatur imaginiert Al-Mansours Protagonistin zudem ein Szenario, welches in den Verfilmungen des Romans jeweils eine zentrale Rolle spielt.

leingelassen wird. Mit dieser Analogie zwischen der Filmheldin und ihrer Romankreatur wird suggeriert, dass sie in ihrem Schreiben ihr psychisches Leid verarbeitet, indem sie ihrer eigenen Marginalisierung eine literarische Gestalt gibt.

Doch der Roman entpuppt sich auch insofern als eine buchstäbliche Autofiktion, als sich die Hauptfigur des Films damit als Autorin erschafft und darauf besteht, als solche anerkannt zu werden.[16] Als sie ihr Manuskript bei einem Verlag unterzubringen versucht, insinuiert einer der Verleger, dass es sich um das Werk ihres Gefährten Shelley handeln müsse, da der Inhalt des Schauerromans nicht zu einer jungen Frau passen würde. Darauf entgegnet sie entrüstet „It is *my* story!"[17] und betont damit, dass das Manuskript ihre eigene Geschichte in ihren eigenen Worten erzählt. Nach zahlreichen Ablehnungsbriefen von Verlagen, welche den monströsen Inhalt für eine weibliche Autorin unangemessen halten, lenkt sie ein, den Roman anonym und mit einem Vorwort von Shelley zu veröffentlichen. Es ist schlussendlich ihre Widmung des Romans für ihren Vater William Godwin, die zu ihrer Anerkennung als Autorin führt, denn Godwin lädt seine Tochter zu einer Feier zum Erfolg von *Frankenstein* ein. Im Buchladen beobachtet sie aus einer Randposition die Männerrunde und lauscht der Rede des Vaters, der den Roman als eine der originellsten Publikationen der Zeit lobt. Die Zuhörer applaudieren dem anwesenden Shelley, den sie für den Urheber halten, doch dieser erklärt in seiner Richtigstellung, dass Mary Wollstonecraft Godwin die alleinige Autorin des Texts sei und sich durch eine singuläre Genialität auszeichne.

Während Godwin und Shelley mit ihren Verweisen auf die Originalität des Texts und die Genialität der Autorin traditionelle Markierungen romantischer Autorschaft aufrufen, verortet der Film Autorschaft in einem Gewebe zwischenmenschlicher Verbindungen und Beziehungen.[18] Im Unterschied zur Romankrea-

---

16 Siehe auch Johnsons Lektüre des Romans als eine Form von *life writing*, mit der sich Shelley selbst als Autorin erschafft. Johnson. My Monster: 3–4, 10.
17 *Mary Shelley*. Reg. Haifaa Al-Mansour. HanWay Films, BFI, 2017, 01:34:57–01:34:58.
18 Diese Form der Autorschaft erinnert an Roland Barthes' Begriff des Texts als Gewebe bzw. Netzwerk, welches in hohem Maße von den Lesenden durch die Lektüre produziert wird. In *Die Lust am Text* beschreibt Barthes den Text als ein Gewebe, welches „durch ein ständiges Flechten entsteht und sich selbst bearbeitet", während er in *S/Z* Textualität als ein plurales Netzwerk liest, welches von einer Vielzahl von Sprachen und Kodes gewoben wird und somit aus verschiedenen Blickwinkeln interpretiert werden kann. Roland Barthes. *Die Lust am Text*. Übers. Traugott König. Frankfurt a. M.: Suhrkamp, 1992, 94; Roland Barthes. *S/Z*. Übers. Richard Miller. Oxford: Blackwell, 1990, 5–6. Dank ihrer in Beziehungen verorteten Autorschaft verfügt Al-Mansours Protagonistin über die zwischenmenschlichen Verbindungen, die Shelleys Romanfigur Frankenstein wegen seines genialisch überhöhten Schaffens verliert und die seine Kreatur aufgrund ihrer Verstoßung nie erlangen kann. Gleichzeitig knüpft die im Film entworfene Autorschaft an die Intertextualität von

tur, die in der Mitte des Romans zwar auch ihre eigene Geschichte in ihren eigenen Worten erzählt, die aber Frankenstein damit nicht erreicht, kann die Filmprotagonistin ihre Botschaft über Verstoßung und den Abbruch von Beziehungen in einer Art und Weise an ihr Umfeld vermitteln, dass sie sowohl in ihrer Subjektposition als auch in ihrer Selbstbestimmung anerkannt wird. Noch mehr als auf ihre Versöhnung mit Shelley legt der Film Gewicht auf ihre Anerkennung durch den Vater: In der Schlussszene spaziert die Protagonistin mit einem Kind an der Hand an Godwins Buchladen vorbei und beobachtet, wie dieser im Schaufenster eine Buchkopie der von ihm veranlassten Ausgabe von *Frankenstein* mit dem eingeprägten Namen der Autorin *Mary Shelley* prominent ausstellt (vgl. Abb. 2). Das materielle Buch fungiert als der greifbare Beweis ihrer Autorschaft: In der Öffentlichkeit wird sie als die Urheberin des Romans anerkannt und in ihrem Umfeld als Autorin, die ihr Leben selbstbestimmt schreibt und lebt.

Abb. 2: Ausstellung von Mary Shelleys Roman *Frankenstein* in Godwins Buchladen, Screenshot aus *Mary Shelley* (01:56:45).

Al-Mansours Autorin braucht zwar die Validierung durch männliche Figuren, da das Literatursystem zur Zeit der Filmhandlung vorwiegend männlich besetzt ist. Trotzdem wird die Heldin zugleich auch in einem weiblichen literarischen Kontext gezeigt: Sie beginnt ihre anfänglichen Schreibversuche inspiriert von ihrer mütterlichen Muse, und gegen Ende des Films entpuppt sich ihre Halbschwester Claire als ihre erste Leserin, die – im Unterschied zu Shelley, der sich eine optimistischere Vision erhofft, – die dunklen Abgründe der Verstoßung der Kreatur sofort begreift, da sie selbst von Lord Byron fallengelassen wurde. Im Unterschied zum Mythos des

---

Shelleys Romantext an, in dem eine Vielzahl von Texten wie Miltons *Paradise Lost* und der Mythos des Prometheus verwoben sind.

autonomen romantischen Autors kombiniert Al-Mansours Hauptfigur ihre Selbstbestimmung mit ihren persönlichen Beziehungen: Durch ihren Roman wird sie zur anerkannten Autorin, während ihr Text zugleich ihre sozialen Verbindungen stärkt.

4 *To Walk Invisible* (2016): Dialogisches Schreiben

Auktoriale Selbstbestimmung und literarischer Dialog spielen auch in Sally Wainrights Fernsehfilm *To Walk Invisible* über die drei Brontë-Schwestern eine zentrale Rolle, werden aber in einer anderen Konstellation mit gleich drei Autorinnen durchgespielt. Im Vorspann sehen wir Charlotte, Emily, Anne und ihren Bruder Branwell in ihrer Kindheit beim spielerischen Erfinden ihrer fantastischen Welten und Figuren, die sie in ihren Jugendwerken verschriften werden. Über ihren Köpfen schwebt in dieser traumähnlichen Sequenz je eine flammende Aureole als Symbol des geteilten Feuers ihrer Erfindungskraft.[19] Die eigentliche Handlung jedoch setzt im jungen Erwachsenenalter der Geschwister ein. Der geförderte und unterstützte Branwell, in den große künstlerische Hoffnungen gesetzt wurden, fällt in eine Depression und in Alkoholsucht. In Anbetracht seiner wachsenden Schulden und der schleichenden Erblindung des Vaters beginnen Charlotte (Finn Atkins), Emily (Chloe Pirrie) und Anne (Charlie Murphy), miteinander über ihre prekären Zukunftsaussichten als Frauen zu sprechen. Nachdem sie voneinander herausgefunden haben, dass sie noch immer schreiben, wird Charlottes Idee einer anonymen Publikation zunächst kontrovers diskutiert. Nach der tatsächlich erfolgten Veröffentlichung einer gemeinsamen Gedichtsammlung schreiben sie ihre Romane, und nach gemeinsamen Anstrengungen gelingt es ihnen, sie unter männlichen Pseudonymen zu veröffentlichen.

Auch hier unterstreichen zahlreiche Schreibszenen sowohl die individuelle als auch gemeinschaftliche Entwicklung der drei Schwestern als Autorinnen. Obwohl sie sich in Temperament und Charakter deutlich unterscheiden, wird ihr Schreiben dialogisch dargestellt. Eine dieser Szenen beginnt damit, dass Charlotte auswärts in Manchester allein an einem Pult vor einem Fenster sitzend den Anfang ihres berühmten Romans *Jane Eyre* zu Papier bringt. Wir hören den ersten Satz im Voiceover und sehen in einer Großaufnahme die handschriftliche Manuskriptbezeichnung *Jane Eyre by Currer Bell*, bevor die Kamera zur schreibenden Charlotte zurückkehrt. Mit dem nächsten Schnitt wechselt die Kamera zu einer beinahe spiegelbildlichen Einstellung von Emily, die zusammen mit Anne zuhause im Ess-

---

19 Vgl. Hila Shachar. „Muse, Sister, Myth: The Cultural Afterlives of Emily Brontë on Screen". *Brontë Studies* 45.2 (2020): 183–195, hier 192.

zimmer im Schreiben begriffen ist. Anne pausiert und fragt Emily, was sie von ihrer Idee hält, Branwells Sucht in ihrem neuen Roman zu verarbeiten. Wie andere Schreibszenen im Film bringt dieses Beispiel Individuum und Gemeinschaft zusammen: Die drei Schwestern schreiben und diskutieren ihr Schaffen gemeinsam. Im Unterschied zu Branwell, der oft allein in seinem Zimmer zu sehen ist,[20] sowie zum Vater, der sich meistens allein in seinem eigenen Studierzimmer aufhält, schreiben die Schwestern oft gemeinsam in den gemeinschaftlichen Räumen des Hauses. Wenn sie räumlich getrennt sind, dann setzt sie die Kamera in Beziehung zueinander, um zu unterstreichen, dass sie sowohl als Individuen als auch im dialogischen Austausch schreiben.

Obwohl die Brontë-Schwestern zunächst unsichtbar bleiben und ihre Romane unter männlichen Pseudonymen veröffentlichen, um der öffentlichen Kritik an ihrer weiblichen Autorschaft zu entgehen, enthält der Film drei Episoden, die sich um die Anerkennung ihrer Autorschaft drehen. In der ersten dieser Szenen geben sie sich als Autorinnen zu erkennen, um ihren Vater wissen zu lassen, dass sie dank ihrem Schreiben ökonomisch abgesichert sind. Nachdem sie die jeweiligen Buchkopien ihrer Romane vom Büchergestell im Esszimmer genommen haben, erklärt Charlotte ihrem Vater, dass sie einen Roman geschrieben und veröffentlicht hätte. Als sie ihm den Bestseller *Jane Eyre* entgegenreicht, schüttelt er zuerst ungläubig den Kopf, bis sie ihn davon überzeugt, dass hinter dem berühmten Namen *Currer Bell* sie selbst steckt. Voller Freude und Stolz feiert er am Esszimmertisch den Erfolg der drei Autorinnen, welche angeregt über die öffentliche Rezeption ihrer Werke diskutieren. Sie bekennen sich nicht nur zu ihrer Autorschaft, sondern drücken unumwunden ihr großes Selbstbewusstsein aus: „Our work is clever", stellt Anne fest, „it's truthful, it's new, it's fresh, it's vivid and subtle and forthright".[21]

Während sich diese Enthüllung in der privaten Familiensphäre abspielt, müssen die Hauptfiguren in einem nächsten Schritt ihre Identität im öffentlichen Raum lüften. Nachdem ein betrügerischer Verleger die ersten Seiten von Annes neuem Roman unter Charlottes Pseudonym an einen amerikanischen Verlag verkauft hat, muss der missverständliche Hergang bei Charlottes Verlag aufgeklärt werden, indem die drei Autorinnen ihre wahre Identität publik machen. Während sich Emily weigert, öffentlich gesehen zu werden, reisen Charlotte und Anne unverzüglich nach London. Im Verlagshaus betrachten sie zuerst das prominent ausgestellte Exemplar von *Jane Eyre*, bevor sie sich beim Verleger vorstellen, der sich vor Be-

---

20 Siehe insbesondere die Sequenz mit Branwell in seinem Zimmer, deren *Mise-en-Scène* Henry Wallis' Gemälde *The Death of Chatterton* (1856) visuell zitiert. Der frühromantische Dichter Thomas Chatterton, der seinem Leben ein Ende setzte, galt Mitte des 19. Jahrhunderts als ein Vorbild für junge erfolglose Künstler. *To Walk Invisible*. Reg. Sally Wainright. BBC, 2016, 00:20:06–00:20:30.
21 To Walk Invisible: 01:33:09–01:33:16.

wunderung und Begeisterung kaum halten kann, als er schließlich begreift, wer hinter den berühmten männlichen Namen steckt. Die Autorinnen müssten unbedingt den Romancier Thackeray treffen, entfährt es ihm. Ganz London, so erklärt er weiter, werde sich darum reißen, sich eine Minute in ihrer Gesellschaft aufhalten zu dürfen.

Aufgrund der starken Fokussierung des Films auf den Brontë-Wohnort in Haworth in West Yorkshire wird die Feier der Autorinnen in der Öffentlichkeit der Metropole filmisch nicht umgesetzt, sondern lediglich im Dialog vom Verleger vorweggenommen. Trotzdem macht Wainright einen filmischen Verweis auf ihre kulturelle Wirkung, und zwar in einer Szene, welche nicht den Vater oder den Verleger, sondern die Stimme einer weiblichen Figur in den Vordergrund rückt. Bei einem Spaziergang des Trios mit Charlottes Freundin Ellen Nussey auf der Moorlandschaft tritt das meteorologische Phänomen dreier Sonnen auf, ein optischer Effekt, bei dem neben der Sonne zwei zusätzlichen Sonnen (*Parhelias*) erscheinen.[22] Auf die erstaunten Fragen der Schwestern, worum es sich bei dieser wunderbaren Erscheinung handle, antwortet Nussey: „It's you three".[23] Zusammen mit der Kamera, die ihren Winkel so ausrichtet, dass jede Schwester zusammen mit einer Sonne erscheint (vgl. Abb. 3), unterstreicht Nusseys Kommentar ihre außergewöhnliche Strahlkraft.

Abb. 3: Das Phänomen der drei Sonnen, Screenshot aus *To Walk Invisible* (01:53:35).

---

22 Eine detaillierte Analyse dieser Einstellung bietet Shachar. Muse, Sister, Myth: 183–184, 192–193.
23 To Walk Invisible: 01:53:26–01:53:27.

Abb. 4: Die Brontë-Schwestern betrachten die drei Sonnen, Screenshot aus *To Walk Invisible* (01:58:46).

Als eine Art Aureolen markieren die Sonnen die literarische Apotheose und Mythisierung der Brontë-Schwestern. Das Feuer, welches Branwell in der Kindheit mit ihnen teilte, so macht die darauffolgende Sequenz klar, ist erloschen: Branwell ist tot. In Texteinblendungen wird erklärt, dass sowohl Emily als auch Anne bald darauf an Tuberkulose sterben und dass die Werke der drei Schwestern zu den großartigsten je auf Englisch geschriebenen Texten gehören. Auch das Filmende unterstreicht, dass ihr Werk und ihre Autorschaft posthum in der kulturellen Erinnerung weiterleben: Nach einem Kameraschwenk befinden wir uns auf einmal inmitten von Besuchergruppen im heutigen Brontë-Museum in Haworth. In einer Geste, die typisch ist für das Genre des britischen Heritage-Films und den öffentlich-rechtlichen Bildungsauftrag der BBC, werden damit Kanonisierung und Prestige von Werk und Autorinnen im kulturellen Gedächtnis in den Vordergrund gerückt. Im Schlussbild kehren noch einmal die drei Heldinnen zurück, die statisch wie Skulpturen auf der Moorlandschaft stehen und gebannt die drei Sonnen betrachten, als würden sie über ihre eigene kulturelle Strahlkraft reflektieren (Abb. 4).

5 *Little Women* (2019): Die Materialität des Buches

Auch Greta Gerwigs Verfilmung von Louisa May Alcotts *Little Women* (1868–1869) dreht sich um Autorschaft im Kontext einer weiblichen Familiengeschichte. Wie Alcotts klassischer *Coming-of-Age*-Roman lotet der Film die beschränkten Möglichkeiten weiblicher Selbstentfaltung im 19. Jahrhundert anhand der Schicksale der vier March-Schwestern Meg, Jo, Amy und Beth aus. Bereits bei Alcott fungiert Josephine (Jo) March als Alter Ego der Autorin. Sie wird beschrieben als ein burschikoses, ungestümes und energiegeladenes Mädchen, welches mit einer reichen Imaginationsgabe ausgestattet ist. Sie schreibt unter anderem reißerische Geschichten, welche sie anonym bei Zeitungen unterbringt, um die beschränkten Mittel der Familie aufzubessern. Jos Schreiben wird im Text teilweise ironisiert, und als sie am Schluss heiratet und mit ihrem Ehemann eine Schule gründet, hört sie auf zu schreiben, allerdings ohne ihre literarischen Hoffnungen ganz aufzugeben. Im Gegensatz zum Roman rückt Gerwigs Adaption das Schreiben von Jo (Saoirse Ronan) ins Zentrum und behandelt ihre Entwicklung zur Autorin in einer Art und Weise, die an die weibliche Selbstermächtigung der Autorinnenfiguren in Al-Mansours und Wainrights Biopics erinnert.

Gerwigs Verfilmung weicht von Alcotts linearer Erzählung ab, um das Schreiben ihrer Heldin zur eigentlichen Klammer des Films zu machen. Der Film ordnet die Romanhandlung so um, dass er zu einer Repräsentation der Erschaffung des Romans *Little Women* und der Entwicklung seiner Heldin zur Autorin wird. Die erste Einstellung zeigt Jos dunkle Silhouette vor einer hellen Milchglastür. Sie atmet tief ein und aus, bevor sie in das geschäftige Büro tritt, um dem Verleger des *The Weekly Volcano* eine Geschichte einer angeblich anonymen Autorin anzubieten. Nachdem sie ihre Geschichte platziert hat und dafür bezahlt wurde, rennt sie voller Freude und Energie durch die Straßen New Yorks. Sie ist in die Stadt gezogen, um ihre Schwestern und Mutter zuhause in Concord mit ihrem Schreiben und Unterrichten finanziell zu unterstützen. Nun sieht sie in ihrem Versuch, als Autorin Fuß zu fassen, tatsächlich eine Karriereperspektive. Professor Bhaer, der in derselben Pension lebt, erkennt ihr literarisches Talent, kritisiert aber ihre veröffentlichte Unterhaltungsliteratur. Obwohl die ambitionierte und scheinbar selbstbewusste Jo die Kritik entschieden zurückweist, ist sie dennoch verunsichert. Als sie wegen der Verschlechterung des Zustands ihrer an Scharlach erkrankten Schwester Beth nach Hause gerufen wird, reist sie mit ihr ans Meer. Auf Beths Bitte beginnt sie, wieder Erzählungen zu schreiben, die sich dieses Mal um ihre Erinnerungen an die gemeinsame Kindheit und Jugend drehen, und Beth fordert sie auf, auch nach ihrem Ableben weitere Geschichten dieser Art zu entwickeln.

Nach Beths Tod empfindet Jo eine große Leere und wird von Zweifel und einem Gefühl von Einsamkeit und Isolation heimgesucht. Beim Verbrennen ihrer alten Manuskriptseiten und ihrer ehemaligen Schreibmappe stößt sie jedoch auf das Notizbuch, in welchem sie ihre Erzählungen für Beth notiert hatte und welches nun einen erneuten Schreibprozess in Gang setzt. Gerwig suggeriert damit, dass die tote Schwester als Muse und ihre Aufforderung zum Geschichtenerzählen als Inspirationsquelle fungieren. Am Anfang einer längeren Schreibsequenz stellt Jo in einer nächtlichen Szene das Notizbuch aufgeschlagen auf ihr Pult und beginnt mit dem Schreiben eines längeren Buchmanuskripts. Die Dauer des Schreibprozesses wird

Medienreflexive Momente weiblicher Autorschaft im Film — 139

Abb. 5: Ausgebreitete Manuskriptseiten, Screenshot aus *Little Women* (01:48:40).

markiert durch das Anzünden neuer Kerzen, den Wechsel der Tageszeiten und das wiederholte Auslegen zahlreicher Manuskriptseiten auf dem Fußboden des Dachraums, wo Jo arbeitet. Obwohl sie sichtlich erschöpft ist, macht sie unablässig weiter in ihrem Schreibfieber (Abb. 5). Ihr ehemaliger Verleger Dashwood, der sich eigentlich noch mehr reißerische Geschichten wünscht, sieht ein gewisses Potenzial in den ersten Kapiteln des Manuskripts. Es sind aber seine drei Töchter, die begeistert davon sind und darauf pochen, die Fortsetzung lesen zu können.

Gegen Ende des Films zieht Gerwig eine meta-reflexive Ebene ein und lässt die Autorin und den Verleger über den Ausgang ihrer Romanhandlung diskutieren. Dashwood kritisiert den Umstand, dass Jos Heldin unverheiratet bleibt. Jo beharrt zunächst auf ihrer Version und lässt sich nur umstimmen, als Dashwood die kommerzielle Notwendigkeit des *marriage plots* für den ökonomischen Erfolg des Romans erörtert. „I suppose marriage has always been an economic proposition, even in fiction"[24], stellt sie fest und lenkt schließlich ein, ihre Heldin für Geld zu verkaufen. An diesem Punkt schneidet die Kamera zu einer Familienszene, in welcher Jos Schwestern darauf drängen, dass sie Professor Bhaer, der sie besucht hat, an seiner Abreise hindert und ihn heiratet. Dabei integriert Gerwig das Ende von Alcotts Roman und suggeriert gleichzeitig, dass diese Familienszene als Jos fiktives Ende für ihre Romangeschichte im Film gelesen werden kann, welches den von Dashwood dargelegten Konventionen folgt. Die Schlusssequenz des Films wechselt in einem *Cross-Cutting* hin und her zwischen dem Romanende, welches

---

24 *Little Women*. Reg. Greta Gerwig. Columbia Pictures, 2019, 01:58:22–01:58:25.

die March-Familie in der neu gegründeten Schule von Jo und Bhaer vereinigt, und der materiellen Produktion des Buchs, durch welches Jo zur Autorin wird. Das Gewicht liegt dabei klar auf ihrer Autorschaft. Nicht nur hält Jo in ihren Verhandlungen mit Dashwood dezidiert am Besitz des Copyrights fest, sie beobachtet auch stolz jeden einzelnen der verschiedenen Produktionsschritte in der Herstellung ihres Buchs vom Schriftsatz, über den Druck, das Falten und Schneiden der Papierbögen mit einem Falzbein, die Fadenheftung und die elegante Ledereinbindung. Im letzten Schritt wird das Oval mit dem eingeprägten Titel *Little Women* und dem Namen der Autorin *J.L. March* mit Blattgold überzogen, bevor die freudig lächelnde Jo in der letzten Einstellung das erste Exemplar mit beiden Händen eng an ihren Körper hält. Ähnlich wie zuvor in *Mary Shelley* und in *To Walk Invisible* stellt das materielle Buch den handfesten Beweis ihrer Autorschaft und somit ihrer Ermächtigung durch ihr Schreiben dar (vgl. Abb. 6).

Die Rahmung von Gerwigs Film mit Jo Marchs Tätigkeit als Schriftstellerin kulminiert in der Einlösung ihrer Ambitionen: Während sie am Anfang nach der Annahme ihrer anonymen Geschichte freudig durch die Straßen rennt, hält sie am Schluss ein vollendetes Produkt in den Händen, welches sie explizit als Autorin ausweist. Gerwigs Bearbeitung fusioniert den adaptierten Text mit der Biografie der Autorin Alcott, die in *Little Women* ihre eigenen Kindheitserinnerungen verarbeitete, die selbst nie heiratete und ihre Unabhängigkeit als Autorin bewahrte.[25]

Abb. 6: Jo hält ihr Buch, Screenshot aus *Little Women* (02:09:22).

---

25 Ein anderes Beispiel, in welchem eine Romanverfilmung mit einer biografischen Erzählung kombiniert wird, ist Patricia Rozemas *Mansfield Park* (1999). Die Protagonistin Fanny Price konstituiert sich als eine Autorin, indem sie Austens Jugendwerke *schreibt*.

Während der weibliche Selbstausdruck im Roman schlussendlich zurückgebunden wird, bildet er in Gerwigs zeitgenössischer Verfilmung, die als ein implizites Alcott-Biopic gelesen werden kann, das eigentliche Kerninteresse.

6 Filmische Reflexionen weiblichen Schreibens

Im Porträtieren von weiblichen Figuren, die sich erfolgreich als Autorinnen durchsetzen, unterscheiden sich die drei Filme sowohl vom traditionellen weiblichen Biopic als auch von vielen zeitgenössischen Filmen über Schriftstellerinnen. Wie Karen Hollinger zeigt, betonen weibliche Biopics oft das Leiden und Scheitern ihrer Protagonistinnen. Die Figur der Schriftstellerin, die eigentlich in besonderem Einklang mit feministischen Ideen steht, bezahlt im literarischen Biopic ihr Talent oft mit Krankheit oder der Unfähigkeit, persönliches Glück zu finden.[26] Während die von Hollinger besprochenen Filmtraditionen Frauenfiguren verunglimpfen, abwerten oder ihre Positionierung in der kulturellen Öffentlichkeit zumindest problematisieren, statt sie für ihre Leistungen als Vorbilder zu feiern,[27] entscheiden sich Wainwright, Al-Mansour und Gerwig für ein sehr viel positiveres Narrativ über weibliche Kreativität, welches sie aus der Perspektive ihrer Protagonistinnen erzählen. Im Unterschied zu traditionellen Mustern, in welchen das Vordringen von Frauen in die öffentliche Sphäre kulturelle Ängste auslöst, feiern sie die kulturelle Sichtbarkeit ihrer Protagonistinnen. In einer selbstreflexiven Geste benutzen die drei Filmemacherinnen die Figur der Autorin als ein allgemeineres Modell für Frauen mit künstlerischen Ambitionen – auch gerade im Film.[28]

Die Töchter von Sally Potters Orlando-Figur etablieren sich in der Gegenwartskultur mehr und mehr, so dass eine allmählich zunehmende Präsenz von Frauen auch hinter der Kamera beobachtet werden kann. Ein außergewöhnliches

---

26 Vgl. Hollinger. Biopics: 115–116. Siehe auch Bingham: „Biopics of women [...] are weighted down by myths of suffering, victimization, and failure perpetuated by a culture whose films reveal an acute fear of women in the public realm". Dennis Bingham. *Whose Lives Are They Anyway? The Biopic as Contemporary Film Genre*. New Brunswick, New Jersey, London: Rutgers University Press, 2010, 10.
27 Vgl. Hollinger. Biopics: 16. Ein eklatantes Beispiel ist das Biopic *Enid* (2009), in dem Enid Blyton einerseits als eine in der Öffentlichkeit äußerst erfolgreiche Kinderbuchautorin und andererseits als eine selbstbezogene, grausame Mutter und Ehefrau dargestellt wird. Ihre Alzheimer-Erkrankung am Schluss des Films kann als eine symbolische Bestrafung sowohl für ihren Erfolg als auch ihre Unzulänglichkeit im Privaten gelesen werden.
28 Siehe dazu Shachar: „Al-Mansour essentially takes the pictorial logic of the literary biopic template and repositions it as an exploration of female subjectivity and creativity in Western culture [...]". Hila Shachar. *Screening the Author: The Literary Biopic*. Cham: Palgrave Macmillan, 2019, 185.

Filmbeispiel, welches sich explizit mit weiblichem Filmschaffen auseinandersetzt, bilden Joanna Hoggs halbbiografische Filme *The Souvenir* (2019) und *The Souvenir: Part II* (2021) über eine Filmstudentin, die von Honor Swinton gespielt wird, während ihre leibliche Mutter Tilda Swinton die Rolle der Mutter verkörpert. Doch auch die Regisseurinnen der drei besprochenen Filme stehen für eine zunehmende Sichtbarkeit von Frauen im Film: Sally Wainright als eine mehrfach ausgezeichnete Fernsehregisseurin und Drehbuchautorin; Haifaa Al-Mansour als die erste weibliche saudi-arabische Filmemacherin, die in einer Kultur aufwuchs, in der Kino verboten war; Greta Gerwig als die erst fünfte Regisseurin in der Geschichte der *Academy Awards*, die 2018 für ihren Film *Lady Bird* für einen Regie-Oscar nominiert wurde. Dass *Little Women* Gerwig zwar eine Nominierung fürs Drehbuch, nicht aber für die Regie einbrachte, wurde allerdings von vielen Beobachtenden als Zeichen dafür gelesen, dass die Abwertung von Frauen und ihrer künstlerischen Leistungen andauert und weibliche Filmschaffende noch immer um Anerkennung ringen müssen.[29]

Die drei filmischen Autorinnenporträts können im Kontext eines zunehmenden Vordringens von Frauen ins Filmschaffen gelesen werden, wobei der intermediale und medienreflexive Rückgriff auf ein anderes Medium und eine andere Zeitperiode bezeichnend ist. Das 19. Jahrhundert, in dem die drei Filme angesiedelt sind, weist eine Vielzahl von Autorinnen auf in einer Zeit, in der es sie aufgrund der bürgerlichen Geschlechterordnung eigentlich nicht geben dürfte.[30] Die Erzählungen der diskutierten Filme arbeiten mit diesem Paradox: Ihre Protagonistinnen haben als Frauen zunächst keine kulturelle Sichtbarkeit, doch setzen sie sich schließlich entgegen den vorherrschenden Geschlechterrollen erfolgreich als Autorinnen durch.[31] Im Unterschied zu Woolf und zu frühen feministischen Literaturwissenschaftlerinnen wie Sandra Gilbert und Susan Gubar, welche die Bedingungen für weibliche Autorschaft in dieser Periode problematisierten, bieten die Filme in ihren Autorinnenporträts optimistische Aktualisierungen, welche noch mehr über zeitgenössische Interessen und Anliegen aussagen als über historische Autorinnen. In ihren Verhandlungen von Autorschaft, Wertung, Kanonisierung sowie der Pro-

---

[29] Vgl. Hannah Pilarczyk. *Unverschämt weiblich: ‚Little Women' von Greta Gerwig*. https://www.spiegel.de/kultur/kino/little-women-neuverfilmung-von-greta-gerwig-unverschaemt-weiblich-a-2007808f-4871-4532-8df0-be8ef5d54cb8. Spiegel, 28. Januar 2020. (15. September 2022), Absatz 7.

[30] Vgl. Ina Schabert. *Englische Literaturgeschichte aus der Sicht der Geschlechterforschung*. Stuttgart: Kröner, 1997, 471.

[31] Während filmisch dargestellte Schriftstellerinnen aus dem 19. Jahrhundert mit gesellschaftlichen Normen kämpfen, betonen Darstellungen ihrer Kolleginnen aus dem 20. Jahrhundert in Filmen wie *The Hours*, *Iris*, *Sylvia* und *Shirley* Krankheit und Selbstzerstörung. Vgl. Haiduc. Woman Writer: 61.

duktions- und Rezeptionsbedingungen betonen die filmischen Inszenierungen der porträtierten Autorinnenfiguren sowohl ihre Kreativität als auch ihre Durchsetzungskraft, so dass sie als ermächtigende Vorbilder funktionieren können.

Ungeachtet der darstellerischen Schwierigkeiten literarischen Schreibens im Film stellt die Schriftstellerin eine attraktive Verkörperung von weiblicher Schaffenskraft dar. Im Vergleich zum Medium Literatur gestaltet sich die Frage der Autorschaft im Film ungleich komplizierter, da der filmische Apparat auf einem kollaborativen Mediensystem mit vielen verschiedenen Beteiligten beruht. Die sogenannte *Auteur*-Theorie schrieb gewissen (männlichen) Regisseuren den Status von Autoren zu, weil sie trotz der komplexen medialen Produktionsbedingungen des Films angeblich über eine eigene ästhetische Handschrift verfügten.[32] Diese Vorstellung einer individuellen Ausdrucksästhetik wurde in der Filmwissenschaft oft kritisiert und weitgehend verabschiedet, auch wenn zum Teil eingeräumt wurde, dass die Kritik an der Vorstellung von Autorschaft den Anliegen von weiblichen oder anderen marginalisierten Filmschaffenden, die von der Sichtbarkeit und dem Status der Autorschaft profitiert hätten, zuwiderlief.[33] Bezeichnenderweise schaffen sich Wainright, Al-Mansour und Gerwig künstlerische Alter Egos in Schriftstellerinnen, die im engen Austausch mit ihren häuslichen und intellektuellen Gemeinschaften schreiben und sich zugleich als Individuen profilieren. Der Umstand, dass diese Autorinnen in den Filmen von weiblichen Figuren inspiriert und gelesen werden, kann als eine Hoffnung auf die Herausbildung weiblicher Netzwerke und Traditionen auch im Film gelesen werden.[34]

In den analysierten Filmen lässt sich eine Form der Remediation beobachten, die ein spezifisches Gendering aufweist. Mit ihrem Begriff der Remediation beschreiben Jay David Bolter und Richard Grusin die Art und Weise, wie Medien die Techniken, Formen und sozialen Bedeutungen anderer Medien aufgreifen und

---

[32] Einen Überblick über die Entwicklung der *Auteur*-Theorie bietet Susan Hayward. *Key Concepts on Cinema Studies*. London und New York: Routledge, 1996, 12–20. Siehe auch Bennett. Author: 103–107.

[33] Vgl. Julian North. „Romantic Genius on Screen: Jane Campion's *Bright Star* (2009) and Julien Temple's *Pandaemonium* (2000)". *The Writer on Film: Screening Literary Authorship*. Hg. Judith Buchanan. Houndmills, Basingstoke, New York: Palgrave Macmillan, 2013. 77–91, hier 79; Shachar. Screening the Author: 185–187.

[34] Dazu passt O'Haras Feststellung, dass weibliche Regisseurinnen die Präsenz von Frauen im Filmschaffen verstärken, indem sie mit höherer Wahrscheinlichkeit mit Frauen zusammenarbeiten, die wiederum interessantere Rollen für weibliche Stars schaffen. „Studies show that films with female directors hire 59 per cent female writers, compared to 13 per cent female writers on male-directed films; 43 per cent female editors compared to 19 per cent; 21 per cent female cinematographers compared to 2 per cent". O'Hara. Women vs Hollywood: 209.

bearbeiten.[35] Das bedeutet, dass sich jedes Medium erst durch seinen Bezug auf ein anderes definiert und sich Medien gegenseitig umgestalten. Die Remediation in den hier diskutierten Filmen ist insofern gegendert, als die unter weiblicher Regie entstandenen Filme die erfolgreiche Behauptung weiblicher Autorschaft in der Literatur zeigen, während im Mediensystem Film weibliche Filmschaffende noch immer um Anerkennung kämpfen müssen. Die Darstellung weiblicher Autorinnen bei Wainright, Al-Mansour und Gerwig kann verstanden werden als Zeichen eines verstärkten Interesses am künstlerischen Ausdruck und der kulturellen Visibilität von Frauen in gesellschaftlichen Kontexten, in welchen die Bedingungen dazu noch nicht vollumfänglich gegeben sind. Ihre Autorinnenporträts laden ein, über weibliche Kreativität, Ermächtigung und Selbstbestimmung nachzudenken. Die Figur der Autorin wird von diesen weiblichen Filmschaffenden eingesetzt, um weibliche Perspektiven zu fokussieren und sie auf ihre kulturelle Position hin zu überprüfen. Es wird interessant sein zu beobachten, ob und wie dieser intermediale Blick des Films auf literarische Autorinnen im weiblichen Filmschaffen weiterentwickelt wird, während sich weibliche Filmschaffende in Zukunft noch stärker etablieren.

Literatur- und Filmverzeichnis

Alcott, Luisa May. *Little Women.* London: Penguin, 2012.
Barthes, Roland. „The Death of the Author". *Image Music Text.* Hg. Stephen Heath. London: Fontana Press, 1977. 142–148.
Barthes, Roland. *S/Z.* Übers. Richard Miller. Oxford: Blackwell, 1990.
Barthes, Roland. *Die Lust am Text.* Übers. Traugott König. Frankfurt a. M.: Suhrkamp, 1992.
Bennett, Andrew. *The Author.* London und New York: Routledge, 2005.
Bingham, Dennis. *Whose Lives Are They Anyway? The Biopic as Contemporary Film Genre.* New Brunswick, New Jersey, London: Rutgers University Press, 2010.
Bolter, Jay David, und Richard Grusin. *Remediation: Understanding New Media.* Cambridge, Mass. und London: MIT Press, 2000.
Buchanan, Judith. „Introduction. Image, Story, Desire: The Writer on Film". *The Writer on Film: Screening Literary Authorship.* Hg. Judith Buchanan. Houndmills, Basingstoke, New York: Palgrave Macmillan, 2013. 3–32.
Burke, Seán. „Feminism and the Authorial Subject". *Authorship: From Plato to the Postmodern. A Reader.* Hg. Seán Burke. Edinburgh: Edinburgh University Press, 1995. 145–150.
Cheshire, Ellen. *Bio-pics: A Life in Pictures.* London und New York: Wallflower, 2015.
Gilbert, Sandra M., und Susan Gubar. *The Madwoman in the Attic: The Woman Writer and the Nineteenth-Century Literary Imagination.* New Haven und London: Yale University Press, 1984.

---

35 Laut Bolter und Grusin ist Remediation für die Definition von Medien unerlässlich: „a medium ist that which remediates". Jay David Bolter und Richard Grusin. *Remediation: Understanding New Media.* Cambridge, Mass. und London: MIT Press, 2000, 65.

Haiduc, Sonia. „'Here is my story of my career…': The Woman Writer on Film". *The Writer on Film: Screening Literary Authorship.* Hg. Judith Buchanan. Houndmills, Basingstoke, New York: Palgrave Macmillan, 2013. 50–63.
Hayward, Susan. *Key Concepts on Cinema Studies.* London und New York: Routledge, 1996.
Hollinger, Karen. *Biopics of Women.* London und New York: Routledge, 2020.
Johnson, Barbara. „My Monster/My Self". *Diacritics* 12.2 (1982): 2–10.
Little Women. Reg. Greta Gerwig. Columbia Pictures, 2019.
Mary Shelley. Reg. Haaifa Al-Mansour. HanWay Films, BFI, 2017.
Metten, Thomas, und Michael Meyer. „Reflexion von Film – Reflexion im Film". *Film. Bild. Wirklichkeit: Reflexion von Film – Reflexion im Film.* Hg. Thomas Metten und Michael Meyer. Köln: Herbert von Halem, 2016. 9–70.
Nieberle, Sigrid. „Schreibsequenz – Schriftsequenz: Literaturgeschichten im *Biopic*". *Literaturgeschichte und Bildmedien.* Hg. Achim Hölter und Monika Schmitz-Emans. Heidelberg: Synchron, 2015. 231–244.
North, Julian. „Romantic Genius on Screen: Jane Campion's *Bright Star* (2009) and Julien Temple's *Pandaemonium* (2000)". *The Writer on Film: Screening Literary Authorship.* Hg. Judith Buchanan. Houndmills, Basingstoke, New York: Palgrave Macmillan, 2013. 77–91.
Orlando. Reg. Sally Potter. Sony Pictures Classics, 1992.
O'Hara, Helen. *Women vs Hollywood: The Fall and Rise of Women in Film.* London: Robinson, 2021.
Pilarczyk, Hannah. *Unverschämt weiblich: ‚Little Women' von Greta Gerwig.* https://www.spiegel.de/kultur/kino/little-women-neuverfilmung-von-greta-gerwig-unverschaemt-weiblich-a-2007808f-4871-4532-8df0-be8ef5d54cb8. Spiegel, 28. Januar 2020 (15. September 2022).
Rajewsky, Irina O. *Intermedialität.* Tübingen und Basel: Francke, 2002.
Schabert, Ina. *Englische Literaturgeschichte aus der Sicht der Geschlechterforschung.* Stuttgart: Kröner, 1997.
Shachar, Hila. „Authorial Histories: The Historical Film and the Literary Biopic". *A Companion to the Historical Film.* Hg. Robert A. Rosenstone und Constantin Parvulescu. Malden, Mass., Oxford, Chichester: Wiley-Blackwell, 2013. 199–218.
Shachar, Hila. *Screening the Author: The Literary Biopic.* Cham: Palgrave Macmillan, 2019.
Shachar, Hila. „Muse, Sister, Myth: The Cultural Afterlives of Emily Brontë on Screen". *Brontë Studies* 45.2 (2020): 183–195.
Shelley, Mary. *Frankenstein or The Modern Prometheus.* Oxford: Oxford University Press, 1998.
The Souvenir. Reg. Joanna Hogg. A24, BBC, BFI, 2019.
The Souvenir: Part II. Reg. Joanna Hogg. A24, BBC, BFI, 2021.
To Walk Invisible. Reg. Sally Wainright. BBC, 2016.
Woolf, Virginia. *Orlando.* London: Penguin, 1993.
Woolf, Virginia. *A Room of One's Own & Three Guineas.* London: Vintage, 2001.

Teil III: Zwischen Literatur und Film

Judith Niehaus
Flatternde Seiten statt ratternder Kinematographen

Das Daumenkino als Ausgangspunkt intermedialer Reflexion

Unter intermedialen Referenzen zwischen Literatur und Film kann man sich ratternde Kinematographen in Romanen wie Christian Krachts *Imperium* (2012) vorstellen oder Schreib- und Lesezenen in Spielfilmen, in denen, wie beispielsweise in *The Pillow Book* (1996)[1], nicht nur in Büchern geblättert wird, sondern auch Papier (und andere Materialien) beschriftet und beschrieben werden. Das Rattern des Kinematographen kann aber auch mit dem Flattern der Seiten zusammenfallen, und zwar im Medium des Daumenkinos: Es besteht aus gebundenen Seiten und hat damit die Form eines Buchs, es zeigt jedoch gleichzeitig Bilder, die zu einer Bewegung animiert werden, und gleicht damit dem Film.

Das kleine, kindlich-verspielte, allgemein bekannte Daumenkino ist – so ist die Ausgangsthese dieses Beitrags – intrinsisch intermedial. Im Folgenden wird argumentiert, dass sich im Daumenkino als *dazwischenliegendem, ephemerem* Medium die intermedialen Referenzen zwischen Buch und Film materialisieren und zugleich das Daumenkino *in* Literatur und Film Anlass zur Reflexion der eigenen und der je anderen medialen und materiellen Form bietet. Dieses spezifische Potenzial des Daumenkinos soll mittels eines Dreischritts aufgezeigt und dabei ein Vorsatz Ian Christies eingelöst werden: „Taking Intermediate and Ephemeral Forms Seriously"[2]. Dazu wird zunächst das Daumenkino im medienhistorischen und -theoretischen *Dazwischen* verortet, anschließend illustrieren einige Beispiele die formalen und medialen Charakteristika des Daumenkinos, und abschließend zeigen einige Daumenkinos *in* Filmen bzw. Romanen sowie umgekehrt, zu Daumenkinos transformierte Bücher und Filme, auf, wie das Daumenkino zum Ausgangs- und sogar Angelpunkt intermedialer Reflexion wird.

---

1 Vgl. *The Pillow Book*. Reg. Peter Greenaway. Prokino, 1996.
2 So der Titel von Christies Beitrag, in dem er auch das Daumenkino thematisiert; Ian Christie. „Moving-Picture Media and Modernity. Taking Intermediate and Ephemeral Forms Seriously". *Comparative Critical Studies* 6.3 (2009): 310–312.

∂ Open Access. © 2024 bei den Autorinnen und Autoren, publiziert von De Gruyter. Dieses Werk ist lizenziert unter einer Creative Commons Namensnennung 4.0 International Lizenz.
https://doi.org/10.1515/9783110774337-009

1 Im Dazwischen

Pascal Fouché bezeichnet auf seiner Website *flipbook.info*, wo man tausende archivierte Daumenkinos finden kann, dieses als *forme artistique à mi-chemin entre livre et cinéma*, also als *Mittelding zwischen Buch und Film*.[3] Schon die im anglo- und frankophonen Raum gebräuchliche Bezeichnung *Flipbook* in Gegenüberstellung mit dem deutschen Ausdruck Daumenkino macht deutlich, dass das Daumenkino in einem medialen Zwischenraum anzusiedeln ist. Für die Fragen nach intermedialen Referenzen und intermedialer Reflexivität, die in diesem Sammelband gestellt werden, ist dieser *Mittelding-Charakter*, diese Verortung des Daumenkinos in einem *Zwischenraum* besonders relevant.

Das *Dazwischen* ist zunächst einmal als historisches zu verstehen: Das Daumenkino, bzw. das Abblätterbuch oder die *Lebende Photographie*[4], wie es in seiner Frühzeit auch genannt wurde, ist verwandt mit wichtigen Vorformen des bewegten Bilds. Die engste Verwandtschaft besteht dabei mit Apparaturen wie dem Mutoskop oder dem Folioskop, die das Prinzip des Daumenkinos mechanisiert haben und ebenfalls im Abblättern von Einzelbildern bestehen. Häufig wird das Daumenkino auch in eine Reihe mit optischen Spielzeugen und Instrumenten bewegter Bilder wie dem Thraumatrop, dem Phenakistiskop oder dem Zoetrop gestellt, die jeweils auf Drehungen statischer Bilder basieren.[5]

Nicht als *Zwischenstation* einer Entwicklungsgeschichte, sondern im *Dazwischen* verschiedener Künste skizziert Jörg Jochen Berns das Daumenkino:

> Das Daumenkino kommt nicht von schlechten Eltern. Weil an seiner Zeugung aber drei statt der üblichen zwei Eltern beteiligt waren, ist ein bei aller Simplizität und demonstrativen Naivität dubioses Ding entstanden, ein Wechselbalg dreier Künste: der Buchkunst, der Gaukelkunst und der Kinokunst.[6]

---

[3] Die Website ist auf Französisch und Englisch verfügbar: Pascal Fouché. *flipbook.info*. http://www.flipbook.info/. 2022 (15. März 2022).

[4] Die *Lebenden Photographien* wurden ab 1895 von Max Skladanowsky vertrieben und hergestellt, wozu er – die medienhistorische Entwicklung gewissermaßen umkehrend – seine Filmstreifen zerschnitt. Vgl. Pascal Fouché. „Versuch einer Geschichte des Daumenkinos". *Daumenkino. The Flip Book Show. Katalog zur Ausstellung in der Kunsthalle Düsseldorf, 7. Mai – 17. Juli 2005*. Hg. Jörg Jochen Berns und Daniel Gethmann. Köln: Snoeck, 2005. 10–23, hier 15.

[5] Für eine ausführliche Darstellung der (Vor-)Geschichte des Daumenkinos unter Berücksichtigung der Patentgeschichte und mit zahlreichen Abbildungen vgl. Wiebke K. Fölsch. *Buch, Film, Kinetiks. Zur Vor- und Frühgeschichte von Daumenkino, Mutoskop & Co*. Berlin: Universitätsbibliothek der Freien Universität, 2011, 82.

[6] Jörg Jochen Berns. „Horribilicinefax. Von Geburt und Gebaren des Daumenkino-Flipp-Flick-Muto-Blow & Gaukelbuchs". *Daumenkino. The Flip Book Show. Katalog zur Ausstellung in der Kunsthalle*

Es handelt sich in diesem Zitat – trotz der etwas irritierenden Filiationsmetaphorik – gerade nicht um eine Genese, was schon dadurch augenfällig wird, dass der Film – und zwar als Weiterentwicklung des Prinzips des Daumenkinos – erst deutlich später entwickelt wurde. Relevant ist an dieser Stelle insbesondere der zusätzliche Faktor, auf den Berns als eine dritte Verwandtschaft des Daumenkinos neben dem Film und dem Buch aufmerksam macht. Gaukler und Trickkünstler haben zum Beispiel auf Jahrmärkten Effekte eingesetzt, die auf dem raschen Blättern im präparierten Buch basieren. Dabei wurde beispielsweise mit einem bestimmten Griff effektvoll zu einer bestimmten Seite geblättert, die als Vorhersage für die Zukunft eines Kunden oder einer Kundin diente.[7] Derlei Formen des *Magic Book* oder *Gauklerbuch* existierten schon deutlich vor der zweiten Hälfte des 19. Jahrhunderts, die als erste wichtige Phase des Daumenkinos gelten kann.[8]

Als vierte Kunstsparte, in der sich das Daumenkino etablieren konnte und eine neuerliche Konjunktur seit etwa den 1960er Jahren erlebte, wäre die bildende Kunst, oder konkreter: das Künstlerbuch zu nennen.[9] Doch Daumenkinos findet man nicht nur im Museum, sondern auch im Kinder- bzw. Klassenzimmer, was den Blick auf eine fünfte und letzte Verwandtschaftsbeziehung öffnet. Dabei erfüllt das Daumenkino durch seinen interaktiven Charakter erstens Funktionen eines Spielzeugs; zweitens besteht, wie auch Jens Thiele[10] ausführlich darstellt, ein enger Zusammenhang zwischen Daumenkino und Bilderbuch; und drittens ist auch an medienpädagogische und didaktische Projekte oder Unterrichtskonzepte zu denken, in denen anhand teilweise selbstgebastelter Daumenkinos der Film als Abfolge von Einzelbildern, die Funktionsweise des menschlichen Auges und grundlegende Gesetze der Optik vermittelt werden sollen.[11] Das Daumenkino befindet sich also in einem Spannungsfeld unterschiedlicher Medien und Bereiche: Film, Buch, Gaukelei,

---

Düsseldorf, 7. Mai – 17. Juli 2005. Hg. Jörg Jochen Berns und Daniel Gethmann. Köln: Snoeck, 2005. 26–33, hier 26.

7 Vgl. Berns. Horribilicinefax: 27–30.
8 Vgl. Fouché. Versuch einer Geschichte des Daumenkinos: 10, 12 und 21.
9 Ausführlicher zur Konjunktur des Daumenkinos in der Kunst seit den 1960er Jahren vgl. die Beiträge von Christoph Benjamin Schulz und Cecile Starr. *Daumenkino. The Flip Book Show. Katalog zur Ausstellung in der Kunsthalle Düsseldorf, 7. Mai – 17. Juli 2005.* Hg. Jörg Jochen Berns und Daniel Gethmann. Köln: Snoeck, 2005. Zu den Protagonist:innen dieser Konjunktur zählen beispielsweise Robert Breer und George Griffin.
10 Vgl. Jens Thiele. „Filmische Spuren im Bilderbuch. Wie sich Daumenkino und Bildergeschichten für Kinder berühren". *Daumenkino. The Flip Book Show. Katalog zur Ausstellung in der Kunsthalle Düsseldorf, 7. Mai – 17. Juli 2005.* Hg. Jörg Jochen Berns und Daniel Gethmann. Köln: Snoeck, 2005. 230–235.
11 Vgl. z. B. Daniel Ammann und Arnold Fröhlich (Hg.). *Trickfilm entdecken. Animationstechniken im Unterricht.* Zürich: Pestalozzianum, 2008.

bildende Kunst und Spielzeug. Bei der Verortung in einem solchen *Dazwischen* geht es gerade nicht um die Einfügung des Daumenkinos in eine teleologische Mediengeschichte, sondern darum, seine medialen Verwandtschaften aufzuzeigen und seinen Status in einer Medienlandschaft und -theorie zu sondieren. Welches Potenzial eine solche, medienarchäologisch orientierte Herangehensweise hat, zeigt beispielsweise Jens Schröter auf: Ihm zufolge vermag das Daumenkino, ebenso wie andere optische Medien, etwa lentikulare Bilder, die „Dichotomie unbewegtes/bewegtes Bild zumindest [zu] irritieren"[12].

Mit welchen theoretischen Begrifflichkeiten ist nun aber das Daumenkino zu erfassen? Die Medien- und Literaturwissenschaft stellt bekanntermaßen verschiedene Termini und Konzepte bereit, die gerade auf ein *mediales Dazwischen* abzielen. Dabei sieht Irina Rajewsky einen strukturellen Unterschied zwischen zwei „in sich natürlich wiederum heterogenen Polen der Intermedialitätsforschung": eine eher literaturwissenschaftlich geprägte Perspektive auf Intermedialität als Phänomen in einzelnen Werken auf der einen Seite, und „Ansätze, die sich etwa Fragen der Mediengenealogie, der Medienerkenntnis oder der grundsätzlichen Funktionslogik von Medien widmen"[13] auf der anderen Seite.

Für das Daumenkino sind beide Perspektiven relevant. Fragt man nach dem Status des Daumenkino im Allgemeinen und im Spannungsfeld anderer Medien, ist diese Frage in die letztere Tendenz einzuordnen, die Rajewsky anhand von David Jay Bolters und Richard Grusins *Remediation. Understanding New Media* (1999) darstellt. Auch wenn Bolter und Grusin darin an einer latent teleologischen Mediengeschichte mitzuschreiben scheinen, beschreibt das in Anschluss an Marshall McLuhan formulierte Verständnis von *remediation* als strukturelles Phänomen, bei dem ein Medium in einem anderen Medium enthalten ist oder repräsentiert wird,[14] das Daumenkino recht treffend: Das Medium Film ist, im Falle des Daumenkinos, im Medium des Buchs enthalten, wird darin repräsentiert.

Ein Verständnis des Daumenkinos als *remediation* des Films im Buch würde es jedoch als eigenständiges Medium mit all den oben skizzierten Verwandtschaften nicht ausreichend beschreiben. Um diese multiplen Bezüge und womöglich auch *remediations* zu erfassen, verwendet Alexander Streitberger den Begriff des *Inter-*

---

12 Jens Schröter. „Sehr kurze Bewegungsbilder. Zu einer kleinen Form". *Kulturen des Kleinen. Mikroformate in Literatur, Kunst und Medien.* Hg. Claudia Öhlschläger, Sabiene Autsch und Leonie Süwolto. Paderborn: Fink, 2014. 249–264, hier 256.
13 Irina Rajewsky. „Intermedialität und *remediation*. Überlegungen zu einigen Problemfeldern der jüngeren Intermedialitätsforschung". *Intermedialität – Analog/Digital.* Hg. Jens Schröter und Joachim Paech. Paderborn: Fink, 2008. 47–60, hier 48.
14 Vgl. Jay David Bolter und Richard Grusin. *Remediation. Understanding New Media.* Cambridge, Mass.: MIT Press, 2000, 45.

mediums. Der Ausdruck wurde von Dick Higgins in den 1960er Jahren geprägt, der damit auf eine zeitgenössische Tendenz zu Kunstformen und -richtungen wie *happenings, mail art* und Fluxus reagiert – in die sich auch das Daumenkino, insbesondere mit Blick auf seine oben bereits erwähnte Konjunktur zur selben Zeit, einfügt: „Much of the best work being produced today seems to fall between media."[15]

Diese Idee der „hybrid art form" bzw. der „conceptual fusion"[16] ist vergleichbar mit jener Unterform der Intermedialität, die Rajewsky als *Medienkombination* bezeichnet;[17] wie die von Rajewsky genannten Beispiele zeigen, verhandelt sie darunter – anders als Higgins – auch etablierte Kunstformen, beispielsweise die Oper im Allgemeinen, und nicht nur einzelne Kunstwerke im Besonderen.[18]

Eine zweite der insgesamt drei Intermedialitätsformen, die Rajewsky differenziert und die für das Daumenkino im Kontext der nachfolgenden Beispiele relevant werden, ist jene der *intermedialen Bezüge*. Denn aufgrund der hybriden medialen Form kann das Daumenkino als Knotenpunkt für intermediale Bezüge gelten: Einerseits kann es selbstreflexiv auf Charakteristika der einzelnen eigenen Teilmedien verweisen, also mittels intermedialer Bezüge im Daumenkino z. B. das Buch oder den Film reflektieren; andererseits können durch intermediale Bezüge auf das Daumenkino, etwa im Film, wie nachfolgende Beispiele zeigen werden, intermediale Bezüge zweiter Stufe, also durch das Daumenkino erzeugt werden.

Damit gelangt dieser – aufgrund der gegebenen Kürze die einzelnen Stationen nur touchierende – Rundweg durch die möglichen medientheoretischen und terminologischen Einordnungen des Daumenkinos bei der zuvor erstgenannten Form der Intermedialität an: der Intermedialität als Phänomen *in* einzelnen Werken.

---

15 Dick Higgins. „Intermedia". *Leonardo* 34.1 (2001): 49–54, hier 49.
16 Alexander Streitberger. „Living Photographs or Silent Films? The Flipbook as a Critical Object Between Tactility and Virtuality". *Image & Narrative* 16.3 (2015): 31–44, hier 35–36.
17 Für eine Übersicht der verschiedenen Typen von Intermedialität vgl. Irina O. Rajewsky. *Intermedialität*. Tübingen: Francke, 2002. 19. Zum Vergleich mit Higgins' *intermedia*-Konzept vgl. auch Irina O. Rajewsky. „Intermediality, Intertextuality, and Remediation. A Literary Perspective on Intermediality". *Intermédialités* 6 (2011): 43–64, hier 51.
18 Mit Blick auf das Daumenkino stellt sich dabei die Frage, ob womöglich ein noch weiterführender Begriff als *Intermedialität* geeignet wäre, der auch die besondere Materialität des Mediums zu erfassen vermag. Dazu würde sich schlüssigerweise die *Intermaterialität* anbieten, die Christoph Kleinschmidt definiert als „die direkte oder indirekte Relation zweier oder mehrerer Artefakte, Zeichengebilde, Künste, Medien oder Dingmaterialien, wenn sie auf materialer Ebene interagieren" (Christoph Kleinschmidt. *Intermaterialität. Zum Verhältnis von Schrift, Bild, Film und Bühne im Expressionismus*. Bielefeld: transcript, 2012, hier 43). Das komplexe Dispositiv des Daumenkinos, bei dem es sich um das Medium des Films im Material des Buches zu handeln scheint, könnte hinsichtlich der Intermaterialität neue Fragen aufwerfen, die hier zu stellen oder zu beantworten jedoch den Rahmen sprengen würde.

Dieses Potenzial des Daumenkinos als Ausgangspunkt und Reflexionsinstrument für Intermedialität und *acts of remediation* wird im fünften Abschnitt dieses Beitrags anhand einiger Beispiele aus Literatur und Film erörtert. Um dieses Potenzial genauer fassen zu können und um das Daumenkino als eigenständiges Medium mit spezifischen formalen und medialen Merkmalen ernst zu nehmen, werden zunächst – und nach einem kurzen Exkurs zu einem bekannten Daumenkino-Enthusiasten – diese Charakteristika ebenfalls entlang illustrierender Beispiele herausgearbeitet.

2 Exkurs: Das Daumenkino als Metapher – Walter Benjamin

Der in der Forschungsliteratur zum Daumenkino meistzitierte Theoretiker und Philosoph ist mit Sicherheit Walter Benjamin, was angesichts seiner (Sammel-)Leidenschaft für Spielzeug, Bilderbücher und Papierspielereien wenig überrascht. In seinem Aufsatz *Das Kunstwerk im Zeitalter seiner technischen Reproduzierbarkeit* nennt Benjamin das Daumenkino explizit als Vorstufe des Films und als Beispiel dafür, wie eine Technik auf eine (zukünftige) Kunstform hinarbeiten kann: „Ehe der Film auftrat[,] gab es Photobüchlein, deren Bilder durch einen Daumendruck schnell am Beschauer vorüberflitzend, einen Boxkampf oder ein Tennismatch vorführten"[19].

Interessanter und weit über die oben bereits skizzierten mediengenealogischen Überlegungen hinausgehend ist jedoch die Bedeutung des Daumenkinos als Metapher, wie sie sich ausgehend von, in und für Benjamins *Berliner Kindheit um neunzehnhundert* (1938) entfaltet. In einer frühen Fassung des Schlusstextes dieses Werkes, *Das bucklichte Männlein*, wird der Rückblick auf das eigene Leben, „von dem man sich erzählt, daß es vorm Blick der Sterbenden vorüberzieht", mit einem Daumenkino verglichen:

> Sie [die Einzelbilder aus dem Leben, die das ‚Männlein' von den Menschen habe; meine Anmerkung, J. N.] flitzen rasch vorbei wie jene Blätter der straff gebundenen Büchlein, die einmal Vorläufer unserer Kinematographen waren. Mit leisem Druck bewegte sich der Daumen an

---

[19] Walter Benjamin. „Das Kunstwerk im Zeitalter seiner technischen Reproduzierbarkeit". *Gesammelte Schriften I.2*. Hg. Rolf Tiedemann und Hermann Schweppenhäuser. Frankfurt a. M.: Suhrkamp, 1991. 471–508, hier 500–501.

ihrer Schnittfläche entlang; dann wurden sekundenweise Bilder sichtbar, die sich voneinander fast nicht unterscheiden.[20]

Mit Michael Levine lässt sich die Bedeutung des Daumenkinos und der *cinematographic language* von dieser Passage über *Der Erzähler* (1932) bis hin zu den geschichtsphilosophischen Thesen verfolgen.[21] Levine zitiert den Beginn der fünften These: „Das wahre Bild der Vergangenheit huscht vorbei. Nur als Bild, das auf Nimmerwiedersehen im Augenblick seiner Erkennbarkeit eben aufblitzt, ist die Vergangenheit festzuhalten."[22] Dabei bleiben, und dies ist beim Daumenkino deutlicher und greifbarer als beim Film, die Einzelbilder als disparate vorhanden; so, wie der kontinuierliche Bildfluss des Daumenkinos auf der Trägheit des Auges basiert, ist das historische Kontinuum ein gemachtes.

Dass für Benjamin das Daumenkino nicht nur als *Metapher* dient, mit der – ausgehend von der „Fotografiemetapher der *Berliner Chronik* (1936), die die Momentaufnahme als Medium des Gedächtnisses bestimmt hatte" – nun „Buch, Fotobild und Bild als drei verschiedene Archivierungsmethoden"[23] verschmelzen, sondern auch zum Modus des eigenen Schreibens in der *Berliner Kindheit* wird, zeigt Heiko Reisch. Er liest die Szenenfolge, die einzelnen kurzen Texte selbst als Einzelblätter eines Daumenkinos, mit denen „in einem Medienwechsel jene Bilder zu einem Text transformiert, in denen die Struktur des Gedächtnisses bewahrt bleibt"[24]: Der Metapher des Daumenkinos im Text folgend, wird die *Berliner Kindheit* selbst zu einem Daumenkino, in dem das „Archiv des Augenblicks [...] zu einem der Dauer überführt [wird], ohne seine Eigenart gänzlich zu verlieren."[25]

3 Charakteristische Merkmale

Spätestens seit ihrer Etablierung in der bildenden Kunst haben Daumenkinos immer wieder selbstreferenziell Merkmale thematisiert, die für das Medium cha-

---

20 Walter Benjamin. „Berliner Kindheit um Neunzehnhundert". *Gesammelte Schriften IV.1.* Hg. Tillman Rexroth. Frankfurt a. M.: Suhrkamp, 1991. 235–304, hier 304.
21 Michael G. Levine. „Outtakes of a Life. On a Cinematographic Moment in Benjamin's *The Storyteller*". *MLN* 134.5 (2019): 1008–1036, hier 1029.
22 Walter Benjamin. „Über den Begriff der Geschichte". *Gesammelte Schriften I.2.* Hg. Rolf Tiedemann und Hermann Schweppenhäuser. Frankfurt a. M.: Suhrkamp, 1991. 691–704, hier 695.
23 Heiko Reisch. *Das Archiv und die Erfahrung. Walter Benjamins Essays im medientheoretischen Kontext.* Würzburg: Königshausen & Neumann, 1992, 85–86.
24 Ebd.
25 Ebd.

rakteristisch sind. Die folgende Darstellung greift teilweise auf derlei selbstreferenzielle Daumenkinos zurück, öffnet aber auch den Blick auf neuere Trends im Bereich der *Flipbook*-Produktion, um die wichtigsten Charakteristika des Mediums zu illustrieren. Fünf Aspekte sollen hier schlaglichtartig beleuchtet werden: (1) Animation und Bewegung, (2) Zeit und Chronologie, (3) Kopräsenz und Körper, (4) Ton und Sprache sowie (5) Text und Buch.

(1) Das Grundprinzip des Daumenkinos besteht darin, dass durch die schnelle Abfolge statischer Einzelbilder eine Bewegung erzeugt wird. Das Daumenkino steht damit nicht nur in direktem Zusammenhang mit der frühen Bewegungsfotografie, z. B. von Eadweard Muybridge, sondern ist auch maßgeblich für die Erfindung des Animationsfilms und der Bewegung bzw. Belebung unbelebter Elemente. In seinem *Flipbook* mit dem Titel *Dot Challenge* (2020)[26] beispielsweise stellt sich der erfolgreiche Daumenkino-YouTuber *Andymation* der Herausforderung, nur mittels Punkten (und Farbe) eine Geschichte zu erzählen: Die Punkte bewegen sich, ahmen einander nach, vollziehen anthropomorphisierte Gesten wie freudiges Hüpfen, verfolgen einander und berühren sich. Dass schließlich, angeregt durch das Hüpfen und die Interaktion, alle zuvor schwarzen Punkte in Bewegung versetzt werden, ihre Farbe ändern und so eine vielfarbige und muntere Menge bilden, ist der Schlusspunkt der kurzen, von Kitsch nicht freien Filmerzählung.

(2) Obwohl die *Dot Challenge*, wie der Künstler zuvor hervorhebt, mit 900 Blatt ein überaus umfängliches Daumenkino-Projekt ist und deshalb nicht mehr in einem Stück abgespielt werden kann, hat der resultierende Film nur eine Länge von gut einer Minute. Insgesamt zeichnen sich Daumenkinos also durch ihre Kürze aus: Wenn man eine Bildfrequenz von 10 bis 15 Bildern pro Sekunde zugrunde legt, was für einen einigermaßen durchgehenden Bildfluss nötig ist, sind für eine Filmlänge von 20 Sekunden bereits 200 bis 300 Blatt erforderlich – schnell wird ein so dickes Daumenkino, wie im Falle der *Dot Challenge*, unhandlich und Hilfsmittel oder Schnitttechniken werden nötig, um einen durchgehenden Film zu produzieren.

Trotz der optisch und filmtechnisch notwendigen minimalen Abspielgeschwindigkeit ist die Abspieldauer des Daumenkinos jedoch individuell: Der *Film* kann jederzeit gestoppt werden, das Prinzip des *Filmstills* ist dem Konzept inhärent. Das Daumenkino *Stopping Time (the movie)*[27] von Norman B. Colp reflektiert – mittels seines Titels – genau diesen Umstand und setzt gleichzeitig voraus, dass die Seiten ohne Unterbrechung abgeblättert werden, damit die bezifferte Sekundenzahl erreicht wird, denn es läuft ein Countdown von acht auf null Sekunden, wobei die

---

[26] Ein Video des abgeblätterten Daumenkinos ist auf YouTube verfügbar: Andymation. *Dot Challenge*. https://www.youtube.com/watch?v=hCPdPc553yE. 2020 (3. August 2022).
[27] Im Katalog von Pascal Fouché ist dieses Daumenkino erfasst: Norman B. Colp. *Stopping Time (the movie)*. www.flipbook.info/fiche.php?id=3533. 2001 (3. August 2022).

visuelle Gestaltung an Startbänder im Film angelehnt ist und so auf das verwandte Medium verweist.

Die Zeit kann im Daumenkino nicht nur gestoppt, sondern auch – das bietet sich bei der Kürze an – beliebig oft wiederholt werden. Besonders interessant jedoch ist, dass im Daumenkino die Zeit und somit die Chronologie umgekehrt werden kann, denn dazu genügt es, die Seiten rückwärts abzublättern oder aber die Reihenfolge der Blätter zu vertauschen. So wird beispielsweise in dem auf YouTube äußerst erfolgreichen Daumenkino *In Our Life* (2016)[28] eine Geschichte rückwärts erzählt. Es handelt sich bei diesem Daumenkino um eine für einen Heiratsantrag angefertigte Auftragsarbeit von *The Flippist*, das mit dem Bild eines alten Paars *70 years from now* beginnt und nach einigen Stationen der *time in between* bei der *right now* gestellten Frage endet: „Will you marry me?".

(3) Heiratsantragsdaumenkinos scheinen ein überaus erfolgreiches Subgenre darzustellen, und der Grund dafür liegt mit Sicherheit in der spezifischen Körperlichkeit des Abspielens und der körperlichen Nähe beim Betrachten von Daumenkinos. Natürlich können Daumenkinos auch allein angesehen werden, häufig jedoch zeigt eine Person einer anderen das Daumenkino – so wie der Trickkünstler das Gauklerbuch seinem Publikum zeigte. Diese Rezeptionskonstellation ist für Heiratsantragsdaumenkinos zentral, so auch in einem zweiten Beispiel von *The Flippist:* In diesem Falle wird das materielle Daumenkino als drittes Element zwischen den beiden neu Verlobten besonders fruchtbar gemacht, indem sich ein durch *Cut Outs* realisiertes Kästchen öffnet, wobei der reale Verlobungsring in das Objekt Buch eingebunden ist.[29]

Nicht nur bei einer auf Kopräsenz beruhenden Rezeptionskonstellation spielt die Körperlichkeit eine zentrale Rolle, worauf anhand eines späteren Beispiels noch zurückzukommen sein wird, sondern auch der Abspielprozess selbst ist körperlich bzw. taktil. Das *Flipbook The Final Cut* (2004)[30] von Laercio Redondo und Birger Lipinski reflektiert diese haptischen Qualitäten des Daumenkinos, denn die einzelnen Blätter sind an der Abspielkante mit Rasierklingen versehen und der selbstreferenzielle Titel wird ergänzt durch den Zusatz: „Warning! Flip this book at your own risk".

---

28 Ein Video des abgeblätterten Daumenkinos ist auf YouTube verfügbar: The Flippist. *In Our Life (Reverse Marriage Proposal Flipbook)*. https://www.youtube.com/watch?v=6gGwvc6nOKQ. 2016 (3. August 2022).
29 Ein Video des abgeblätterten Daumenkinos ist auf YouTube verfügbar: The Flippist. *Flipbook Proposal with Hidden Engagement Ring Compartment*. https://www.youtube.com/watch?v=uZYChp72Ao. 2015 (3. August 2022).
30 Im Katalog von Pascal Fouché ist dieses Daumenkino erfasst: Laercio Redondo und Birger Lipinski. *The Final Cut*. www.flipbook.info/fiche.php?id=2871. 2004 (3. August 2022).

(4) Eine besondere Körperlichkeit ist auch dem Daumenkino *Flip Read* (2005)[31] von Heather Weston inne, das die Großaufnahme eines Mundes zeigt. Von dessen Lippen kann man die folgenden Worte ablesen: „How would you cope with the volume turned off?". Damit verweist die Sequenz selbstreferenziell auf die generelle Stummheit des Daumenkinos, dem nur abgefilmt und in der Verbreitung oder Verarbeitung als Video ein Sound hinzugefügt werden kann, wie es bei vielen der jüngeren Clips auf YouTube der Fall ist.

Das Daumenkino *Flip Read* belässt es allerdings nicht beim *Lipreading*, sondern nutzt das spezifische Dispositiv des *Flipbooks*, nämlich die doppelte, umgekehrte Abspielbarkeit, um dennoch, also auf der Verso-Seite, Sprache zu inkludieren. Damit Schrift im Daumenkino lesbar ist, muss sie allerdings mehrfach wiederholt werden und darf sich nur langsam – wie in diesem Falle als Laufschrift – bewegen. Auf das *Lipreading* Bezug nehmend lautet der hier, von hinten nach vorne lesbare Satz: „It aids understanding if you articulate more slowly, not more loudly..."

(5) Auch der Künstler Scott Blake nutzt das spezifische Dispositiv des Buchs, nämlich die Vorder- und Rückseiten der einzelnen Blätter, um sowohl eine visuelle Filmsequenz als auch Text in seine Daumenkinos zu integrieren. So enthalten seine Arbeiten *Fire* (2014) und *Blue Dream* (2014)[32] jeweils auf den Rückseiten der Einzelbilder Schrifttexte, die nicht im Modus des Daumenkinos, sondern traditionell von Seite zu Seite gelesen werden. Das Buchformat erlaubt es also, von einer Seite als Daumenkino abgeblättert zu werden und von der anderen Seite Text in klassischer Form zu präsentieren.

4 Exkurs: Das Daumenkino als Gimmick

Einige der genannten Beispiele, insbesondere die stark selbstreferenziellen Daumenkinos, basieren auf einer konzeptuellen Idee: Das *Flipbook The Final Cut* beispielsweise zeigt keine filmische Sequenz, es wird wahrscheinlich nie wirklich abgeblättert; stattdessen funktionalisiert es die haptische Dimension im Dispositiv des Daumenkinos, um mit der Verwendung von Rasierklingen statt der Einzelblätter einen komischen und verfremdenden Effekt zu erzielen. Andere Daumen-

---

[31] Das Jaffe Center for Book Arts stellt auf YouTube ein Video des abgeblätterten Daumenkinos zur Verfügung: Heather Weston. *Flip Read*. https://www.youtube.com/watch?v=LyEKsTvjrxI. 2005 (3. August 2022).

[32] Beide Daumenkinos sind als Videos über die Seite des Künstlers verfügbar; Scott Blake und Timothy Saragusa. *Fire*. http://barcodeart.com/Fire_Flipbook.htm. 2014 (3. August 2022); sowie Scott Blake und Orenda Fink. *Blue Dream*. http://www.barcodeart.com/Blue_Dream_Flipbook.html. 2014 (3. August 2022).

kinos, besonders hervorzuheben ist hier die 900-seitige *Dot Challenge* und die im *YouTube*-Video vorangeschickte Erklärung, zeigen den immensen Aufwand, den es bedeutet, eine derart kurze Filmsequenz zu animieren.

Diese beiden Aspekte – die innovative Idee als Zentrum des Daumenkinos und sein insbesondere angesichts der kleinen Form (un-)verhältnismäßig hoher Herstellungsaufwand – legen die Frage nahe, ob es sich beim Daumenkino womöglich um ein treffendes Beispiel dafür handelt, was Sianne Ngai in ihrer *Theory of the Gimmick* (2020) behandelt. Ngai beschäftigt sich mit dem *Gimmick* als ästhetische Kategorie und als ambivalentes ästhetisches Urteil. Entlang einer äußerst heterogenen und diversen Bandbreite an Beispielen – diese reichen von *PowerPoint*-Folienübergängen über Bleistift-Anspitzmaschinen bis hin zu berühmten Kunstwerken wie Marcel Duchamps *Fountain* (1917) – entwickelt Ngai eine Liste von Antinomien, die das Gimmick ausmachen.[33]

Ein frappierend großer Teil der Aspekte auf dieser Liste lässt sich im Daumenkino wiederfinden. Dabei wäre als erster Punkt Ngais Beobachtung zu nennen, dass ein Gimmick ein „device" ist, das gleichzeitig als „working too hard" und „working too little"[34] erscheint – was mit den eingangs genannten Merkmalen, der *einfachen Idee* und dem *hohen Herstellungsaufwand*, korreliert. Eine zweite Antinomie verortet das Gimmick zwischen *dynamischem Ereignis* und *statischem Gegenstand* – was an das Daumenkino als Störfaktor der Dichotomie von bewegtem und unbewegtem Bild erinnert. Drittens beschreibt Ngai das Gimmick einerseits als „unrepeatable ‚one-time invention'" und andererseits als „device used ‚hundreds and thousands and millions and billions of times'"[35] – was sicherlich in den Heiratsantragsdaumenkinos besonders deutlich zutage tritt, denn nach ihrem ersten Einsatz im Rahmen der Verlobung verlieren sie ihren eigentlichen Zweck, dennoch werden sie, sei es als Spielzeug oder als *Reliquie*, immer und immer wieder angesehen.

Als Beispiel für Gimmicks, oder wie es im von ihr zitierten Roman alternativ heißt: *gimcracks* führt Ngai eine Reihe von Produkten an, die in E. L. Doctorows *Ragtime* (1975) beschrieben werden, darunter Furzkissen, Schneekugeln und Niespulver. Dass eine Figur des Romans an den Betreiber, der diese Produkte vertreibenden *novelty company*, das von ihm unmittelbar zuvor entwickelte Daumenkino verkauft, stellt dieses in eine Reihe mit den beschriebenen Gimmicks, auch wenn Ngai darauf nicht explizit eingeht. Der Bastler und Zeichner erhält 25 Dollar und

---

33 Vgl. Sianne Ngai. *Theory of the Gimmick. Aesthetic Judgment and Capitalist Form.* Cambridge, Mass.: The Belknap Press of Harvard University Press, 2020.
34 Ngai. Theory of the Gimmick: 72.
35 Ebd.

einen Vertrag, den Händler mit weiteren *movie books* zu beliefern.[36] Dass die Daumenkinos hier zum Gegenstand eines Geschäfts werden, führt zu einem letzten Merkmal des Gimmicks, das eigentlich im Zentrum von Ngais Auseinandersetzung mit dieser ästhetischen Kategorie steht: nämlich *Zeit* und *Arbeit* als Faktoren, die für Gimmicks relevant werden und die ästhetischen Urteilen generell inhärent sind. Eine Antwort auf die Frage, ob das Daumenkino, wie Ngai es für das Gimmick beschreibt, Aspekte kapitalistischer Produktion zugleich offenlegt und verschleiert, kann an dieser Stelle nur angedeutet werden, indem an den Beginn des Exkurses erinnert wird: Der Herstellungsaufwand, die zu investierende Zeit und Arbeit, tritt im Daumenkino einerseits deutlich zu Tage und wird auf den Einzelblättern sicht- und greifbar, verschwindet aber andererseits hinter der kurzen Abspieldauer und seinem Spielzeugcharakter.

5 Daumenkinos in Literatur und Film: Reflexionsgegenstände

Nach der Demonstration der zentralen Charakteristika des Daumenkinos anhand sehr diverser, kommerzieller bis konzeptkünstlerischer Beispiele soll nun das Daumenkino als Faktor intermedialer Reflexion und Referenz in zunächst filmischen und anschließend literarischen Werken betrachtet werden.

Einige der soeben genannten Charakteristika des Daumenkinos lassen sich in einer Szene aus May Spils Film *Zur Sache, Schätzchen* von 1968 wiederfinden. Der Protagonist Martin lädt seine neue Bekanntschaft Barbara auf sein Zimmer ein, mit dem mehr oder weniger durchsichtigen Vorwand, ihr seine *Filmproduktion* zu zeigen. Es handelt sich dabei um ein kleines Kästchen, das mehrere Daumenkinos enthält. Diese spielt Martin ab, wobei er erstens z. B. eine Verfolgungsjagd per *Voice Over* kommentiert – und damit eine Tonspur hinzufügt – und zweitens Barbara auf seinem Bett sehr nahekommt. Neben der Animation der gezeichneten Strichmännchen spielen hier also insbesondere Körperlichkeit, Kopräsenz und die Versprachlichung der Daumenkinos eine wichtige Rolle. Zugleich greift das Daumenkino als *Film im Film* thematisch die Handlung von *Zur Sache, Schätzchen* auf, in dem sich der Protagonist eigentlich ständig den Autoritäten, seinen Freunden oder seiner Partnerin entzieht und davonläuft.

Eine tatsächliche Filmproduktion findet in Brian de Palmas *Blow Out* von 1981 statt.[37] Die Hauptfigur dieses Films ist Tontechniker und glaubt, bei Tonaufnahmen

---
36 Vgl. E. L. Doctorow. *Ragtime*. London: Picador, 1985 [1974], 101–102.
37 *Blow Out*. Reg. Brian De Palma. Filmways Pictures, 1981.

zufällig einem Verbrechen beigewohnt und dieses auf Tonband aufgenommen zu haben. In einer Zeitschrift findet er eine Bildserie des vermeintlichen Unfalls. Er schneidet die Fotos aus und erstellt ein Daumenkino aus der Sequenz. Von der Bewegung der Bilder in diesem primitiven *Flipbook*-Film angeregt, fotografiert er die Bilder ab und erstellt so eine Filmrolle, die er abspielen und mit seinen Tonaufnahmen unterlegen kann. Mit Geräten auf dem neuesten Stand technischer Entwicklung *erfindet* der Protagonist also den Film noch einmal und *findet* damit den Beweis für das Verbrechen.

Das Daumenkino im Buch lässt sich nicht auf die gleiche Weise analysieren wie die Daumenkinos im Film. In den soeben genannten Beispielen wurde das Daumenkino im Film zum Gegenstand gemacht, ist als Gegenstand aufgetaucht – auch das ist in literarischen Texten möglich, wie beispielsweise in E. L. Doctorows oben bereits genannten Roman *Ragtime*.[38] Das *Daumenkino im Buch* hingegen lässt sich auch reformulieren als *Das Buch als Daumenkino* – denn anders als der Film, der, auch wenn er ein Daumenkino enthält, Film bleibt, kann das Buch, wenn es ein Daumenkino enthält, selbst zum Daumenkino werden. Es lassen sich drei Ebenen dieses *Daumenkino-Werdens* differenzieren, und die erste dieser Ebenen sei als *Appropriation* bezeichnet. In diesem Fall wird ein Buch zum Daumenkino, indem die Seiten eines bereits vorhandenen Buchs bemalt werden, so dass es als Daumenkino abgeblättert werden kann.

Die Arbeiten des Künstlers William Kentridge mögen diese Daumenkino-Appropriationen veranschaulichen. Er hat beispielsweise unter dem Titel *Cyclopedia of Drawing* 2004 in kleiner Auflage eine bearbeitete Faksimile-Ausgabe des gleichnamigen Lehr- und Handbuchs veröffentlicht, wobei er auf die Recto-Buchseiten eine Bildfolge gezeichnet hat. Diese zeigt einen Mann, der sich springend und abhebend in einen Vogel verwandelt, dessen Flugbewegungen detailliert abgebildet werden. Damit zollt Kentridge, wie Leora Maltz-Leca schreibt, den Arbeiten von Étienne-Jules Maray Tribut, der sich im späten neunzehnten Jahrhundert ebenfalls zeichnerisch mit der Physiologie der Bewegung z. B. fliegender Vögel beschäftigt hat.[39]

Kentridge hat weitere Werke dieser Art geschaffen, eines davon trägt den treffenden Namen *Second-Hand Reading* (2013) und wird nicht als gedrucktes Buch verkauft, sondern als Videoinstallation ausgestellt. Das zugrundeliegende Buch ist wiederum eine Enzyklopädie, dieses Mal die *Cyclopedia of Mechanics*, und die Zeichnungen – und phasenweise auch der eingefügte Text – erstrecken sich in diesem Werk über die gesamte Doppelseite, so dass das Buch nicht wie ein Dau-

---

38 In der Verfilmung dieses Romans (*Ragtime*. Reg. Miloš Forman. Paramount, 1981) wird dieses Daumenkino entsprechend zu einem *Daumenkino im Film*.
39 Vgl. Leora Maltz-Leca. „Process/Procession. William Kentridge and the Process of Change". *The Art Bulletin* 95.1 (2013): 139–165, hier 39.

menkino abgespielt werden kann, sondern nur in der Videoaufnahme aus einer Aufsicht-Perspektive zu einem animierten Film wird. Tatsächlich handelt es sich also um ein *Third-Hand Reading:* Kentridges Bearbeitung des ursprünglichen Buchs lässt ein Werk zweiter Hand entstehen, die Verfilmung dieses Werks ermöglicht eine Rezeption auf dritter Stufe. Nachträglich wurde *Second-Hand Reading* auch noch als Buchpublikation veröffentlicht, womit dann alle Rezipient:innen ihren eigenen *Stop-Motion*-Film drehen könnten, der dann gewissermaßen ein *Fourth Reading* darstellen würde.

Auch wenn Kentridge mit den *Cyclopedias of Drawing* bzw. *Mechanics* in gewisser Weise auch den Inhalt dieser Bücher aufgreift, handelt es sich dabei eher um eine Aneignung als um eine inhaltliche Umsetzung. Eine solche Umsetzung der zweiten Ebene, eine Adaption als Daumenkino, stellt *Sheherezade* (1988)[40] von Janet Zweig und Holly Anderson dar. Der Text ist nur sehr lose an der Rahmenerzählung aus *Tausendundeine Nacht* orientiert: Auch in Zweigs und Andersons Daumenkino geht es um eine Erzählerin, die verschiedene, ineinander verschachtelte Geschichten erzählt, die sich immer weiter verzweigen. Die Animation des Daumenkinos besteht darin, dass die Schrift sukzessive vergrößert wird, bis ihre Struktur so porös ist, dass aus den weißen Flächen innerhalb der Druckerschwärze neue Felder mit Text entstehen. Um diese Texte tatsächlich zu lesen, muss das Abblättern als Daumenkino unterbrochen werden: Es handelt sich bei *Sheherezade* also sowohl um ein Buch als auch um ein Daumenkino, es kann aber immer nur entweder als ersteres oder als letzteres rezipiert werden. Dieses Spannungsverhältnis zwischen filmischem Bewegtbild und Schrifttext wird noch um einen weiteren Pol ergänzt, wenn man die genuine Mündlichkeit der Erzählungen von *Tausendundeine Nacht* in Betracht zieht, deren schriftliche Fixierung schon einen Medienumbruch beinhaltet.

Christoph B. Schulz versteht die visuelle Gestaltung von *Sheherezade* einerseits in Analogie zur Vertiefung der Betrachter:innen in das Buch bzw. die Lektüre:

> Die durch das Blättern entstehende Animation kann als ein Zoom, eine Kamerafahrt in den Text interpretiert werden, und damit als Anspielung auf eine spezifische Vorstellung von Lektüre gelten: Eine eindringende, sich verlierende Lektüre, bei der sich die Leser:innen in den Text vertiefen.[41]

Andererseits, so ergänzt Schulz, greift die typographische Verschachtelung der Binnenerzählungen strukturell das Erzählen der Figur Sheherezade auf. Die nahtlose Aneinanderreihung von Geschichten, bei der sich eine aus der Vorhergehenden

---

40 Janet Zweig und Holly Anderson. *Sheherezade. A Flip Book.* Newburyport, Mass.: Sesto, 1988.
41 Christoph B. Schulz. *Poetiken des Blätterns.* Hildesheim: Olms, 2015, 370.

zu ergeben scheint, visualisiert das Schicksal der Erzählerin in der Rahmenhandlung von *Tausendundeiner Nacht*, die immer eine weitere Geschichte erfinden und erzählen muss, um zu überleben. Ein auf den Verso-Seiten verstecktes zweites Daumenkino verstärkt den Bezug zu der berühmten Erzählerin noch, denn hier ist die Silhouette einer Frau zu sehen, die in einer endlosen Schleife Kleider ablegt, nur um darunter ein weiteres Kleid zu tragen und abzustreifen.

Während es sich bei den Kunstwerken Kentridges und bei Zweigs und Arnolds *Sheherezade* um als Daumenkinos oder als Buchkunst publizierte Werke handelt, zeichnen sich die Beispiele der dritten Ebene, die als Integration bezeichnet werden soll, dadurch aus, dass sie als literarische Texte nur in einer kurzen Passage zum Daumenkino werden. Das bekannteste Beispiel für diese Form des ‚Daumenkino-Werdens' ist Jonathan Safran Foers *Extremely Loud and Incredibly Close*. Im Zentrum dieses Romans von 2005 steht der neunjährige Oskar, der bei den Anschlägen auf das World Trade Center am 11. September 2001 seinen Vater verloren hat. Ein zu trauriger oder gar makabrer Berühmtheit gelangtes Video dieser Anschläge bildet die Grundlage für die Daumenkino-Sequenz, die ganz am Ende des Romans steht. Es handelt sich um die Aufnahmen einer aus dem Hochhaus fallenden Person, die der Protagonist als abgedruckte Momentaufnahmen in einem Buch findet:

> Finally, I found the pictures of the falling body. Was it Dad? Maybe. Whoever it was, it was somebody. I ripped the pages out of the book. I reversed the order, so that the last one was first, and the first was last. When I flipped through them, it looked like the man was floating up through the sky.[42]

Über den Umweg des Daumenkinos, über den hier ein Film zum gedruckten Bild, zur Seite und dann wieder zum bewegten, animierten Bild wird, gelingt es Oskar, die Zeit umzukehren und Trost in der Vorstellung zu finden, dass es sich um einen Mann handelt, der zum Himmel fliegt anstatt aus dem einstürzenden Gebäude zu fallen.

Die Genese des Daumenkinos und die Reflexion auf das Filmmaterial ist hier derjenigen aus *Blow Out* nicht unähnlich – allerdings geht es Oskar darum, die Realität zu verändern anstatt eine verborgene Realität herauszufinden. Außerdem ermöglicht das Buchformat des Romans eine interessante narrative bzw. ontologische Konstellation: Das im Roman evozierte Daumenkino und das materiell im Roman eingebundene Daumenkino überlappen sich. Damit wird das Daumenkino fast syndiegetisch, d. h. das fiktive Objekt ist Teil der Buchgestaltung und scheint damit diegetische Grenzen zu überschreiten – eine Technik, die im Roman wie-

---

42 Jonathan Safran Foer. *Extremely Loud & Incredibly Close*. Boston, Mass.: Houghton Mifflin, 2005, 325.

derholt eingesetzt wird, so dass die Leser:innen mit dem Buch immer wieder fiktive Dokumente und Materialien in ihren Händen zu halten scheinen.[43]

Ein weiteres, stark die eigene Buchform betonendes Beispiel eines Romans, der eine Daumenkino-Sequenz integriert, ist Stuart Halls *The Raw Shark Texts* (2007). Dieser Roman kreist um einen an Gedächtnisverlust leidenden Protagonisten, der mittels schriftlicher Hinweise früherer Versionen seiner selbst herausfindet, dass ein sogenannter *conceptual shark*, Ludovician genannt, ihn verfolgt und sein Gedächtnis sowie seine ganze Persönlichkeit auszulöschen versuchen wird. Der imaginäre Hai wird eng geführt mit dem berühmten Hai aus Steven Spielbergs Film *Jaws* und ihm wird auch tatsächlich in einer filmischen Sequenz die Gestalt eines Hais gegeben – allerdings wird diese Figur wiederum aus Buchstaben schriftbildlich geformt, so dass auch das visuelle Element in der Materialität des Buchs verankert wird.[44]

6 Schluss

Diese filmischen und literarischen Beispiele demonstrieren, dass sich das Daumenkino äußerst gut für intermediale Referenzen eignet: Es kann als Buch im Film auftauchen und als Film im Buch. Damit bricht das Daumenkino kurz die eigene mediale Form auf, nur um diese dann umso bewusster zu machen. Wie Thomas Metten und Michael Meyer schreiben, verläuft dabei die „Selbstreflexion des Mediums [...] über fremde Medien und zeigt damit synchron ein grundlegendes Merkmal der diachronen Entwicklung von Medien", wobei diese intermediale Beobachtung stets „einerseits zu einer Reflexion der Medialität des beobachteten Mediums" und „andererseits zur Reflexion der [...] eigenen Medialität" führe.[45] Stärker noch als andere intermediale Referenzen vermag das Daumenkino dabei die eigene Film- bzw. Buchförmigkeit zu betonen, da es zwar das je andere Medium evoziert, aber auch Anteile der je eigenen medialen Form in sich trägt.

In *Blow Out* dient das Daumenkino dem Nachvollziehen der technischen und materiellen Voraussetzungen des Films: Filme bestehen aus bewegten Bildern, die

---

[43] Den Begriff der Syndiegese für Schriftstücke, die Teil der Diegese sind, aber zugleich im Roman abgedruckt werden, hat Remigius Bunia eingeführt, vgl. zuerst Remigius Bunia. „Die Stimme der Typographie. Überlegungen zu den Begriffen ‚Erzähler' und ‚Paratext', angestoßen durch die ‚Lebensansichten des Katers Murr' von E. T. A. Hoffmann". *Poetica* 37 (2005): 373–392, hier 375.
[44] Vgl. Steven Hall. *The Raw Shark Texts*. Edinburgh: Canongate, 2007. 337–375.
[45] Thomas Metten und Michael Meyer. „Reflexion von Film – Reflexion im Film". *Film, Bild, Wirklichkeit. Reflexion von Film – Reflexion im Film*. Hg. Thomas Metten und Michael Meyer. Köln: Herbert von Halem, 2016, 38–39.

in einer bestimmten Zeit abgespielt werden. In den *Raw Shark Texts* wird mit dem Daumenkino ein Bewusstsein der eigenen *Bookishness*[46] erzeugt: Ein Buch besteht aus Schrift auf Seiten, die umgeblättert werden müssen. Intermediale Adaptionen wie *Sheherezade* zeigen, dass literarische Texte zu Daumenkinos – also als Daumenkino *verfilmt* – werden können. Umgekehrt können auch Filme zu Daumenkinos – also gewissermaßen *verbucht* – werden, beispielsweise in Daumenkinos zum Film, wie sie etwa als Werbematerial zum ersten *Matrix*-Film 1999 vertrieben wurden.[47]

Diese mannigfachen intermedialen Transformations- und Integrationsprozesse korrespondieren mit dem als *Wechselbalg* charakterisierten Daumenkino: Indem es sich im medialen *Dazwischen* befindet, ebnet es den Weg für intermediale Referenzen. Dieses Potenzial hat das Daumenkino zwar einerseits durch seinen Zwischenstatus, andererseits aber gerade deshalb, weil es nicht nur als prekäre, ephemere Zwischenform zu verstehen ist, sondern, das haben die Charakteristika deutlich gezeigt, eine eigenständige Medialität ausgebildet hat.

Dass das Daumenkino mehr als eine historische Zwischenstufe, mehr als ein archaischer technischer Vorläufer ist, zeigt auch die Beständigkeit, mit der es sich in der Kunst, im Kinderbuch – und als Gegenstand medienwissenschaftlicher Untersuchungen wie der vorliegenden – hält. Diese Beständigkeit trotz einer technologischen Obsoleszenz begründet Alexander Streitberger mit der Funktion des Daumenkinos, als *obstacle* eine einfache und oberflächliche Rezeption von (Bewegt-)Bildern zu verhindern. Auch Mary Ann Doane stellt sich die Frage nach der Konjunktur des Daumenkinos und ihre Antwort führt zurück zu den beiden oben unternommenen Exkursen: Ebenfalls auf die Bedeutung von cinematographischen Metaphern im Allgemeinen und Daumenkinos im Besonderen für die Geschichtsphilosophie Benjamins eingehend, entwickelt Doane die These, dass die Attraktivität des Daumenkinos mit der Herausbildung neuer Repräsentationstechnologien zusammenhängt.[48] In der Frühzeit des Kinos wie auch im Kontext der seit einigen Jahrzehnten andauernden Digitalisierung machen kleine Spielzeuge – wie eben das Daumenkino – abstrakte Veränderungen konkret und haptisch greifbar. Was sich

---

46 Das Konzept der *Bookishness* wurde in den letzten Jahren insbesondere von Jessica Pressman etabliert, sie geht dabei unter anderem auch explizit auf Halls *Raw Shark Texts* ein; vgl. Jessica Pressman. „The Aesthetic of Bookishness in Twenty-First-Century Literature". *Michigan Quarterly Review* 48.4 (2009). http://hdl.handle.net/2027/spo.act2080.0048.402 (15. März 2022).
47 Im Katalog von Pascal Fouché ist dieses Daumenkino erfasst: Warner Bros. Video. *Matrix Flip Book*. http://www.flipbook.info/fiche.php?id=119. 1999 (15. März 2022).
48 Vgl. Mary Ann Doane. „Movement and Scale. Vom Daumenkino zur Filmprojektion". *Apparaturen bewegter Bilder*. Hg. Daniel Gethmann und Christoph B. Schulz. Münster: LIT, 2006. 123–137, hier 125.

im Bürgertum der Jahrhundertwende, wie Doane darstellt, in der nostalgischen Sammelleidenschaft für Miniaturen und optische Spielzeuge manifestiert hat, korreliert mit dem Trend zur Nostalgie des Analogen in den ersten Jahrzehnten nach dem Millennium.[49] Das Daumenkino ist ein Objekt, ein Gimmick, mit dem Medienreflexion und -wandel handhabbar wird – sowohl im Sinne einer Greifbarkeit als auch im Sinne einer Kontrollierbarkeit: Das Medium des Buchs und des Films, vereint im handlichen Format – man muss nur den Daumen ansetzen und blättern.

Literatur- und Filmverzeichnis

Ammann, Daniel und Arnold Fröhlich (Hg). *Trickfilm entdecken. Animationstechniken im Unterricht.* Zürich: Pestalozzianum, 2008.
Andymation. *Dot Challenge.* https://www.youtube.com/watch?v=hCPdPc553yE. 2020 (3. August 2022).
Benjamin, Walter. „Berliner Kindheit um Neunzehnhundert". *Gesammelte Schriften IV.1.* Hg. Tillman Rexroth. Frankfurt a. M.: Suhrkamp, 1991. 235–304.
Benjamin, Walter. „Das Kunstwerk im Zeitalter seiner technischen Reproduzierbarkeit". *Gesammelte Schriften I.2.* Hg. Rolf Tiedemann und Hermann Schweppenhäuser. Frankfurt a. M.: Suhrkamp, 1991. 471–508.
Benjamin, Walter. „Über den Begriff der Geschichte". *Gesammelte Schriften I.2.* Hg. Rolf Tiedemann und Hermann Schweppenhäuser. Frankfurt a. M.: Suhrkamp, 1991. 691–704.
Berns, Jörg Jochen und Daniel Gethmann (Hg.). *Daumenkino. The Flip Book Show. Katalog zur Ausstellung in der Kunsthalle Düsseldorf, 7. Mai – 17. Juli 2005.* Köln: Snoeck, 2005.
Berns, Jörg Jochen. „Horribilicinefax. Von Geburt und Gebaren des Daumenkino-Flipp-Flick-Muto-Blow- & Gaukelbuchs". *Daumenkino. The Flip Book Show. Katalog zur Ausstellung in der Kunsthalle Düsseldorf, 7. Mai – 17. Juli 2005.* Hg. Jörg Jochen Berns und Daniel Gethmann. Köln: Snoeck, 2005. 26–33.
Blake, Scott und Orenda Fink. *Blue Dream.* http://www.barcodeart.com/Blue_Dream_Flipbook.html. 2014 (3. August 2022).
Blake, Scott und Timothy Saragusa. *Fire.* http://barcodeart.com/Fire_Flipbook.htm. 2014 (3. August 2022).
Blow Out. Reg. Brian De Palma. Filmways Pictures, 1981.
Bolter, Jay David und Richard Grusin. *Remediation. Understanding New Media.* Cambridge, Mass.: MIT Press, 2000.
Bunia, Remigius. „Die Stimme der Typographie. Überlegungen zu den Begriffen ‚Erzähler' und ‚Paratext', angestoßen durch die ‚Lebensansichten des Katers Murr' von E. T. A. Hoffmann". *Poetica* 37 (2005): 373–392.
Christie, Ian. „Moving-Picture Media and Modernity. Taking Intermediate and Ephemeral Forms Seriously". *Comparative Critical Studies* 6.3 (2009): 310–312.

---

[49] Vgl. Doane. Movement and Scale: 126–127; vgl. zur Nostalgie des Analogen auch Dominik Schrey. „Analogue Nostalgia and the Aesthetics of Digital Remediation". *Media and Nostalgia. Yearning for the Past, Present and Future.* Hg. Katharina Niemeyer. Basingstoke: Palgrave Macmillan, 2014. 27–38.

Colp, Norman B. *Stopping Time (the movie)*. www.flipbook.info/fiche.php?id=3533. 2001 (3. August 2022).
Doane, Mary Ann. „Movement and Scale. Vom Daumenkino zur Filmprojektion". *Apparaturen bewegter Bilder.* Hg. Daniel Gethmann und Christoph B. Schulz. Münster: LIT, 2006. 123-137.
Doctorow, E. L. *Ragtime*. London: Picador, 1985 [1974].
Foer, Jonathan Safran. *Extremely Loud & Incredibly Close*. Boston, Mass.: Houghton Mifflin, 2005.
Fölsch, Wiebke K. *Buch, Film, Kinetiks. Zur Vor- und Frühgeschichte von Daumenkino, Mutoskop & Co.* Berlin: Universitätsbibliothek der Freien Universität, 2011.
Fouché, Pascal. „Versuch einer Geschichte des Daumenkinos". *Daumenkino. The Flip Book Show. Katalog zur Ausstellung in der Kunsthalle Düsseldorf, 7. Mai – 17. Juli 2005.* Hg. Jörg Jochen Berns und Daniel Gethmann. Köln: Snoeck, 2005. 10-23.
Fouché, Pascal. *flipbook.info*. http://www.flipbook.info/. 2022 (15. März2022).
Hall, Steven. *The Raw Shark Texts*. Edinburgh: Canongate, 2007.
Higgins, Dick. „Intermedia". *Leonardo* 34.1 (2001): 49-54.
Kentridge, William. *Cyclopedia of Drawing*. Valence: Art3, 2004.
Kentridge, William. *Second Hand Reading*. Johannesburg: Fourthwall Books, 2014.
Kleinschmidt, Christoph. *Intermaterialität. Zum Verhältnis von Schrift, Bild, Film und Bühne im Expressionismus*. Bielefeld: transcript, 2012.
Levine, Michael G. „Outtakes of a Life. On a Cinematographic Moment in Benjamin's *The Storyteller*". *MLN* 134.5 (2019): 1008-1036.
Maltz-Leca, Leora. „Process/Procession: William Kentridge and the Process of Change". *The Art Bulletin* 95.1 (2013): 139-165.
Metten, Thomas und Michael Meyer. „Reflexion von Film – Reflexion im Film". *Film, Bild, Wirklichkeit. Reflexion von Film – Reflexion im Film.* Hg. Thomas Metten und Michael Meyer. Köln: Herbert von Halem, 2016. 9-70.
Ngai, Sianne. *Theory of the Gimmick. Aesthetic Judgment and Capitalist Form*. Cambridge, Mass.: The Belknap Press of Harvard University Press, 2020.
Pressman, Jessica. „The Aesthetic of Bookishness in Twenty-First-Century Literature". *Michigan Quarterly Review* 48.4 (2009). http://hdl.handle.net/2027/spo.act2080.0048.402 (15. März 2022).
Ragtime. Reg. Miloš Forman. Paramount, 1981.
Rajewsky, Irina O. *Intermedialität*. Tübingen: Francke, 2002.
Rajewsky, Irina. „Intermedialität und *remediation*. Überlegungen zu einigen Problemfeldern der jüngeren Intermedialitätsforschung". *Intermedialität – Analog/Digital*. Hg. Jens Schröter und Joachim Paech. Paderborn: Fink, 2008. 47-60.
Rajewsky, Irina O. „Intermediality, Intertextuality, and Remediation. A Literary Perspective on Intermediality". *Intermédialités* 6 (2011): 43-64.
Redondo, Laercio und Birger Lipinski. *The Final Cut*. www.flipbook.info/fiche.php?id=2871. 2004 (3. August 2022).
Reisch, Heiko. *Das Archiv und Die Erfahrung. Walter Benjamins Essays im medientheoretischen Kontext*. Würzburg: Königshausen & Neumann, 1992.
Schrey, Dominik. „Analogue Nostalgia and the Aesthetics of Digital Remediation". *Media and Nostalgia. Yearning for the Past, Present and Future.* Hg. Katharina Niemeyer. Basingstoke: Palgrave Macmillan, 2014. 27-38.
Schröter, Jens. „Sehr kurze Bewegungsbilder. Zu einer kleinen Form". *Kulturen des Kleinen. Mikroformate in Literatur, Kunst und Medien.* Hg. Claudia Öhlschläger, Sabiene Autsch und Leonie Süwolto. Paderborn: Fink, 2014. 249-64.

Schulz, Christoph B. *Poetiken des Blätterns*. Hildesheim: Olms, 2015.
Streitberger, Alexander. „Living Photographs or Silent Films? The Flipbook as a Critical Object Between Tactility and Virtuality". *Image & Narrative* 16.3 (2015): 31–44.
The Flippist. *Flipbook Proposal with Hidden Engagement Ring Compartment*. https://www.youtube.com/watch?v=uZYCh-p72Ao. 2015 (3. August 2022).
The Flippist. *In Our Life (Reverse Marriage Proposal Flipbook)*. https://www.youtube.com/watch?v=6gGwvc6nOKQ. 2016 (3. August 2022).
The Pillow Book. Reg. Peter Greenaway. Prokino, 1996.
Thiele, Jens. „Filmische Spuren im Bilderbuch. Wie sich Daumenkino und Bildergeschichten für Kinder berühren". *Daumenkino. The Flip Book Show. Katalog zur Ausstellung in der Kunsthalle Düsseldorf, 7. Mai – 17. Juli 2005*. Hg. Jörg Jochen Berns und Daniel Gethmann. Köln: Snoeck, 2005. 230–235.
Warner Bros. Video. *Matrix Flip Book*. http://www.flipbook.info/fiche.php?id=119. 1999 (15. März 2022).
Weston, Heather. *Flip Read*. https://www.youtube.com/watch?v=LyEKsTvjrxI. 2005 (3. August 2022).
Zweig, Janet und Holly Anderson. *Sheherezade. A Flip Book*. Newburyport, Mass.: Sesto, 1988.

Vincent Fröhlich
Über intermediale Beziehungskrisen

Frei werdende Reflexionsräume in Filmzeitschriften während der COVID-19-Lockdowns (2020)

Filmzeitschriften definieren sich über ihre intermediale Beziehung zum Film. Sie sind sogenannte Special-Interest-Zeitschriften, das heißt, sie widmen sich mehr oder weniger ausschließlich einem Thema und adressieren so eine relativ klar bestimmbare Leserschaft.[1] Unter anderem, weil hier das für Werbefirmen attraktive Schalten einer auf eine bestimmte Zielgruppe zugeschnittenen Werbung möglich ist, gelten Special-Interest-Zeitschriften, zumindest in Deutschland und den USA, trotz digitaler kostenloser Konkurrenz als unter Umständen immer noch profitabel, je nach Thema und Zielgruppe, sogar boomende Print-Sparte.[2] Die Bedeutung des jeweiligen Themas für die jeweilige Special-Interest-Zeitschrift ist somit in jeder Hinsicht – des Profils der Zeitschrift, der Leserschaft wie der ökonomischen Standbeine – fundamental. Das gilt auch für die Beziehung der Filmzeitschrift zum Film.

Die Frage, der dieser Aufsatz nachgeht, ist, wie sich deutsche Filmzeitschriften in einer bestimmten Zeit verhalten haben, in der diese fundamentale Beziehung zum Film gestört wurde. Während der COVID-19-Pandemie waren die deutschen Kinos über mehrere Monate geschlossen. Natürlich ist der Film längst nicht mehr auf das Kino beschränkt. In Zeiten der Medienkonvergenz ist er entlokalisiert, „allgegenwärtig, überall"[3]. Die Kinoveröffentlichung dient vor allem, wie Thomas

---

[1] Natürlich ist eine generalisierende Unterscheidung zwischen General-Interest und Special-Interest problematisch, zeichnen sich doch alle Arten von Zeitschriften dadurch aus, dass sie verschiedene Themen mischen. Dennoch zeigt sich zumindest historisch, dass in den USA mit der deutlich ausgeprägten Konkurrenz des Fernsehens in den 1960er Jahren die damaligen General-Interest-Zeitschriften eingehen und stattdessen ein (immer noch anhaltender) Boom an Special- und Very-Special-Interest-Zeitschriften stattfindet. Vgl. David Abrahamson. *The Rise of the Special-Interest Magazine in „The Other 1960s". An Economic and Sociocultural History*. New York: Proquest, 1992, 24–26.

[2] Vgl. Jon Watkins. *The continued power of special interest media – across all platforms*. https://www.fipp.com/news/the-continued-power-special-interest-media/#. FIPP, 3. Februar 2017 (26. November 2022).

[3] Malte Hagener. „Wo ist Film (heute)? Film/Kino im Zeitalter der Medienimmanenz". *Orte filmischen Wissens. Filmkultur und Filmvermittlung im Zeitalter digitaler Netzwerke*. Hg. Gudrun Sommer, Vinzenz Hediger und Oliver Fahle. Marburg: Schüren, 2011. 45–49, hier 47.

Open Access. © 2024 bei den Autorinnen und Autoren, publiziert von De Gruyter. Dieses Werk ist lizenziert unter einer Creative Commons Namensnennung 4.0 International Lizenz.
https://doi.org/10.1515/9783110774337-010

Elsaesser formuliert hat, als „billboard stretched out in time"[4]: Die Kinoveröffentlichung bewirbt den entsprechenden Film über die Zeit hinweg; lukrativ wird er meist erst aufgrund der weiteren Distributionsstationen, die er durchläuft. Filmzeitschriften wissen natürlich von den verschiedenen Materialträgern, Distributionswegen und Rezeptionsorten des Films außerhalb des Kinos und nehmen diese zur Kenntnis, widmen ihnen meist kürzere Rubriken oder behandeln sie in mal mehr, mal weniger langen Aufsätzen. Doch für die meisten Filmzeitschriften gilt die Kinoveröffentlichung als Heft-bestimmend: Die Cover nutzen die für die jeweilige Ausgabe werbende Aktualität einer neuen Kinoveröffentlichung oder eines zugehörigen Stars.[5] Die Struktur der Filmzeitschriften wird zudem von den aktuellen Filmveröffentlichungen im Kino diktiert: Sie werden im Heft alphabetisch oder chronologisch nach Veröffentlichungsdatum im jeweiligen Monat geordnet und in dieser Reihenfolge rezensiert. So war es zumindest bis zum Anfang der COVID-19-Lockdowns.

Wenn die Beziehung zwischen Kinofilm und Kinofilmzeitschrift also so eng ist, so fundamental, wenn sie so sehr die Struktur jedes einzelnen Heftes bestimmt, wie verhält sich aber dann das eine Medium, die Filmzeitschrift, wenn das andere, der Kinofilm, plötzlich pausiert? Zum einen dokumentiert dieser Aufsatz eine für den Kinofilm außergewöhnliche Zeit durch die Brille der Zeitschrift. Zum anderen soll die folgende Beschäftigung mit der sehr am Gegenstand und dieser außergewöhnlichen Zeit verhafteten Frage nach dem Verhalten von Filmzeitschriften, so hoffe ich, Erkenntnisse zu übergeordneten Perspektiven auf die Beziehung der beiden Medien Filmzeitschrift und Film ermöglichen. Das heißt, ich nehme die Hypothese wörtlich, dass Krisen Tests jeder Beziehung sind: Auch in einer Beziehungskrise der medialen Art, als die ich die Zeit der Kinopause hier begrifflich fassen möchte, können die Eigenheiten beider Partner und die Einstellung zueinander besonders deutlich hervortreten. Und vielleicht – so die für diesen Band relevante Forschungsfrage – denkt die Zeitschrift über das Kino in Zeiten einer intermedialen Beziehungskrise besonders intensiv nach?

Beobachten möchte ich das Verhalten von zwei deutschen illustrierten Filmzeitschriften, *epd film* und *Cinema*, während der COVID-19-Lockdowns, das heißt um genau zu sein, während der Schließung der deutschen Kinos aufgrund der Pande-

---

[4] Thomas Elsaesser. „The Blockbuster. Everything Connects but Not Everything Goes". *The End of Cinema as We Know It. American Film in the Nineties*. Hg. Jon Lewis. New York: NYUP, 2001. 11–22, hier 11.

[5] *Cinema* nimmt statt eines besonders zugkräftigen Kinofilms für das Cover gelegentlich auch eine Collage oder dergleichen, die auf eine im Heft viel Raum einnehmende Übersicht von Kinofilmveröffentlichungen der nächsten Monate hinweist. *epd film* nimmt häufiger für das Cover das Portrait eines Stars, der in dem entsprechenden Monat in einem Kinofilm zu sehen ist.

mie im Jahr 2020, was für die Zeitschriften vor allem die Berichterstattung in den Monaten April bis August 2020 bedeutet.[6] Die Ausgaben dieser Monate wurden fokussiert, sie wurden aber zudem, um die Unterschiede zu erkennen, ja, um überhaupt wirklich bestimmen zu können, ob es sich um eine Beziehungskrise handelt, mit den Print-Ausgaben vor und nach der Zeit dieser Lockdowns verglichen; zumal die Grenze nicht ganz scharf ziehbar ist, da die Kinoschließungen teilweise auch von Bundesland zu Bundesland verschieden waren und zwischendurch die Kinos kurz wieder geöffnet wurden.

Die Wahl dieser beiden Zeitschriften hat zwei Gründe: Ich lese *epd film* seit 16 Jahren, *Cinema*, mit kleinen Unterbrechungen, seit mehr als 25 Jahren; ich bin daher der Meinung, dass ich Abweichungen, Richtungswechsel und Neuerungen in diesen beiden Zeitschriften identifizieren kann. Für den vorliegenden Aufsatz habe ich meine ersten Beobachtungen nach meiner regulären Lektüre des Print-Monatsheftes aufgeschrieben, um dann einige besonders auffällige Beispiele auszuwählen und zu analysieren.[7] Abgesehen von diesen vornehmlich pragmatischen Gründen für die Korpuswahl passt zudem das Profil beider Zeitschriften zum Erkenntnisinteresse dieses Aufsatzes: Beide Zeitschriften laufen bereits seit Jahrzehnten; beide richten sich an ein breiteres Publikum, wenn auch das Zielpublikum der *Cinema* etwas jünger ist;[8] und auch wenn die *Cinema* deswegen etwas reichhaltiger und aufwendiger bebildert ist, legen beide Zeitschriften Wert auf ein ansprechendes Schrifttext-Bild-Layout. Anders als bspw. Modezeitschriften, die häufig ihre eigenen Fotografen haben oder für Bildrechte bezahlen müssen, ist die Filmzeitschrift vor allem abhängig von den Verleihfirmen, die ihnen Filmbilder umsonst zusenden.[9]

---

6 Zur Erinnerung: Das Geschehen war gerade für die Kinos extrem herausfordernd. Die Verleihtermine individuell nach dem jeweiligen Infektionsgeschehen pro Bundesland oder pro Land zu setzen, erwies sich auch aufgrund der teuren Werbemaßnahmen als selten gegangener Weg. Selbst als Kinos zwischendurch in manchen Bundesländern oder in manchen Ländern offen waren, gab es kaum etwas zu zeigen: Die Verleihfirmen hielten die meisten Filme zurück, um den nationalen und internationalen Erfolg der Filme durch eine unübersichtliche und episodische Veröffentlichungsstrategie nicht zu gefährden.
7 Beide Zeitschriften sind auch crossmedial vertreten, mit Podcasts, Newslettern, eigener Webseite und eigenem YouTube-Kanal. Diese Aspekte wurden hier aber aufgrund der schweren Nachvollziehbarkeit nicht berücksichtigt.
8 Siehe dazu auch die Broschüre für potenzielle Werbekunden der *Cinema*, in welcher der Leser der *Cinema* als größtenteils zwischen 14 und 29 alt (58 %) beschrieben wird („jung – gut verdienend – gebildet"). o. A. *Objektprofil 2022. Alle Fakten zum Cinema Magazin*. https://www.brand-community-network.de/fileadmin/Assets/01_Marken_Titel/Titel_national/cinema_554336/bcn_cinema_Objektprofil_2022.pdf (26. November 2022).
9 Siehe zur Wiederverwendung von Fotografien in Mode- und Filmzeitschriften: Vincent Fröhlich, Alice Morin und Jens Ruchatz: „Logics of Re-Using Photographs: Negotiating the Mediality of the Magazine". *Journal of European Periodical Studies* 7 (2023): 26–51.

Für unsere Zeitspanne bedeutet das, bei beiden Zeitschriften lässt sich auch analysieren, wie und womit die Kinofilm-Pause *bebildert* wurde, wenn für eine kurze Zeit weniger neue Filmfotos geliefert werden.

Bei der Sammlung und Sichtung jener Fundstücke, die mir die thematischen und gestalterischen Muster besonders deutlich zu durchbrechen schienen, haben sich drei Haupt-Tendenzen herauskristallisiert, die mit den Aspekten *Ort, Filmgeschichte* und *Diskurs* zusammenhängen. Als erste Tendenz lässt sich in Bezug auf *Ort* eine Opposition beobachten, die zwischen Streaming und Kino hergestellt wird. Die zweite festgestellte Tendenz ist in Bezug auf den Aspekt *Zeit* eine verstärkte Hinwendung zur Filmgeschichte und der Geschichte von Filmstars. Die dritte Tendenz ist ein intensivierter *Diskurs* über die Lage des Kinos und des Films. Der Aufsatz gliedert sich insgesamt in zwei größere Teile: Auf die Sichtung des Materials, also den die drei Tendenzen beschreibenden Abschnitt folgt eine sich daraus ergebende Charakterisierung der Medienbeziehung zwischen Filmzeitschrift und Kino.

1 Ort: Sofa versus Sehnsucht

Die Ausgaben der beiden deutschsprachigen Zeitschriften zeigten sich teilweise als verwirrt in ihrer intermedialen Beziehung zum Film. Das Editorial der *epd film* Ausgabe 6 (2020) etwa überschrieb der leitende Redakteur Rudolf Worschech mit der Überschrift *Große Verwirrung*. Damit war vor allem die Situation für die Verleiher, Kinobetreiber und Kinogeher gemeint, die mit der undurchsichtigen Lage und der uneinheitlichen Wiedereröffnung der Kinos verbunden war:

> Realistisch gesehen für die Lichtspielhäuser eine desaströse Situation. Denn Filme, besonders die als Publikumsmagneten gedachten, auch im Arthouse-Bereich, kommen nur dann in die Kinos, wenn alle potenziellen Zuschauer Zugang haben. Und alles braucht Vorlauf. [...] Aber niemand wusste am 11. Mai, dem Redaktionsschluss dieses Heftes, ob im Juni flächendeckend Kinos spielen werden, es gab keine einzige Einladung zur Pressevorführung eines eventuell neu startenden Films. Deshalb versorgen wir Sie in diesem Heft wieder mit umfangreichen Streaming- und DVD-Tipps. Sollten tatsächlich Filme im Juni starten, so finden Sie diese auf unserer Website www.epd-film.de, zu der Sie als Abonnent unbegrenzten Zugang haben.[10]

Es offenbaren sich hier periodische Ordnungsstrukturen: Die Periodizität der Zeitschrift ist gekoppelt an die Zeitbezüge und Zwänge der periodischen Erscheinungsweise von Filmen im Kino und den damit zusammenhängenden Pressevorführungen vor der Kinofilmveröffentlichung – Zeitschrift, Kinofilmveröffentlichung und Pressevorführung werden alle drei nach zeitlichen Erscheinungsrhythmen

---

10 Rudolf Worschech. „Große Verwirrung". *epd film* 6 (2020): 3.

geordnet. Mit der direkten Ansprache der Abonnenten im Editorial zeigte sich auch, dass die Abonnenten als finale Station Teil dieser geordneten, periodisch wiederkehrenden Ordnungsstruktur sind – sie waren die einzige Leserschaft der Print-Ausgabe, die in der Kinopause übrigblieb.

In Worschechs Formulierungen schien aber auch eine Loyalität gegenüber dem Kino durch. Im Editorial – dem Ort, an dem der Leser sonst auf einzelne besondere Kinofilme und kinobezogene Themen aufmerksam gemacht wurde – war nun die Rede davon, dass der Zeitschriftenrezipient stattdessen mit allgemeinen, nicht an eine Aktualität gebundenen Tipps im Streaming und DVD-Bereich *versorgt* würde. Obwohl im Streamingbereich Filme im Juni 2020 starteten, wurde ihnen keine Aktualität zugesprochen.

Verwirrend ist dieses Editorial auf der rechten Zeitschriften-Seite zudem in der Zusammenschau mit der ihr gegenüberliegenden linken Seite (vgl. Abb. 1): Hier, wo sonst meist der Ort für bezahlte Kino-Festivalwerbung war, wurde eine ganzseitige Werbung für ein Abonnement der Zeitschrift geschaltet. Zitiert wurde zudem das auf der vorherigen Recto-Seite sich befindende Cover der Ausgabe, das ein Autokino zeigte und mit dem mehrdeutigen Titel versehen war: *Das Comeback*. Zudem war die Werbung mit dem bisherigen Werbespruch für die Zeitschrift versehen: „Die

Abb.1: Werbung und Editorial aus *epd film* 6 (2020): 2–3, Ausgabe des Autors.

ganze Welt des Kinos".[11] Nur widersprach das Editorial sowohl in seiner Überschrift als auch in seinen sonstigen Aussagen diesem *Comeback* des Kinos ganz erheblich.

Aus der ‚Verlegenheits-Anzeige' für sich selbst, wird erneut die Loyalität zum Kino deutlich, die eine Suchbewegung nach Ersatzorten mit sich brachte: Nicht von ungefähr zeigte das Cover ein Autokino als Symbol für jenen einzigen Ort, an dem gerade am ehesten ein klassisches Verständnis von Kino als kulturellem Ort der Zusammenkunft möglich war.

Die Treue zum Kino war in den Ausgaben der *epd film* Kinopause besonders deutlich: Die Ausgaben berichteten von alternativen Konzepten wie Freilichtkinos und wie schwer selbst für sie das Corona-Leben ist; der Artikel von Chefredakteur Rudolf Worschech stellte unter der Überschrift *Das Schöne, das uns fehlt* den „melancholischen" Bildband *Film Stills. Berliner Kinos im Lockdown* des Schweizer Fotografen Beat Presser und der Bildhauerin Danit vor.[12] Vor allem aber machte die Zeitschrift zwei Mal Kino als kulturellen Ort zum Titelthema: einmal der besagte Bericht über Autokinos; und das zweite Mal wurde der Wiedereröffnung mit dem hoffnungsvollen Cover *Licht in der Nacht* eines beleuchteten Kinos entsprochen (vgl. Abb. 2).

Der zugehörige Artikel listete in zeitschriftentypischer Manier Lieblingskinos der Redakteure auf, von denen manche für sie „wie Heimat"[13] seien. Zudem stellte *epd film* auf für sie ungewöhnlich visuelle Art und Weise auf einer Doppelseite die Aktion „Kino leuchtet. Für Dich" dar. 300 Kinos in Deutschland machten auf sich und ihre Lage dadurch aufmerksam, dass sie trotz Kinopause in der Nacht leuchteten – teilweise mit kommentierendem Schriftzug auf den Tafeln, die sonst für die Anzeige der aktuell laufenden Filmtitel bestimmt sind (Abb. 3).[14]

Die Attribute, mit denen das Kino angepriesen wurde, waren zahlreich: Zum einen wurde das Autokino als ein Ort der Gegenwart charakterisiert; hier sei die Zusammenkunft vieler Leute trotz der strikten Hygienebestimmungen möglich und sicher; zudem sei die Technik inzwischen viel besser und zugleich versprühe das Autokino einen nostalgischen Charme. Zum anderen wurde das Kino als ein Ort der Vergangenheit und Zukunft gezeichnet: Diese einzigartigen, historischen Kinosäle würden auf ihre Zuschauer warten und sie willkommen heißen als „Licht in der Nacht"[15].

Streaming hat (noch?) keinen kulturellen, emotional wie historisch aufgeladenen Ort wie das Kino. Gerade die ortsunabhängige Rezeption auf allen internetfähigen und mit den neuesten Apps kompatiblen Endgeräten zeichnet Streaming aus.

---

[11] *epd film* 6 (2020): 2.
[12] Rudolf Worschech. „Das Schöne, das uns fehlt." *epd film* 4 (2021): 55.
[13] *epd film*, 8 (2020): Cover.
[14] *epd film*, 4 (2021): 18–19.
[15] Ebd.

Abb. 2: Cover von *epd film* 8 (2020), Ausgabe des Autors.

Dennoch wurde dem Streaming von beiden Zeitschriften ein Ort zugeschrieben – und das war die Couch.

Die *epd film* betitelte direkt ihre erste Ausgabe der Kinopause mit *Alle auf die Couch* (vgl. Abb. 4). Als bezeichnendes Stellvertreter-Werk für diesen Ortswechsel zur Couch wählte die Zeitschrift allerdings die Netflix-Serie *Freud* – in Hinblick auf den Ortswechsel eine nachvollziehbare Wahl, gilt das Möbelstück als Symbol für die Psychoanalyse. In dem zum Cover zugehörigen Artikel rezensierte Manfred Riepe die Serie allerdings wenig wohlwollend, was so eher selten bei Kinofilmen vorkommt, die für das Cover gewählt werden. Die Wahl einer aktuellen Serien-Veröffentlichung legt offen, dass auch wenn die ausgewählte Streaming-Serie eigentlich keiner größeren Erwähnung wert gewesen wäre, die *epd film* nicht ihre eigene Aktualität aufgeben wollte, sondern sich den Neuveröffentlichungen im Streaming-Bereich zuwandte.

Noch in der Ausgabe 1 (2021), in Vorankündigung der verschobenen Oscar-Verleihung im April 2021, titelte die Zeitschrift abwertend: *Die Sofa-Oscars.* Dieser Titel war dabei auch als deutlicher Hinweis zu sehen, dass der (Kino-)Film sich

Abb. 3: *epd film* 4 (2021): 18–19, Ausgabe des Autors.

gerade änderte – was gerade anhand der prestigeträchtigen Oscar-Verleihung deutlich wurde:

> Nicht nur sind Filme zugelassen, die ursprünglich einen Kinostarttermin hatten und notgedrungen auf Video-on-Demand oder eine der Streamingplattformen ausweichen mussten, sondern auch Produktionen, die von vornherein für Netflix & Co produziert wurden. Die Umwälzungen der Branche, durch die Pandemie noch beschleunigt, machen also auch vor dem weltweit wichtigsten Filmpreis nicht halt.[16]

Auch wenn der Autor Thomas Albertshauser sich bemühte, die aussichtsreichsten Titel vorzustellen, wurde deutlich, dass er von der Qualität der *Sofa-Oscar-Filme* größtenteils nicht überzeugt war. So ist beispielsweise ausgerechnet die exklusive Veröffentlichung auf Apple+ *Greyhound* (USA 2020) mit mehreren Bildern vertreten, obwohl der Autor über den Film im Text sagt, „der altmodisch und mit verblüffend schlechten digitalen Effekten inszenierte Film [sei] eher als cineastischer Schiffbruch"[17] zu bezeichnen.

---

16 Thomas Albertshauser. „Die Sofa-Oscars". *epd film* 1 (2021): 50–55, hier 51.
17 Ebd.: 55.

Abb. 4: Cover von *epd film* 4 (2020), Ausgabe des Autors.

Das Sofa stand natürlich auch für die Pandemie und war damit von vornerein negativ behaftet. Zumindest im Pandemie-Kontext war das Sofa somit ein Symbol für Isolation und hatte so nur den Status einer cineastischen Zwischenlösung. Das Streaming repräsentierte in einigen Texteinheiten für die Filmzeitschrift den größtenteils ungewollten Jetzt-Zustand.

Cinema legt einen wesentlich stärkeren Fokus auf Blockbuster-Kino, Zweitdistribution von Kinofilmen als DVD und Streaming und Populärkultur rund um den Film. Doch auch sie titelt ähnlich zur *Ab auf die Couch*-Ausgabe und den *Sofa-Oscars* von *epd film*, der Disney+-Film *Luca* (USA 2021) sei „der Couch Sommer-Hit [und dabei wird das Wort Couch fett gesetzt und besonders groß, V. F.]"[18].

Wenn Streaming besprochen wurde, so stellten sich beide Zeitschriften in ihrer Kuratier-Funktion aus: *Cinema* bot in ihrem Artikel *Verloren im Streaming-Wald* einen Führer durch die Vielzahl an Streaming-Anbietern;[19] *epd film* zeigte in ihrem

---

18 Cover von *Cinema* 6 (2021): 72–73.
19 Vgl. Cinema-Redaktion. „Verloren im Streaming-Wald". *Cinema* 1 (2021): 6–9.

Es muss nicht immer Netflix sein betitelten Artikel von Gerhard Midding, dass es Alternativen zu *Groß-Streamern* gebe.[20] Die Zeitschriften wendeten sich also, wenn man so will, kurz vom Kino ab, hin zum Streaming, machten sich dort aber immer noch für das Kino und für den Kinofilm stark:

> Bei aller Liebe für das Kino, diesen völlig zu Recht romantisierten und vehement verteidigten kollektiven Erfahrungsraum, der aktuell schmerzlicher denn je vermisst wird, auch mit all seinen nervigen Begleiterscheinungen wie den schmatzenden oder zu gewollt lachenden Sitznachbarn: Spätestens jetzt kommt man um Video-on-Demand nicht mehr herum.[21]

Selbst in diesen Artikeln, welche die Umwälzungen deutlich ansprachen, wiesen die Zeitschriften dem Kino eine Qualität zu, die sie vornehmlich nur in wenigen qualitätsvolleren Streaming-Plattformen erkannten: Streaming-Anbieter seien besser, wenn sie deutlich kuratierten. Mit der Betonung der Kuratierung pries sich die Filmzeitschrift indirekt selbst, hob sie sich auch im Bereich des Streamings als Orientierung stiftendes Medium hervor. Dass es *nicht immer Netflix sein muss*, wussten die Leser schließlich von *epd film*; und den Wald sah man vor lauter Bäumen im „Streaming-Wald" ebenfalls nur dank *Cinema*.[22]

Die Loyalität zum Kinofilm zeigte sich auch darin, dass beide Zeitschriften immer wieder über ein und denselben Film berichteten, wenn er erneut oder nun doch endlich im Kino gezeigt werden konnte. So berichteten *epd film* und *Cinema* unter anderem über *Falling* (USA/UK/Kanada 2020) und *Der Rausch* (Dänemark/Schweden/Niederlande 2020) in mehreren Ausgaben.[23] Zum einen zeigte sich, dass Kinozeitschriften also keine Gefahr sehen, sich zu wiederholen. Zum anderen offenbarte sich gerade in der Mehrfachbesprechung aber auch, welche unterschiedlichen visuellen und inhaltlichen Akzente gesetzt werden können, also, wie groß der Werkzeugkasten der visuell-textlich-inhaltlichen Darstellung ist: *Der Rausch* (urspr. Starttermin 4. Februar 2020) etwa wurde in der *Cinema* 2 (2021) mit einer umfassenden Rezension, ganzseitigem Aufmacher-Bild und einem Interview mit Regisseur Thomas Winterberg bedacht. In der zweiten Berichterstattung über *Der*

---

20 Vgl. Gerhard Midding. „Es muss nicht immer Netflix sein". *epd film* 3 (2021): 52–55.
21 Ebd.: 52.
22 Es ist interessant, dass mit dem Streaming als selbst gewähltem Vergleichsobjekt, beide Filmzeitschriften Kino als einen Ort der Auswahl charakterisieren. In Zeiten des uneingeschränkten Kinobesuchs würde das durchaus die Stärken der Filmzeitschrift, die ja ebenfalls bei der Filmauswahl helfen soll, minimal schmälern.
23 Über *Der Rausch* wird bspw. in folgenden Ausgaben von *Cinema* berichtet: 1. (Jahresvorschau), 1 (2021): 24; 2. (Rezension + Interview Regisseur), 2 (2021): 30–33; (Rezension + Interview Hauptdarsteller), 4 (2021): 41. In der *epd film* 1. (Ankündigung) 1 (2021): 70; 2. (Film des Monats) 3 (2021): 11; 3. (Titelseite + Rezension + Interview Regisseur) 4 (2021): 1, 56–61, 66.

Rausch in *Cinema* 4 (2021) (Starttermin 15. April 2021) stand hingegen das Interview mit Hauptdarsteller Mads Mikkelsen im Vordergrund, während ein schmaler Streifen mit der Überschrift *Darum geht's...* am Rand den Inhalt bündig zusammenfasste und auf die bereits erschienene Rezension im vorvorherigen Heft verwies (vgl. Abb. 5 und 6).

Besonders aber visuell zeigte sich die Loyalität zum Kino(-Film). Für gewöhnlich sind Rezensionen und längere Artikel zu Themen in der *epd film* mit eher wenigen und kleinformatigen Bildern versehen. Das Layout weist zudem meist den Bildern eine dem Text untergeordnete Funktion zu. Während der Kinopause erstaunten hingegen einzelne Artikel wie jener von Gerhard Midding betitelte *Das Wasser wartet auf Dich*, der direkt im Untertitel klarstellte, dass „[e]ine kleine Geschichte des Swimmingpools im Kino"²⁴ geboten werde (vgl. Abb. 7): Große und viele Bilder wurden gezeigt und zudem hob das Layout die Bilder heraus, während der Text eher eine untergeordnete Stellung einnahm, wenn beispielsweise in den türkisen Zwischenüberschriften von „Lichtreflexen und zirpenden Grillen"²⁵ die Rede war. Die Materialität des Wassers im Kinofilm wurde hier visuell zelebriert, Was-

Abb. 5: Rezension von *Der Rausch* in *Cinema* 2 (2021): 30–33, Ausgabe des Autor.

---

24 Gerhard Midding. „Das Wasser wartet auf Dich". *epd film* 7 (2020): 54–59, hier 54.
25 Ebd.: 55.

Abb. 6: Interview mit Mads Mikkelsen zu *Der Rausch* in *Cinema*, 4 (2021): 41, Ausgabe des Autors.

serspiegelungen wurden ausgestellt und mit Kontrasten zwischen Schwarz-Weiß und Farbfilm gespielt. Der Titel *Das Wasser wartet auf Dich* schien zudem gerade nicht kongruent mit der ständigen Verfügbarkeit des Streamings, sondern betonte, dass die Kinozuschauer gerade auf das Kino mit seiner eigenen und erhabenen Visualität warten müssen, aber dieses Warten sich lohne. Der Kinofilm wurde hier auch als Medium ausgestellt, das bereits historisch bewiesen hatte, dass es die optische Macht habe, die Materialität des Wassers als einzigartige Kinoerfahrung erlebbar zu machen.

Insgesamt offenbart allein eine Gegenüberstellung der Überschriften und der visuellen Gestaltung eine Sehnsucht und eine Loyalität: Die Aufmacherseite des *Cinema*-Artikels zu *Verloren im Streaming-Wald* etwa zeigt einen recht trostlos wirkenden Wald voller herbstlicher, fast blätterloser Bäume, auf denen in kleiner Schrift die zahllosen Streaming-Anbieter standen (vgl. Abb. 8) – ein deutlicher Kontrast zu den kino-poetischen Überschriften wie *Licht in der Nacht*, *Das Comeback*, *Das Wasser wartet auf Dich* oder *Das Schöne, das uns fehlt*, die zudem mit sehnsuchtsvollen Bildern nach der Visualität des Kinofilms und dem Ort Kino einhergehen.

Über intermediale Beziehungskrisen — 181

Abb. 7: Artikel *Das Wasser wartet auf Dich* aus *epd film* 7 (2020): 54–55, Ausgabe des Autors.

Abb. 8: Artikel *Verloren im Streaming-Wald* aus *Cinema*, 1 (2021): 6–7, Ausgabe des Autors.

2 Vergangenheit: Geschichte(n) des Kinofilms

Auffällig war zudem, dass beide Zeitschriften sich in den Kinopausen der Vergangenheit des Kinofilms zuwandten. Statt dass sich die beiden Zeitschriften in ihren frei gewordenen Seiten verstärkt den aktuellen Veröffentlichungen im Streaming- und DVD-Bereich widmeten, wurden mit neu eingeführten festen Rubriken ältere Filme samt ihrer Stars in den Fokus gerückt. Die *Cinema* hatte bereits seit 2018 die Rubrik „Geburt eines Klassikers", die unregelmäßig erscheint, nummeriert ist und immer die Produktion eines für die *Cinema* heute als Klassiker geltenden Filmes in den Vordergrund rückt. Hinzu kam die, stets auf der letzten Seite platzierte Rubrik mit dem sprechenden Namen *Spätvorstellung*, in der ein Redaktionsmitglied sich kolumnenartig über ihre nachgeholte Rezeption eines sogenannten Kultfilms wie *Stirb Langsam* (USA 1988) oder *Der Exorzist* (USA 1973) auslassen sollte. Diese Rubrik wurde in 1 (2021) abgelöst von *Close-up*, in der über einen ehemaligen Star und seine jetzige Tätigkeit berichtet wird (bspw. über Tobey Maguire in 5 [2021]). Alle diese Rubriken waren bereits filmgeschichtlich ausgerichtet.

Zusätzlich aber wurde in der Ausgabe 6 (2020) die Rubrik *Gelebtes Hollywood* eingeführt. Alte Interviews mit *Legenden* aus Hollywood wurden aus den Archiven der *Hollywood Foreign Press Association* (HFPA) gesichtet, übersetzt und in *Cinema* abgedruckt. Dass sehr alte Interviews mit Stars (bspw. mit Charlton Heston vom 16. Juni 1976)[26] in einer Zeitschrift abgedruckt werden, die ihren Schwerpunkt eigentlich auf aktuelle Blockbuster-Filme legt, lässt sich durchaus als bezeichnend für den Umgang mit der intermedialen Beziehungskrise und die Hinwendung zur Filmgeschichte ansehen. Im einem von mir geführten Interview mit dem Chefredakteur Philipp Schulze und dem Layouter Sven Mewes sagte dieser dazu:

> Klar hatten wir auch ein Problem, was machen wir in der Corona-Zeit. Aber wir haben uns auch so verstanden: Wir wollten den Leuten trotzdem, trotzdem die nicht mehr ins Kino gehen können, ein Kinoerlebnis geben. Wir haben solche Geschichten [d. i. die Rubrik *Gelebtes Hollywood*] dann auch entwickelt und haben gesagt: Die sitzen zu Hause, die wollen aber trotzdem an ihrem Steckenpferd, an ihrem Hobby, was sie gerne haben, festhalten und dann wollen wir denen was liefern. Und daraus sind dann auch solche Sachen entstanden.[27]

epd film hatte bisher keine Rubrik, in der sich wiederkehrend mit Filmgeschichte oder alten Klassikern auseinandergesetzt wurde. Aber auch sie führte mit *ReWind*

---

26 Vgl. *Cinema*. 9 (2020): 66–67.
27 Vincent Fröhlich, Philipp Schulze und Sven Mewes. „Interview mit dem Chefredakteur und dem Grafiker der Filmzeitschrift Cinema". https://www.youtube.com/watch?v=UQaBE1AieQQ (04.07.2023), TC: 1:13:05–1:13:22.

eine Rubrik ein, in der alte Filme, die damals „auf der Höhe ihrer Zeit waren – und heute wieder einen Nerv treffen"[28] auf einer Doppelseite gewürdigt wurden. In der ersten Ausgabe (9 [2020]) etwa wurde der vor 25 Jahren „in Cannes uraufgeführte"[29] Film *Hass – La Haine* (F 1995) besprochen. Die Rubriken beider Zeitschriften sind nach den landesweiten Öffnungen der Kinos bald verschwunden.[30]

Ebenfalls noch häufiger als sonst fanden sich in beiden Zeitschriften Auflistungen. Bereits erwähnt wurden die in der Ausgabe 8 (2020) von Zeitschriften-Redakteuren der *epd film* zusammengestellte Bestenliste der Kinos und die Filmgeschichte des Swimmingpools im Kinofilm. Die *Cinema*, die ohnehin mehr als die *epd film* zu Auflistungen und Quiz-Fragen neigt, baute diese Tendenz ebenfalls weiter aus: Bei ihr waren diese Artikel, die zusätzlich von aufwendigen Collagen begleitet wurden, sogar häufig Hauptaufmacher auf dem Cover mit Titeln wie: *Kennen Sie Kino?* (12 [2020]), *Unsere Heimlichen Kultfilme* (3 [2021]), *Die 101 grössten Momente der Filmgeschichte* (6 [2021]) (vgl. Abb. 9). Mit diesen Auflistungen und Quizfragen wird letztendlich Filmgeschichte auf sehr zeitschriftentypische Art und Weise collagiert.

3 Diskurs: Lage und Zukunft des (Kino-)films

epd film und *Cinema* veröffentlichten in der Kinopause mehrere Artikel, die sich kritisch mit der Gegenwart und Zukunft des Kinofilms auseinandersetzten. *Cinema* sprach mit dem YouTube-Filmkritiker Wolfgang M. Schmitt über eine Verstaatlichung der Kinos,[31] beide Zeitschriften formulierten Thesen, die *epd film* druckte sogar ein Manifest zur Zukunft des Kinos: Georg Seeßlen analysierte mit Studierenden der HFF die aktuelle Lage des Kinos; sie kritisierten unter anderem die Dominanz des Hollywood-Films, besonders den Hang zur Serialisierung: „Das Mainstreamkino ist tot. Wir glauben an ein anderes"[32] – eine Replik auf den bekannten Satz („Der alte Film ist tot. Wir glauben an den neuen."[33]) des Oberhausener Manifests vom Februar 1962, und damit erneut eine Hinwendung zur Filmgeschichte. Besonderes Gewicht erhielten bei der formulierten Utopie die Orte des

---

28 Tim Lindemann. „Hass – La Haine". *epd film,* 9 (2020): 18–19, hier 18.
29 Ebd.
30 *ReWind* war von 9 (2020) bis 8 (2021) eine mehr oder weniger wiederkehrende Rubrik (in 4 und 7 [2021] fehlte sie). *Gelebtes Hollywood* blieb bis 7 (2022) eine feste Rubrik mit insgesamt 20 Folgen.
31 Vgl. Janosch Leuffen. „Der YouTube-Akademiker". *Cinema* 3 (2021): 16–19.
32 Georg Seeßlen. „Manifest für ein Kino nach Corona". *epd film* 4 (2021): 32–36, hier 36.
33 Siehe zum Beispiel: Michaela Ast. *Der alte Film ist tot. Wir glauben an den neuen. Die Genese des Jungen Deutschen Films.* Marburg: Tectum-Verlag, 2013.

Abb. 9: Cover von *Cinema* 6 (2021), Ausgabe des Autors.

Films: „Wir brauchen einen Film, der nicht existiert, sondern der an Orten geschieht."³⁴ *Cinema* stellte unter der Überschrift *Wir müssen keine Angst vor Netflix* haben Interviews mit Experten zusammen, aus denen sich „sechs Thesen zur Zukunft des Kinos"³⁵ herauskristallisierten. In beiden Zeitschriften war in den Jahren zuvor nie so schonungslos über den Zustand des Kinos gesprochen worden. Auch an vielen anderen Stellen, etwa wenn in den bereits erwähnten Artikeln *kleinere* Streaming-Anbieter empfohlen wurden, wenn von den Sofa-Oscars die Rede war, einzelne Kinos gewürdigt wurden, über die neuen Autokinos berichtet wurde usw., schwang immer wieder die Frage mit, wie die Zukunft des Kinos aussehen könnte. Noch verdeckter klang bei diesen Fragen immer die Sorge um die eigene Zukunft, die Zukunft der Filmzeitschrift mit.

Dies zeigte sich auch in dem pauschal zunehmenden Diskurs: Filmzeitschriften haben, bedingt durch ihre fundamentale Beziehung zum Film, sich natürlich immer hin und wieder Gedanken über die Zukunft des Films gemacht. Aber die größere

---

34 Georg Seeßlen. „Manifest für ein Kino nach Corona". *epd film* 4 (2021): 32–36, hier 34.
35 Oliver Noelle. „Wir müssen keine Angst vor Netflix haben". *Cinema* 2 (2021): 64–71, hier 64.

Diskursfreude in den insgesamt wenigen Ausgaben der Kinopause war offensichtlich. Zum einen war dies sicherlich der Beziehungskrise und der ersten, bereits beschriebenen Verwirrung über die Kinoschließungen geschuldet. Eine Grundlage für die Diskursfreude muss aber zum anderen in der Befreiung von den klaren Ordnungsstrukturen und Zwängen gesehen werden, die mit der intermedialen Beziehung der Zeitschrift zum Kinofilm einhergehen. An die Periodizität des Medienpartners gebunden zu sein, bedeutet auch *Druck*, da stets alle neu veröffentlichten Filme rechtzeitig besprochen und in das aktuelle Heft *gedruckt* werden. Ohne neue Kino-Filmveröffentlichungen und die mit ihnen einhergehenden festen Ordnungsstrukturen innerhalb und außerhalb der Filmzeitschrift war ein wörtlicher Druck-Frei-Raum vorhanden für neue Gedanken über den Medienpartner.[36]

Zusammen kommen die drei Aspekte – Ort, Vergangenheit und (visueller) Diskurs – auf zwei Doppelseiten der *epd film* in emblematischer Weise. In der Ausgabe 1 von 2021 findet sich eine mit nur wenigen Zeilen Text versehene Doppelseite mit dem Titel „Demnächst in Ihrem Kino" (Abb. 10). Gezeigt werden Filmstills aus Filmen, die im Kino spielen. Die *epd film* schreibt: „An dieser Stelle im Heft würden Sie normalerweise die Kritiken aktueller Filme finden."[37] In dieser Selbstaussage wird deutlich, dass durch die Kinopause und in der dadurch entstehenden Sehnsucht nach dem Kino sich zugleich in der Filmzeitschrift ein sonst besetzter Raum für Reflexion öffnet: Dort, wo sonst der *Druck* einer periodischen Rezensionsroutine pressierte, ist nun ein Druck-Frei-Raum. Die *epd film* nutz diesen Raum für eine Reflexion über das Kino und den Kinofilm. Sie nimmt eine zeitschriftentypische visuelle Auflistung vor; sie vermittelt erneut Filmwissen: Letztendlich schreibt sie mit Bildern einen Kinokanon. Anscheinend möchte die Filmzeitschrift so gesehen werden: zwischen Leidenschaft für das Kino und Mitbestimmung und Reflexion seiner auch visuellen Wissensgeschichte.

---

36 Weiterhin waren in den Heften auch vorhanden: Filmrezensionen, Starportraits und Nachrufe, Hinweise auf (aus der damaligen Perspektive: hoffentlich bald) startende Filmproduktionen und spezielle Artikel zu Regisseuren, Filmländern, Technik und Filmstilen. Nur geht es in dem gewählten Fokus hier gerade um die Abweichungen und Intensivierungen, die Ausdruck einer intermedialen Beziehungskrise sein können.

37 *epd film* 1 (2021): 68–69, hier 69.

Abb. 10: *epd film* 1 (2021): 68–69, hier S. 69, Ausgabe des Autors.

4 Theoretisierung

4.1 Beziehungskrise

Anders als bei vielen anderen Special-Interest-Zeitschriften handelt es sich bei der Beziehung zwischen Film und Filmzeitschrift um eine zwischen zwei Medien. Diese Beziehung aber ist ungleich: Die Filmzeitschrift ist abhängig vom Film, während die Filmzeitschrift umgekehrt keinen direkten Einfluss auf den Film hat.

Ich hatte mit dem Vorschlag begonnen, die intermediale Beziehung zum Film für die Filmzeitschrift als fundamental anzusehen. Als intermediale Beziehungskrise würde ich jene Zeit definieren, in dem sich der Medienpartner, zu dem eine fundamentale Medienbeziehung besteht, massiv ändert oder pausiert. Umgekehrt ist dann zu erwarten, dass der von ihm abhängige Medienpartner auf diese Veränderung reagieren muss und eine weiterführende Frage lauten kann, wie seine Reaktion ausfallen wird. Eine intermediale Beziehungskrise ist dann eine Phase, in der bestimmte bisherige Charakteristiken der Medienbeziehung in besonderem Maße – bspw. gehäuft oder deutlicher – auftreten können. Diese Charakteristiken sollen in den folgenden Abschnitten im Vordergrund stehen.

Die Zeit der pandemiebedingten Kinopause kann auch deshalb als intermediale Beziehungskrise analysiert werden, da sich der Umgang, den die beiden Filmzeitschriften mit den Herausforderungen jener Zeit entwickelt haben, mit dem charakteristischen Verlauf einer Krise beschreiben lässt: Auf eine erste kurze Schockphase (bspw. die beschriebene *Verwirrung* bei der *epd film*), folgte eine Reaktionsphase (Positionierung gegenüber Kino und Streaming/Loyalität), eine Bearbeitungsphase (Hinwendung zu Vergangenheit und Zukunft) und schließlich eine Neuorientierung.[38]

Diese Neuorientierung hat bei den beiden Zeitschriften zwei Gesichter: Einerseits besteht bei *epd film* die Neuorientierung gerade darin, dass dem Kino nach wie vor mehr Aufmerksamkeit geschenkt wird, vor allem der spezifische Ort Kino expliziter adressiert wird als vor der Krise: Allein auf zahlreichen Covern nach der Kinopause ist ständig vom Kino die Rede.[39] Im auf dem Cover beworbenen Artikel *Völker Schlöndorff zur Lage der Kinos* berichtet der Regisseur in der *epd film* davon, wie „die Programmmacher sich mit Mut und Fantasie gegen die Pandemiefolgen stemmen"[40]. Der auf dem Cover der *epd film* 9 (2022) beworbene größere Artikel über kommunale Kinos umreißt die Geschichte dieser Orte und interviewt die „Szene-Kennerin" Cornelia Klauß.[41]

Andererseits spielt Streaming nun auch in den Zeitschriften eine größere Rolle. In der Kinopause kam die *epd film* nicht drum herum auch Streaming-Titel auf das Cover zu setzen, während *Cinema* auf ihren Covern hauptsächlich mit ihren selbst zusammengestellten Listen warb. Aber auch nach der Kinopause haben sich beide Zeitschriften dazu entschieden, exklusive Streaming-Filme für das Cover zu nehmen: *epd film* wählte für ihre Ausgabe 10 (2022) den Netflix-exklusiven Film *Blond* (USA 2022); und *Cinema* zeigte *The Gray Man* (USA 2022) auf ihrem Cover der Ausgabe 8 (2022).[42] Seit 05 (2020) heißt die vorher als *Medien* bezeichnete übergeordnete

---

38 Vgl. Ruth Enzler Denzler und Edgar Schuler. *Krisen erfolgreich bewältigen. Wie Führungskräfte in Wirtschaft und Politik Schicksalsschläge überwinden*. Berlin: Springer, 2018, 33–66, hier: 34–35.
39 Bspw. *Kino und das Metaverse* in *epd film* 10 (2022).
40 Cover und Volker Schlöndorff: Völker Schlöndorff zur Lage der Kinos. *epd film* 7 (2022): 12–17, hier 12.
41 Cover und Cornelia Klauß: „Das waren Wildwest-Zeiten." *epd film* 9 (2022): 20–26, hier 25.
42 Auch in Bezug auf diesen Filmtitel zeigt sich eine Art der Loyalität. In der drei Monate später erschienen Ausgabe 11 (2022), macht Oliver Noelle Filme wie *The Gray Man* mit für die Krise der Kinobranche verantwortlich, wenn er im letzten Satz seines Artikels über den Rückgang der Kinoeinnahmen schreibt: „Wenn ein Film wie *The Gray Man* [...], der fast 250 Millionen Dollar gekostet hat, unabhängig von der Qualität für die meisten Menschen nur auf einer Streamingplattform zu sehen ist und somit seine Kosten gar nicht einspielen kann, dann schadet dies der gesamten Filmbranche" (Oliver Noelle: „Wir brauchen mehr Filme!". *Cinema* 11 (2022): 10–13, hier 13).

Rubrik *Streaming* in der *epd film* und *Cinema* hat die Rubrik *Home-Cinema* in der Kinokrise in *Streaming* unbenannt[43] – auch diese begriffliche Hochstufung ist ein Zeichen für den gefestigten Status in den Ausgaben beider Zeitschriften.

Die Neuorientierung der Filmzeitschriften nach der intermedialen Beziehungskrise könnte ein Indiz unter vielen dafür sein, dass sich der Film stark mit und nach der Kinopause verändert hat: So wie beide Zeitschriften zunehmend Streaming-Filme auf ihre Cover setzen und die Streaming-Rubrik der Zeitschriften zwar zugleich klarer ausgezeichnet wird, aber immer mehr Platz einnimmt und fast gleichberechtigt zum Kinofilm Raum greift in den Ausgaben, verschwimmt die Grenze zwischen exklusivem Streaming-Film und exklusivem Kinofilm immer mehr. Die Zeitschriften haben einen Anteil an dieser Aufweichung der Grenzen. Denn die erhöhte Aufmerksamkeit, die Streaming in den Zeitschriften gewidmet wird, die *Cinema* heißen oder, wie die *epd film*, mit Slogans wie „Die ganze Welt des Kinos" werben, nobilitiert das Streaming letztendlich.

Auch die anhaltende Diskursfreude kann als Indiz dafür gesehen werden, dass die intermediale Krise vorbei sein mag, aber die Zeitschrift sich noch immer um ihren Medienpartner Kinofilm sorgt: *Cinema* nimmt die Zahlen, dass die Einnahmen der deutschen Kinobranche um 30 % vor der Pandemie hinterherhinken zum Anlass einer Kritik daran, dass auch im Blockbuster-Kino zu viele Filme immer wieder verschoben werden und es so am Anreiz fehlt, ins Kino zu gehen.[44] Und René Martens klagte in der *epd film* unter dem programmatischen Titel *Kino ade?* an, die Öffentlich-Rechtlichen hätten im Grunde seit der Kinopause eine vehemente „Kinomüdigkeit"[45] entwickelt, der WDR bspw. fördere kaum noch Kinofilme.

Auch ein mit der *Cinema*-Redaktion durchgeführter Fragebogen im April 2022 bestätigt, dass in der Kinopause eine Ausrichtungsänderung vorgenommen wurde.[46] Bei den Antworten auf die Frage, in welche Richtungen diese Änderungen gingen, belegt Platz 1 der Bereich Streaming, Platz 2 die Filmgeschichte, Platz 3 Zukunft des Kinos – eine Platzierung, die sich mit den hier dargelegten Beobachtungen deckt. Die Filmzeitschrift kann gerade in ihrer Neuorientierung auch als Seismograph dafür gesehen werden, wie sehr sich ihr Medienpartner verändert hat und noch immer ändert.

---

[43] Vincent Fröhlich, Philipp Schulze und Sven Mewes: „Interview mit dem Chefredakteur und dem Grafiker der Filmzeitschrift *Cinema*". https://www.youtube.com/watch?v=UQaBE1AieQQ (04.07.2023), TC: 1:08:01.
[44] Vgl. Oliver Noelle und Robert Mitchell. „Wir brauchen mehr Film". *Cinema* 11 (2022): 10–13.
[45] René Martens. „Kino ade?" *epd film* 11 (2022): 24–25, hier 24.
[46] Die *Cinema*-Redaktion ist sich allerdings nicht einig, ob diese Richtungsänderung eine bewusste oder eine eher der Situation angepasste Änderung war, was womöglich dadurch erklärbar ist, dass Richtungsänderungen nicht immer mit der kompletten Redaktion besprochen werden.

35 In den Monaten, in denen die Kinos aufgrund der Pandemie geschlossen waren, haben Sie eine Veränderung der thematischen Ausrichtung der "Cinema" beobachtet?

Mehrfachauswahl, geantwortet 11 x, unbeantwortet 0 x

Antwort	Antworten	Verhältnis
Ja, bewusste Entscheidung für eine generelle Ausrichtungsänderung	6	54,5%
Ja, aber KEINE bewusste Entscheidung für eine generelle Ausrichtungsänderung	4	36,4%
Nein	0	0,0%
Kann ich nicht sagen	1	9,1%
Andere...	0	0,0%

Abb. 11: Mitarbeiterfragebogen Cinema, Umfrage des Autors mit der Zeitschrift *Cinema* vom 27.01.2022 bis 12.07.2022, Frage 35.

36 Falls ja, inwiefern hat sich die Ausrichtung der "Cinema" geändert?

Mehrfachauswahl, geantwortet 10 x, unbeantwortet 1 x

Antwort	Antworten	Verhältnis
Kaum eine Veränderung	0	0,0%
Mehr in Richtung Filmgeschichte	8	80,0%
Mehr über die Zukunft des Kinos	7	70,0%
Mehr über Streaming-Angebote	9	90,0%
Mehr selbstreferentielle Inhalte	1	10,0%
Mehr zu Popkultur im Allgemeinen	3	30,0%
Mehr zu Stars	0	0,0%
Andere...	0	0,0%

Abb. 12: Mitarbeiterfragebogen Cinema, Umfrage des Autors mit der Zeitschrift *Cinema* vom 27.01.2022 bis 12.07.2022, Frage 36.

4.2 Intermedialität

Die vorgenommenen Beobachtungen in einer intermedialen Beziehungskrise lassen eine Medienbeziehung hervortreten, für die es meines Erachtens bisher in dem weiten Feld der Intermedialitätsforschung samt ihrer Kategorisierungen keine passende Bezeichnung gibt. Natürlich kann hier nur sehr verkürzt auf die zahlreichen Kategorisierungs-Versuche der Intermedialität eingegangen werden. Als größte Schwierigkeit der bisherigen Intermedialitäts-Kategorien sehe ich aber vor allem an, dass die Begrifflichkeiten vorwiegend beschreiben sollen, dass eine Repräsentation eines Mediums in einem anderen vorliegt (transformierende Intermedialität) oder aber ein Medium ein anderes Medium enthält (synthetische Intermedialität), um hier vor allem Jens Schröters Kategorisierung zu folgen.[47] Auch Jay David Bolter und Richard Grusin definieren den Begriff der Remediatisierung als „representation of one medium in another"[48]. Bolter und Grusin fahren fort, in der Remediatisierung erweise das repräsentierende dem repräsentierten Medium seine Referenz und positioniere es zugleich als Rivalen in einer Konstellation der Medienkonkurrenz. Auch geht es nicht um transmediale Strukturen oder Phänomene – all jene genannten Aspekte scheinen mir bei der illustrierten Filmzeitschrift nicht vollends zutreffend. Die Filmzeitschrift repräsentiert nicht den Film; weder nimmt sie den Film in sich auf und wird damit ein Intermedium zwischen Film und Zeitschrift noch herrscht eine Form der Medienkonkurrenz zum Film. Selbst die Fotografien, in illustrierten Filmzeitschrift sind, wie bereits ausführlich dargelegt wurde,[49] meist keine Frames, sondern extra angefertigte Fotografien, also *Production Stills* oder *Film Stills*.

Stattdessen scheint mir der hier verwendete Begriff der *Medienbeziehung* für das Verhältnis zwischen Filmzeitschrift und Film passend. Medienbeziehung wähle ich, da es mir eben um die Relation zwischen den beiden Medien geht, nicht, inwiefern das eine im anderen enthalten ist oder repräsentiert wird, sondern welche Haltung das eine zum anderen einnimmt. Jedes Medium bleibt hier distinkt, geht aber eine Beziehung zum anderen ein: Dieser Medienpartner wird zwar Teil der eigenen Medienidentität und damit zum Teil zu seinem Inhalt, aber er wird nicht als Medium Teil des anderen. Vielmehr wird ein neues, medienspezifisches Verständnis, ein neue Medienidentität des Medienpartners geschaffen. Medienbeziehung soll daher vor allem eine facettenreichere Relation zueinander beschreiben, eine, die aus zu vielen verschiedenen Ebenen besteht, um sie mit den bisherigen Intermedialitätskategorien zu fassen. Aus den Fallbeispielen schlussfolgernd lassen sich Hinweise für die Charakteristiken dieser Medienbeziehung sammeln.

4.3 Eine Beziehung mit Geschichte

Das Agieren der beiden Filmzeitschriften *Cinema* und *epd film* während der pandemiebedingten Kinopause 2020 macht deutlich, dass die Beziehung zwischen

---

[47] Vgl. Jens Schröter. „Intermedialität. Facetten und Probleme eines aktuellen medienwissenschaftlichen Begriffs". *montage/av* 7.2 (1998): 129–154.
[48] Jay David Bolter und Richard Grusin. *Remediation. Understanding New Media*. 6. Nachdr. Cambridge, Mass.: MIT Press, 2003, 45.
[49] Vgl. Vincent Fröhlich. „Die vielen fotografischen Papierbilder des Films. Über Präsentationsformen von Filmstills". *Rundbrief Fotografie* 27.3 (2020): 8–21.

Filmzeitschrift und Film eine historisch gewachsene ist. Die Filmzeitschrift hat eine klare, aus ihrer intermedial bedingten Identität gewachsene Treue zum Kinofilm – sie ist kein neutraler intermedialer Begleiter, sondern weiß grundsätzlich, wem sie ihre Existenz zu verdanken hatte: Die Loyalität zum Kino als kulturellen Ort wie zum bevorzugten Ort der filmischen Erfahrung ist offensichtlich. Die Filmzeitschrift hat sich dem Kinofilm verschrieben.

Das Kino als Ort, der Kinofilm als für diesen Ort vorgesehenes Medienprodukt und die Kinokultur haben die Filmzeitschrift geprägt. Joseph Garncarz hat herausgearbeitet, wie beispielsweise um die Jahrhundertwende, als der Film noch Teil eines Varietés war, Hauszeitschriften wie die *Artistischen Nachrichten* des Hansa-Theaters unter anderem als Beilage in zahlreichen Tageszeitungen vertrieben wurden. Sie berichteten periodisch über das Varieté-Programm. Zudem wurden die einzelnen Filme mit „Filmphotos, Beschreibungen [...] sowie der Umstände ihrer Entstehung"[50] begleitet – viele Charakteristiken heutiger Filmzeitschrift zeigten sich bereits da; zugleich gab es natürlich historisch bedingte Eigenschaften: So erfüllten diese Zeitschriften und Programmhefte auch eine Vor- und Nachlesefunktion zum besseren Verständnis des noch neuen und nicht mit einer Tonspur versehenen Films, der hier zudem ja in ein Programm aus unterschiedlichen Darbietungsformen eingebettet war: „Die Funktionen des Filmerklärers in lokalen Varietés oder Saalkinos übernahmen in den internationalen Varietés die Hauszeitschriften bzw. Programmhefte."[51] Die Filmzeitschrift war damit anfangs nicht nur exklusiv an Vorformen des Ortes Kino, sondern sogar an einzelne feste Programmstätten wie das Hansa-Theater gebunden. Auch wenn die populäre illustrierte Filmzeitschrift sich natürlich seitdem stark verändert hat, und, wie zu Beginn gesagt, die Entgrenzung des Films zur Kenntnis nimmt, liegt ein Stück ihrer DNA in Programmheften und Hauszeitschriften und damit in ihrer Loyalität zum Ort Kino: Die Wurzeln für diese Loyalität liegen in den lange zurückliegenden und vielfältigen Verbindungen zwischen den spezifischen Orten des Films und der für diese Orte bestimmten, der über diese Orte berichtenden und der oftmals dort verkauften Zeitschrift. Die hier zum Vorschein gekommene Sehnsucht nach dem Kino steckte womöglich immer schon in der Filmzeitschrift: Immer musste sie auf den exklusiven Ort des Films weisen.[52]

---

50 Joseph Garncarz. *Maßlose Unterhaltung. Die Etablierung des Kinos in Deutschland 1896–1914.* Frankfurt a. M. und Basel: Stroemfeld 2010, 18.
51 Ebd.: 25.
52 Dass Filmzeitschriften oftmals auch an Orte des Films gebunden sind, zeigt sich auch an neueren Beispielen wie *Bali-Filmspiegel.* In den 1960er Jahren war dies eine spezifisch auf die Bahnhofslichtspiele (Bali) ausgerichtete Zeitschrift.

Auch wenn weitere Forschung zur Geschichte der Filmzeitschrift nötig ist, scheint eine historische Konstante zu sein, dass die Filmzeitschrift Film als zeitlich-serielles Medium fasst, das Vergangenheit, Gegenwart und Zukunft hat. Kann eine dieser zeitlichen Perspektiven weniger intensiv behandelt werden, fällt noch mehr Gewicht auf die anderen. Das Verhalten der beiden Zeitschriften lässt sich beispielsweise mit einer viel weiter zurückliegenden Situation vergleichen: Nach dem Zweiten Weltkrieg waren zahlreiche Kinos in Deutschland zerstört und die jüngsten deutschen Filmproduktionen vor Kriegsende standen unter dem Generalverdacht der nationalsozialistischen Propaganda. *Neue Filmwelt* wurde am 1. August 1947 als erste neue deutsche Filmzeitschrift ins Leben gerufen. Auch wenn diese Kinopause eine ganz andere war, verhielt sich die *Neue Filmwelt* in Bezug auf den deutschen Film ähnlich wie in den hier beobachteten Fallstudien: Sie wandte sich vornehmlich der länger zurückliegenden deutschen Filmvergangenheit, der Zukunft des deutschen Filmes und einem Diskurs darüber, wie der zukünftige deutsche Film sein sollte, zu. Nicht nur die Verlagerung hin zur Vergangenheit und Zukunft bildet hier eine Konstante. In beiden Fällen lässt sich der in der Kinopause verstärkt einsetzende Diskurs in der Filmzeitschrift auch nicht ausschließlich aus den Gedanken an eine Krise heraus deuten. Sondern die Kinopause ermöglicht der Filmzeitschrift einen Freiraum, der als Reflexionsraum genutzt werden kann. Umgekehrt macht dies deutlich, wie sehr die Filmzeitschrift für gewöhnlich gebunden ist an den Film mit seinen periodischen Ordnungsstrukturen: einen in kalendarische Intervalle getakteten steten Fluss an Neu-Veröffentlichungen.

4.4 Filmzeitschrift & Kinofilm: sich ergänzende Medienpartner

Zeitschriften sind serielle Medien. In den *periodical studies* wurde unter anderem von James Mussell und Marc Turner versucht, diese eigene Art der Serialität zu fassen.[53] Als Charakteristik kann gesehen werden, dass Zeitschriftenausgaben sowohl stets zurückweisen auf ihre vorherigen Ausgaben, als stets auch vorausweisen. Die Filmzeitschrift nimmt somit eine zeitliche Bewegung vor, die sowohl Teil ihrer Eigenart ist als auch zum Film und seinen Ordnungsstrukturen passt. Wie ich andernorts vorgeschlagen habe, könnte die Zeitschrift als schwingfähiges System angesehen werden, das Beziehungen eingeht. Das heißt, die Zeitschrift nimmt an-

---

53 Vgl. Mark W. Turner. „The Unruliness of Serials in the Nineteenth Century (and in the Digital Age)". *Serialization in Popular Culture*. Hg. Rob Allen und Thijs van den Berg. New York und London: Routledge, 2014. 11–32.

dere, auswärtige Rhythmen auf, überführt sie aber zugleich in ihren eigenen Rhythmus.[54]

Diesem Argumentationsstrang folgend hat sich die Beziehung zwischen Zeitschrift und Film auch als eine tragfähige herausgestellt, weil beide Medien bestimmte Charakteristiken teilen: Es sind beides Massenmedien und sie operieren periodisch. Der Kinofilm läuft zu einem wöchentlichen und damit ähnlich zuverlässigen Takt – in Deutschland ist das der *Kino-Donnerstag*, der wiederum an den im viktorianischen England so genannten *Magazine Day* erinnert: Der Tag im Monat, an dem die Zeitschriften erschienen sind.[55] Darüber hinaus sind es beides Medien der Kooperation. Auch die Herausforderung von analog zu digital stellt sich bei beiden womöglich in ähnlicher, teilweise als bedrohlich wahrgenommener Weise. Und nicht zuletzt ist gerade der Kinofilm in seiner Rezeption ein ephemeres Medium: flüchtig ist das projizierte Bild; die Zeitschrift ist ebenfalls ephemer: auf preiswertem Papier, nicht gebunden wie ein Buch, aber periodisch *gebunden* an eine monatliche oder vierteljährliche Aktualität, wird die aktuelle Ausgabe abgelöst von der nächsten, was James Mussell sogar als eine Art Tod beschreibt: „On the appearance of the latest issue, its predecessor undergoes a transformation, a kind of death, as it joins the other back issues and makes way for the new."[56]

In ihrem Grad der Ephemeralität aber sind die beiden Medien verschieden. So kann die Filmzeitschrift die Funktion erfüllen, in Bezug auf den Film zum Nachlesen und Nachsehen gedacht zu sein. Francesco Casetti hat „Kino als Ort einer Erfahrung [...] – und zwar einer bestimmten Erfahrung, der filmischen"[57] betrachtet. Der Zuschauer rezipiere nicht den Film, er erlebe ihn. Die Filmzeitschrift ist auch ein Medium, das diese filmische Erfahrung, dieses Erleben, vorbereitet, darauf neugierig macht und es verarbeitet. Sie kann das, weil sie zwar zeitlich die Kinoveröffentlichung umrahmt, aktuell genug ist, um mit der Filmveröffentlichung synchron zu laufen, aber zeitlich zugleich so periodisch gemächlich getaktet ist, dass

---

54 Vgl. Vincent Fröhlich. „Periodizität". *Handbuch Zeitschriftenforschung. Disziplinäre Perspektiven und empirische Sondierungen.* Hg. Oliver Scheiding und Sabina Fazli. Bielefeld: Transcript, 2022. 65–84, hier 68.
55 „Every phase of periodical production from writing and editing to printing and binding had to accommodate itself to Magazine Day. [...] Magazine Day met the needs of publishers and retail booksellers, but in the process became something of an institution." (Michelle Allen-Emerson. *On Magazine Day.* https://www.branchcollective.org/?ps_articles=michelle-allen-emerson-on-magazine-day. BRANCH: Britain, Representation, and Nineteenth-Century History, 2015 (26. April 2021).).
56 James Mussell. „Repetition. Or, 'In Our Last'". *Victorian Periodicals Review* 48.3 (2015): 343–358, hier 359.
57 Francesco Casetti. „Die Explosion des Kinos. Filmische Erfahrung in der post-kinematographischen Epoche". *montage/av 19* (2010): 11–35, hier 11.

eine Vor- und Nachlektüre im monatlichen oder vierteljährlichen Rhythmus ohne größeren Aufwand für den Leser möglich ist.

Gerade aufgrund ihres anderen zeitlichen Charakters war die Filmzeitschrift in der Kinopause ein Medienformat, das es ermöglicht hat, sich trotzdem mit dem Kinofilm zu beschäftigen, wie auch in dem zitierten Interview mit den Cinema-Machern bestätigt wurde: „Die sitzen zu Hause, die wollen aber trotzdem an ihrem Steckenpferd, an ihrem Hobby, was sie gerne haben, festhalten und dann wollen wir denen was liefern."[58] Lange Zeit, im Grunde bis zur Kauf-VHS, war bis auf ein paar weitere Print-Memorabilia[59] die Filmzeitschrift auch eine Möglichkeit, etwas vom Film zu besitzen, sich wann und wo immer man mochte, mit dem Film zu beschäftigen. Diese Wesens-Unterschiede machten es mit möglich, dass die Filmzeitschrift weiterlief, während das Kino pausierte: Die solitäre Rezeption, die anders zeitlich gelagerte Produktion sowie die eingeschweißte und damit steril und sicher verpackte Distribution erlaubten trotz Pandemie eine Auseinandersetzung mit der Sehnsucht nach dem Kino und eine Weiter-Beschäftigung mit dem Film.

4.5 Filmzeitschriften schaffen ihr sehr eigenes Konzept vom Film

Mit neu eingeführten Rubriken, in denen einzelne, lang zurückliegende Filme und Schauspiel-*Legenden* herausgegriffen wurden, stellt sich die Zeitschrift aus in ihrer Charakteristik auszuwählen, wiederabzudrucken, zu kuratieren und letztendlich auch zu kanonisieren. Besonders dadurch, dass beide Filmzeitschriften ihre jeweils sehr eigene Auswahl und Darstellung von Filmgeschichts-Bestandteilen über die Ausgaben hinweg zusammenfügen, schreiben sie ihre eigene Geschichte des Films und beeinflussen so die Geschichte des Films mit.

Zudem wird dem Rezipienten auf meist niederschwellige und unterhaltsame Art nicht nur historisches Wissen vermittelt: Michael Cowan hat herausgearbeitet, wie sehr Filmzeitschriften mit bspw. Bildrätseln Cinephilie früh unterstützt und genaues Hinschauen trainiert haben.[60] Aber Rätsel und Listen sind nicht nur

---

[58] Vincent Fröhlich, Philipp Schulze und Sven Mewes: „Interview mit dem Chefredakteur und dem Grafiker der Filmzeitschrift Cinema". https://www.youtube.com/watch?v=UQaBE1AieQQ (04.07.2023), TC: 1:13:05–1:13:22.

[59] Vgl. Patrick Rössler. „Souvenirs aus dem Kinosaal. Filmmemorabilia als Teil unserer medialen Erinnerungskultur". *Imprimatur NF XXIV. Ein Jahrbuch für Bücherfreunde.* Hg. Ute Schneider. München: Gesellschaft der Bibliophilen e. V., 2015. 73–100.

[60] Vgl. Michael Cowan. „Learning to Love the Movies: Puzzles, Participation, and Cinephilia in Interwar European Film Magazines". *Film History* 27.4 (2015): 1–45.

Abb. 13: Rätsel und Listen in *Cinema* 12 (2020): 74–75, Ausgabe des Autors.

wichtig in den von Cowan betrachteten Filmzeitschriften der 1920er Jahre, sondern sie sind der Filmzeitschrift erhalten geblieben. Noch immer schult die Filmzeitschrift ihre Leserschaft und schafft Wissen über den Film (Abb. 13) – verstärkt tritt dies auf, wie hier gezeigt wurde, in Zeiten, in denen dafür Printfläche frei wird und die Medienbeziehung weniger pressiert.

Die in der Kinopause stattfindende Anhäufung von Ratespielen wie *Kennen Sie Kino?* und Listen wie *Unsere Heimlichen Kultfilme* und *die 101 größten Momente der Filmgeschichte* legt dies offen. So sehr die Zeitschrift abhängig ist von Ordnungsstrukturen der Kinoveröffentlichung – Ankündigung, Pressevorführung, Veröffentlichungsdaten – so sehr fügt sie Film zugleich in eigene neue Ordnungsstrukturen. Gerade in der intermedialen Beziehungskrise ist deutlich zum Vorschein gekommen, dass die filmzeitschrifteneigene Produktion von Filmwissen mit sehr eigenen Ausprägungen vielfältiger Praktiken des Auflistens, Auswählens, Mischens, Wiederabdruckens und Kuratierens einhergeht.[61]

---

[61] Zur bestimmten Form des Mischens in historischen illustrierten Zeitschriften siehe Madleen Podewski. *Akkumulieren – Mischen –Abwechseln. Wie die Gartenlaube eine anschauliche Welt druckt und was dabei aus ‚Literatur' wird (1853, 1866, 1885)*. Berlin: Freie Universität, 2020, 6–8.

Charakteristisch für die Filmzeitschrift ist somit ihr zeitschriftenartig-konzeptualisierender Umgang mit dem Medium Film. Auch wenn die Filmzeitschrift zunächst in einer resonanzfähigen Medienbeziehung zum Film steht, also Impulse vom Film aufnimmt und auf ihren Medienpartner reagiert, konzeptualisiert und kommentiert sie Film auf sehr eigene und – gerade historisch gesehen und mit Blick auf die Kinopause – wirkmächtige Weise. Zugleich muss berücksichtigt werden, dass unter Umständen die zeitschrifteneigene Konzeption des Films vom Rezipienten auf den Medienpartner direkt übertragen werden kann, mag dies auch konzeptuell unzutreffend sein. So hatte zumindest für mich als Abonnenten und Rezipienten die zeitschriftentypische Serialität in der Kinopause etwas Beruhigendes: Auch wenn sie doch gar nicht den Film selbst betraf, vermittelten Serialität und Periodizität der Zeitschrift mir die Gewissheit, dass es auch für den Kinofilm immer weiter gehen wird.

Die Beziehungskrise stellt damit auch aus, wie sehr ‚das Kino' noch immer eine Metonymie für ‚den Film' ist. Filmzeitschriften sind vielsagende und vielzeigende Spiegelungsorgane des Films, weil sie uns gewahr werden lassen, was unser Verständnis von ‚dem Film' mitprägt, was als zu ‚dem Film' zugehörig angesehen wird: Die Quiz-Frage der *Cinema*, „Kennen Sie Kino?", so sehr sie nur aus Gründen der Alliteration gewählt sein mag, ist insofern eine bedeutsame: Zum einen fordert sie heraus, indem sie klarstellt, dass die Zeitschrift *Cinema* Kino kennt – sie schreibt sich selbst die Autorität in Fragen des Filmwissens zu. Zum anderen zeigt sich die Metonymie: Die *Cinema*-Fragen betreffen alle unterschiedliche Aspekte von Kinofilmen. Im Grunde spricht die Cinema vom *cinéma: Cinéma* hat Christian Metz als eine „Gesamtheit dessen, was den Film umgibt" und „die Gesamtheit der Filme selbst beziehungsweise […] eine Gesamtheit von Eigenheiten" definiert.[62] *Cinéma* ist sowohl eine Institution, „eine virtuelle Summe aller Filme",[63] und letztendlich „alles, was den Film umgibt, den Kontext von Produktion und Rezeption sowie das perzeptive und symbolische psychische Dispositiv".[64] Filmzeitschriften handeln, auch aufgrund ihrer angedeuteten historischen Beziehung, vom *cinéma*.

Allgemein gesprochen kann eine Beziehungskrise somit zu dem Ergebnis führen, dass man die Gegenwart des Partners wieder mehr zu schätzen weiß, sie nunmehr für kurz oder länger als weniger selbstverständlich ansieht. „Kennen Sie Kino" der *Cinema* zeigt, dass der Film ohne das Kino (noch) nicht denkbar ist und die Filmzeitschrift im Grunde vom *cinéma* handelt, einem „idealisierten Komplex",

---

[62] Christian Metz. *Sprache und Film*. Frankfurt a.M.: Athenäum, 1973, 23.
[63] Ebd.
[64] Margrit Tröhler über Metz' Verständnis von *cinéma*, vgl. Margrit Tröhler. „Film als Sprache. Semiotik des Films und Strukturalismus." *Handbuch Filmtheorie*. Hg. Bernhard Groß und Thomas Morsch. Wiesbaden: Springer, 2020. 45–65, hier 52–53.

aus dem sich die Filmzeitschrift bestimmte Aspekte raussucht und letztendlich in ihrer Gesamtheit ein eigenes Konzept vom *cinéma* modelliert.⁶⁵ Die Filmzeitschrift hat in der Kinopause insofern aus Eigeninteresse immer wieder eine gesellschaftliche Sehnsucht nach einem kinokulturellen Gemeinschaftserlebnis und eine Unersetzbarkeit des Kinos multimodal und nachdrücklich artikuliert. Gerade indem sich die beiden Zeitschriften tendenziell als loyal zum Kino zeigten, begannen sie auch eine verstärkte Reflexion darüber, was vermisst wird, wenn das Kino pausiert oder gar stirbt.

Verglichen mit den in diesem Band gängigen Beispielen, bspw. zwischen Literatur und Film, fehlen größtenteils in dieser Medienbeziehung die bekannten Formen der Metaisierung. So sehr die Filmzeitschrift ständig über das *cinéma* nachdenkt, so wenig findet dabei überwiegend eine selbstreflexive Kunstbetrachtung statt. Warum ist das so? Drei abschließende Erklärversuche, die erneut skizzieren, inwiefern die Filmzeitschrift ein eigenes Medium mit eigener Logiken darstellt.

Erstens, weil Filmzeitschriften periodisch getrieben sind – sie haben keine Zeit für Metaisierung und das scheint auch nicht das vorliegende Interesse der Zielgruppe und der Macher zu sein, sondern die verlängerte Beschäftigung mit dem Film.⁶⁶

Zweitens, weil es sich, wie anfangs erwähnt, um eine einseitige Medienbeziehung handelt, in der es aber gerade nicht, wie im Theorieteil beschrieben, um eine Remediatisierung des Films geht.

Drittens gibt es zwar Momente der Metaisierung, etwa das beschriebene Beispiel der *epd film*, in der sie explizit den frei werdenden Raum für eine visuelle Metareflexion der Betrachtung des Kinos über sich selbst nutzt. Aber Filmzeitschriften zeichnen sie vor allem dadurch aus, dass es immer noch mehr gibt – sie definieren sich auch über ihre Fülle. Selbst wenn es Formen der Metaisierung in der intermedialen Beziehung gibt, dann sind diese zeitschriftentypische: überlagert von Anderem, miszellan, also zwischen, neben Verschiedenem, periodisch getrieben und seriell abgelöst von Weiterem.

Evident aber ist eine Reflexion nicht so sehr über sich selbst, sehr wohl aber über den Medienpartner aufgrund des in der Kinopause frei werdenden Raumes. Diese Reflexion über die historische und kulturelle Bedeutung des Kinos als Ort und

---

65 Christian Metz. *Sprache und Film*. Frankfurt a.M.: Athenäum, 1973, 23.
66 Natürlich ist das ein wenig pauschal. Dennoch scheint mir Periodizität (als Kernmerkmal der Zeitschrift) ein wichtiger Faktor. Ein weiteres Indiz für die beschriebene Tendenz ist nämlich, dass gerade Filmzeitschriften mit einer weniger engen Taktung (bspw. die fünf Mal jährlich erscheinende *Little White Lies* und die zwei Mal im Jahr erscheinende Zeitschrift *notebook* des Arthouse-Streaming-Anbieters mubi) wesentlich metaisierender auftreten.

des Kinofilms als spezifische Erfahrung dieses Ortes führte zu einem periodisch und miszellan fortgesetzten Diskurs über die Stärken des Medienpartners. Nicht nur die frei werdende Fläche, sondern auch die historisch gewachsene intermediale Nähe zwischen den beiden Medien war die Basis dieser zeitschrifteneigenen Reflexion über das *cinéma*. Mag auch eine Metaisierung nicht vorherrschend gewesen sein, war zugleich eine Konsequenz der Krise eine Besinnung: Besonders in der Kinopause wurde sich die Filmzeitschrift deutlicher der zeitschrifteneigenen Möglichkeiten der Filmwissensgenerierung und Kanonbestimmung sowie der Reflexion über Kinofilm und Kinokultur bewusst. Die Stärken des Medienpartners *cinéma* wurden reflektiert, die eigenen Stärken dabei genutzt.

Literaturverzeichnis

Abrahamson, David. *The Rise of the Special-Interest Magazine in „The Other 1960s". An Economic and Sociocultural History.* New York: Proquest, 1992.

Albertshauser, Thomas. „Die Sofa-Oscars". *epd film* 1 (2021): 50–55.

Allen-Emerson, Michelle. *On Magazine Day.* https://www.branchcollective.org/?ps_articles=michelle-allen-emerson-on-magazine-day. BRANCH: Britain, Representation, and Nineteenth-Century History, 2015 (26. April 2021).

Ast, Michaela. *Der alte Film ist tot. Wir glauben an den neuen. Die Genese des Jungen Deutschen Films.* Marburg: Tectum-Verlag, 2013.

Bolter, Jay David und Richard Grusin. *Remediation. Understanding New Media.* 6. Nachdr. Cambridge, Mass.: MIT Press, 2003.

Casetti, Francesco. „Die Explosion des Kinos. Filmische Erfahrung in der post-kinematographischen Epoche". *montage/av* 19 (2010): 11–35.

Cowan, Michael. „Learning to Love the Movies: Puzzles, Participation, and Cinephilia in Interwar European Film Magazines". *Film History* 27.4 (2015): 1–45.

Denzler, Ruth Enzler und Edgar Schuler. *Krisen erfolgreich bewältigen. Wie Führungskräfte in Wirtschaft und Politik Schicksalsschläge überwinden.* Berlin: Springer, 2018.

Elsaesser, Thomas. „The Blockbuster. Everything Connects but Not Everything Goes". *The End of Cinema as We Know It. American Film in the Nineties.* Hg. Jon Lewis. New York: NYUP, 2001. 11–22.

Fröhlich, Vincent. „Die vielen fotografischen Papierbilder des Films. Über Präsentationsformen von Filmstills". *Rundbrief Fotografie* 27.3 (2020): 8–21.

Fröhlich, Vincent. „Periodizität". *Handbuch Zeitschriftenforschung. Disziplinäre Perspektiven und empirische Sondierungen.* Hg. Oliver Scheiding und Sabina Fazli. Bielefeld: Transcript, 2022. 65–84.

Fröhlich, Vincent, Morin, Alice und Jens Ruchatz: „Logics of Re-Using Photographs: Negotiating the Mediality of the Magazine". *Journal of European Periodical Studies* 7 (2023): 26–51.

Fröhlich, Vincent, Philipp Schulze und Sven Mewes: „Interview mit dem Chefredakteur und dem Grafiker der Filmzeitschrift Cinema". https://www.youtube.com/watch?v=UQaBE1AieQQ (04.07.2023).

Garncarz, Joseph. *Maßlose Unterhaltung. Die Etablierung des Kinos in Deutschland 1896–1914.* Frankfurt a. M. und Basel: Stroemfeld, 2010.

Hagener, Malte. „Wo ist Film (heute)? Film/Kino im Zeitalter der Medienimmanenz". *Orte filmischen Wissens. Filmkultur und Filmvermittlung im Zeitalter digitaler Netzwerke.* Hg. Gudrun Sommer, Vinzenz Hediger und Oliver Fahle. Marburg: Schüren, 2011. 45–49.

Hamer, Hans. *[Congress Q&A] Axel Springer's special interest magazines are booming in Germany.* https://www.fipp.com/news/axel-springer-special-interest-magazines-germany/. FIPP, 3. Februar 2017 (26. November 2022).

Cornelia Klauß: „Das waren Wildwest-Zeiten." *epd film* 9 (2022): 20–26.

Lindemann, Tim. „Hass – La Haine". *epd film* 9 (2020): 18–19.

Martens, René. „Kino ade?" *epd film* 11 (2022): 24–25.

Metz, Christian. *Sprache und Film.* Frankfurt a. M.: Athenäum, 1973.

Midding, Gerhard. „Das Wasser wartet auf Dich". *epd film* 7 (2020): 54–59.

Midding, Gerhard. „Es muss nicht immer Netflix sein". *epd film* 3 (2021): 52–55.

Mussell, James. „Repetition. Or, 'In Our Last'". *Victorian Periodicals Review* 48.3 (2015): 343–358.

Noelle, Oliver: „Wir brauchen mehr Filme!". *Cinema* 11 (2022): 10–13.

o. A. *Objektprofil 2022. Alle Fakten zum Cinema Magazin.* https://www.brand-community-network.de/fileadmin/Assets/01_Marken_Titel/Titel_national/cinema_554336/bcn_cinema_Objektprofil_2022.pdf (26. November 2022).

Podewski, Madleen. *Akkumulieren – Mischen – Abwechseln. Wie die Gartenlaube eine anschauliche Welt druckt und was dabei aus ‚Literatur' wird (1853, 1866, 1885).* Berlin: Freie Universität, 2020.

Presser, Beat und Danit. *Film Stills. Berliner Kinos im Lockdown.* Frankfurt a. M.: Zweitausendeins, 2020.

Rössler, Patrick. „Souvenirs aus dem Kinosaal. Filmmemorabilia als Teil unserer medialen Erinnerungskultur". *Imprimatur NF XXIV. Ein Jahrbuch für Bücherfreunde.* Hg. Ute Schneider. München: Gesellschaft der Bibliophilen e. V., 2015. 73–100.

Schröter, Jens. „Intermedialität. Facetten und Probleme eines aktuellen medienwissenschaftlichen Begriffs". *montage/av* 7.2 (1998): 129–154.

Seeßlen, Georg. „Manifest für ein Kino nach Corona". *epd film* 4 (2021): 32–36.

Tröhler, Margrit. „Film als Sprache. Semiotik des Films und Strukturalismus." *Handbuch Filmtheorie.* Hg. Bernhard Groß und Thomas Morsch. Wiesbaden: Springer, 2020. 45–65.

Turner, Mark W. „The Unruliness of Serials in the Nineteenth Century (and in the Digital Age)". *Serialization in Popular Culture.* Hg. Rob Allen und Thijs van den Berg. New York und London: Routledge, 2014. 11–32.

Watkins, Jon. „The continued power of special interest media – across all platforms". https://www.fipp.com/news/the-continued-power-special-interest-media/#. FIPP, 3. Februar 2017 (26. November 2022).

Worschech, Rudolf. „Große Verwirrung". *epd film* 6 (2020): 3.

Worschech, Rudolf. „Das Schöne, das uns fehlt." *epd film* 4 (2021): 55.

Teil IV: Mediale Collagen

Veronika Born
Opfer der Tasten

Die Schreibmaschine in Ricarda Huchs *Der letzte Sommer* (1910) und Joe Wrights *Atonement* (2007)

Die Schreibmaschine kann wegen der vielen, die an der Erfindung des mechanischen Schreibens beteiligt waren, als „kollektive Erfindung"[1] gelten. Die ersten serienreifen Schreibmaschinen wurden in den 1860er Jahren entwickelt: Zum einen erfand der Däne Hans Rasmus Johann Malling-Hansen 1865 die Schreibkugel; 1867 begann die Serienproduktion.[2] Zum anderen konstruierte Christopher Latham Sholes gemeinsam mit Carlos Glidden und Samuel Soulé 1868 in Milwaukee eine Schreibmaschine.[3] 1873 erwarb der US-amerikanische Nähmaschinen- und Waffenhersteller Remington das Patent – Friedrich Kittler begründet diese Investition mit dem Absatzmangel des Unternehmens infolge des Bürgerkriegsendes in Amerika.[4] 1874 fing Remington an, Schreibmaschinen in Serie anzufertigen, und das ab 1878 erhältliche *Modell 2* verfügte bereits über eine Umschaltung zwischen Groß- und Kleinbuchstaben.[5] Zudem gibt es das unbewiesene Gerücht, dass Sholes nur ein im kaiserlich-königlichen Polytechnischen Institut in Wien ausgestelltes Schreibmaschinenmodell Peter Mitterhofers nachgebaut hätte – der Österreicher kreierte zwischen 1864 und 1869 fünf Schreibmaschinenmodelle.[6]

Sven Grampp setzt sich mit medientheoretischen Reflexionen über Schreibwerkzeuge im Film auseinander. Dabei konstatiert er, dass Schreibmaschinen

---

[1] Catherine Viollet. „Mechanisches Schreiben, Tippräume. Einige Vorbedingungen für eine Semiologie des Typoskripts". *„Schreibkugel ist ein Ding gleich mir: von Eisen". Schreibszenen im Zeitalter der Typoskripte.* Hg. Davide Giuriato, Martin Stingelin und Sandro Zanetti. München: Wilhelm Fink Verlag, 2005. 21–47, hier 23.

[2] Vgl. Friedrich A. Kittler. *Grammophon, Film, Typewriter.* Berlin: Brinkmann & Bose, 1986, 25, 27, 294–295.

[3] Vgl. ebd.: 25; Viollet. Mechanisches Schreiben: 23; Evelyne Polt-Heinzl. *Ich hör' dich schreiben. Eine literarische Geschichte der Schreibgeräte.* Mit Zeichnungen von Franz Blaas. Wien: Sonderzahl, 2007, 206.

[4] Vgl. Kittler. Grammophon: 25, 283. Der Zusammenhang zwischen der Entwicklung der Schreibmaschine und Krieg erinnert an die von Paul Virilio aufgezeigte Verbindung zwischen film- und militärtechnischen Entwicklungen. Vgl. dazu Paul Virilio. *Krieg und Kino. Logistik der Wahrnehmung.* München u. a.: Hanser, 1986.

[5] Vgl. Kittler. Grammophon: 285.

[6] Vgl. ebd.: 282; Polt-Heinzl. Literarische Geschichte: 207.

∂ Open Access. © 2024 bei den Autorinnen und Autoren, publiziert von De Gruyter. Dieses Werk ist lizenziert unter einer Creative Commons Namensnennung 4.0 International Lizenz.
https://doi.org/10.1515/9783110774337-011

häufiger mit Tod oder zumindest existenzieller Gefahr verbunden werden.⁷ Diese Feststellung lässt sich einerseits auch auf andere Medien als den Film übertragen und ist andererseits mit der Schreibmaschine als Produkt eines Waffenherstellers kompatibel.

Ricarda Huchs *Der letzte Sommer* und Joe Wrights *Atonement* stellen zwei Werke dar, in denen sich ebendiese Verbindung von Schreibmaschinen und Tod beobachten lässt. Im Folgenden werden die Erzählung aus dem Jahr 1910 sowie der Film aus dem Jahr 2007 eingehender betrachtet. Dabei liegt der Fokus auf dem Medium der Schreibmaschine: Es wird untersucht, welche Funktion der Schreibmaschine in den beiden Werken zukommt und inwiefern sowohl in der Erzählung als auch in dem Film Charaktere zu Opfern der Tasten werden. Ferner wird der Frage nachgegangen, wie sich Handschrift und Schreibmaschinenschrift darin zueinander verhalten.

1 Ricarda Huchs *Der letzte Sommer* (1910): Ein Anschlag mit der Schreibmaschine

Die zentrale Rolle der Schreibmaschine in *Der letzte Sommer* geht bereits aus dem ursprünglich für die Erzählung angedachten Titel hervor: Huch hat die Absicht gehabt, sie mit *Die verhexte Schreibmaschine* zu überschreiben.⁸ Vor der Veröffentlichung des Werks, das infolge einer Wette entstanden sein soll,⁹ hat sie sich jedoch umentschieden.

Keith Leopold mutmaßt, dass Huch die Erzählung in den ersten sieben oder acht Monaten des Jahres 1909 verfasst hat; sie ist also nach dem zweibändigen Roman *Die Geschichten von Garibaldi* (1906/1907) und den Porträtskizzen *Das Risorgimento* (1908) sowie parallel zu oder unmittelbar nach dem Roman *Das Leben des Grafen Federigo Confalonieri* (1910) entstanden.¹⁰ Folglich hat sich Huch in der

---

7 Sven Grampp. „Schreibwerkzeuge im Film. Pinsel, Feder und Schreibmaschine". *Medienreflexion im Film. Ein Handbuch.* Hg. Kay Kirchmann und Jens Ruchatz. Bielefeld: Transcript, 2014. 213–224, hier 220, Anm. 13, 223.
8 Vgl. Keith Leopold. „Ricarda Huch's *Der letzte Sommer.* An Example of Epistolary Fiction in the Twentieth Century". Ders. *Selected Writings.* Hg. Manfred Jurgensen. New York u. a.: Peter Lang, 1985. 69–90, hier 73; Alfred E. Ratz. „‚Detektivgeschichte' als geschichtliche Prognose. Ricarda Huchs *Der letzte Sommer"*. *Ricarda Huch. Studien zu ihrem Leben und Werk.* Hg. Hans-Werner Peter. Band 3. Braunschweig: PP-Verlag, 1991. 114–136, hier 114.
9 Huchs Freundin Marie Baum zufolge haben Huchs Stiefkinder gewettet, dass ihre Stiefmutter nicht dazu in der Lage wäre, eine Kriminalgeschichte zu schreiben. Vgl. Leopold. Example: 73.
10 Vgl. ebd.

Entstehungszeit von *Der letzte Sommer* wie in dem Werk selbst mit Revolutionen und Revolutionären befasst.[11]

Der letzte Sommer setzt mit dem Arbeitsantritt des Revolutionärs Lju als Sekretär und Personenschützer des Gouverneurs Jegor von Rasimkara auf dessen Gut Kremskoje ein. Dorthin hat sich der Gouverneur vor dem Beginn des Prozesses gegen die Studenten, die gegen die Inhaftierung eines Professors protestiert haben und infolgedessen selbst verhaftet worden sind, mit seiner Ehefrau Lusinja und seinen drei erwachsenen Kindern Welja, Jessika und Katja zurückgezogen. Die Handlung erstreckt sich vom 5. Mai bis zur Ermordung von Jegor und Lusinja von Rasimkara mittels der Schreibmaschine, die Lju hat präparieren lassen, am 2. August. Das Handlungsjahr wird nicht genannt, aber Emilia Staitscheva stellt einen Zusammenhang zwischen den Ereignissen in *Der letzte Sommer* und der Russischen Revolution von 1905 her.[12] Cornelia Blasberg verweist zu Recht auf die eher kulissenhafte Wirkung der Bezugnahme auf das vorbolschewistische Russland.[13] Sie konstatiert, dass „es [...] um die exemplarische Situation einer gesellschaftlichen Krise [geht], in der die Kräfte des ‚Alten' und des ‚Neuen' um die gesellschaftliche Vorherrschaft kämpfen"[14].

Wie schon aus dem Untertitel „Eine Erzählung in Briefen" hervorgeht, ist *Der letzte Sommer* der Briefliteratur zuzurechnen. Das Werk besteht aus 56 Briefen mehrerer Schreiber:innen. Es handelt sich also um eine polyperspektivische Brieferzählung. Auf die für die Gattung übliche Verwendung der Herausgeber:innenfiktion[15] wird weitgehend verzichtet; den einzelnen Briefen ist lediglich ein Hinweis darauf vorangestellt, wer sie an wen geschickt hat. Leopold macht auf die Kürze der Briefe aufmerksam, die sie realistisch wirken lässt.[16] An der Korrespondenz sind insgesamt zehn Personen beteiligt, wobei Ljus Mitverschwörer Konstantin, Tatjana, die Schwester des Gouverneurs, ihr Sohn Peter sowie Frau Demodow, die Mutter des Anführers der protestierenden Studenten, lediglich als

---

11 So auch Leopold. Example: 73; Cornelia Blasberg. „*Der letzte Sommer.* Zur Leistungskraft von Brieferzählungen im 20. Jahrhundert". *Denk- und Schreibweisen einer Intellektuellen im 20. Jahrhundert. Über Ricarda Huch.* Hg. Gesa Dane und Barbara Hahn. Göttingen: Wallstein-Verlag, 2012. 37–55, hier 41.
12 Vgl. Emilia Staitscheva. „Das Rußland-Bild im dichterischen Werk Ricarda Huchs". *Ricarda Huch (1864–1947). Studien zu ihrem Leben und Werk.* Jubiläumsband zu ihrem 50. Todestag anläßlich des internationalen Ricarda-Huch-Forschungssymposions vom 15.–17. November 1997 in Braunschweig. Hg. Hans-Werner Peter und Silke Köstler. Braunschweig: PP-Verlag, 1997. 83–114, hier 95, 98.
13 Blasberg. Leistungskraft: 41.
14 Ebd.
15 Vgl. Gerhard Sauder. „Briefroman". *Reallexikon der deutschen Literaturwissenschaft.* Hg. Klaus Weimar u. a. 3. Auflage. Band 1. Berlin und New York: De Gruyter, 2007. 255–257, hier 255.
16 Vgl. Leopold. Example: 78.

Empfänger:innen fungieren. Lju ist der Einzige, der nur mit einer anderen Person – Konstantin – korrespondiert. Der Großteil der Figuren weist einen für sie charakteristischen Ton auf, der ihren Briefen eine individuelle Note verleiht; lediglich die Briefe von Jessika und Lusinja ähneln sich.[17] Es ist davon auszugehen, dass fast alle Briefe per Hand verfasst worden sind. Eine Ausnahme stellt der fatale letzte Brief des Gouverneurs an Welja und Katja dar und es ist naheliegend, dass er auch den Brief an Frau Demodow mit der Schreibmaschine geschrieben hat. Dadurch, dass die Erzählung auf das Medium der Schreibmaschine sowie auf Briefe, die mit dieser getippt worden sind, Bezug nimmt, liegt ein Fall von Intramedialität vor.[18]

Schon in Ljus erstem Brief an Konstantin vom 5. Mai tritt die Motivation für den späteren Erwerb der Schreibmaschine zutage: In diesem schildert Lju, dass der Gouverneur unter anderem deshalb auf Lusinjas Vorschlag, einen Sekretär und Personenschützer einzustellen, eingegangen sei, „weil er seit kurzem eine Art Nervenschmerz am rechten Arm habe, der ihm das Schreiben erschwere."[19] In einem fünf Tage später verfassten Brief äußert Lju die Annahme, dass der Gouverneur „seinen Höhepunkt bereits überschritten"[20] habe. Es ist der damit einhergehende, langsam einsetzende Verfall, der es erst dem Mörder und dann der Mordwaffe ermöglicht, auf das Gut der Gouverneursfamilie zu gelangen. Ferner ist er der Grund dafür, dass der Gouverneur später sowohl offizielle als auch persönliche Briefe mit der Schreibmaschine verfasst.

Auch der Vorschlag, eine Schreibmaschine zu erwerben, stammt ursprünglich von Lusinja: In seinem Brief vom 17. Mai berichtet Welja Peter, dass seine Mutter die Anschaffung einer Schreibmaschine angeregt habe, um Lju zu entlasten. Sie unterstützt Lju bei seinem Vorhaben, in seiner Freizeit die Arbeit an einem philosophischen Werk abzuschließen, und „ist geneigt, es sehr anspruchsvoll von Papa zu finden, wenn er ihm mal außer der Zeit einen Brief diktieren will"[21]. Sie ist der Meinung, dass „er [...] sich eigentlich eine Schreibmaschine anschaffen [könnte]"[22]. Eine solche würde Diktate überflüssig machen und es dem Gouverneur gestatten,

---

17 Vgl. auch Blasberg. Leistungskraft: 52; Leopold. Example: 87–88; Werner Zimmermann. „Ricarda Huch. *Der letzte Sommer* (1910)". *Deutsche Prosadichtungen unseres Jahrhunderts. Interpretationen für Lehrende und Lernende.* Neufassung. Hg. ders. 7., verbesserte Aufl. Band 1. Düsseldorf: Schwann, 1985. 133–154, hier 143.
18 Oliver Jahraus zufolge sind Buch und Brief medial äquivalent. Vgl. Oliver Jahraus. „Der fatale Blick in den Spiegel. Zum Zusammenhang von Medialität und Reflexivität". *Zeitschrift für Ästhetik und allgemeine Kunstwissenschaft* 55.2 (2010): 247–260, hier 256.
19 Ricarda Huch. *Der letzte Sommer. Eine Erzählung in Briefen.* Frankfurt a. M. und Leipzig: Insel Verlag, 1950, 8.
20 Ebd.: 15.
21 Ebd.: 27.
22 Ebd.

seine Briefe selbst zu schreiben. Ferner wird die Schreibmaschine in Weljas Brief mit dem Automobil und mit der Musik in Verbindung gebracht: Unmittelbar nach der Schilderung des Vorschlags seiner Mutter erzählt Welja seinem Cousin davon, dass die Familie versucht, den Gouverneur dazu zu bewegen, ein Automobil zu kaufen.[23] Ljus Einwand, zu warten und später „ein lenkbares Luftfahrzeug"[24] zu erwerben, veranlasst Welja dazu, auf Ljus Ansicht zur Musik einzugehen: „Er sagt, Musik wäre eine primitive Kunst, wenigstens die man bis jetzt kennt. Es könnte vielleicht auch anders sein, wovon Richard Wagner gewisse Andeutungen gäbe."[25] In Weljas Brief wird die Schreibmaschine also sowohl zu einer weiteren modernen Erfindung als auch zu moderner Musik in Bezug gesetzt. Die Bezugnahme auf Richard Wagner ist in zweierlei Hinsicht von Interesse: Zum einen zeigt sie die Grenzen der Aufgeschlossenheit des Gouverneurs auf, der den Komponisten ablehnt, ohne ihn zu kennen.[26] Zum anderen werden Jessika und Katja offenbar von Lju dazu angeregt, sich mit der Oper *Tristan und Isolde* zu befassen.[27] Es ist daher naheliegend, zu überlegen, ob es Anknüpfungspunkte zwischen *Tristan und Isolde* und *Der letzte Sommer* gibt. Einerseits erscheint das Interesse der beiden unglücklich in Lju verliebten Schwestern an der Oper über das tragische Liebespaar plausibel. Andererseits könnte man insofern eine – wenn auch sehr entfernte – Ähnlichkeit zwischen der Figurenkonstellation Tristan – Isolde – König Marke und der Figurenkonstellation Lju – Lusinja von Rasimkara – Jegor von Rasimkara sehen, als dass Lju den Gouverneur hintergeht und eine gewisse Anziehung zwischen Lju und Lusinja besteht. Da Lusinja ihrem Ehemann treu bleibt und an seiner Seite stirbt, scheint jedoch eher eine Kontrastfunktion der Oper vorzuliegen.

Wie Jessikas Brief an Tatjana vom 25. Mai zeigt, erfolgt der Kauf des Automobils vor dem Kauf der Schreibmaschine.[28] In seinen Brief an Konstantin vom 27. Mai zieht Lju das Automobil als potenzielles Mittel zur Tötung des Gouverneurs in Erwägung, doch verwirft es wieder; für ihn kommt es nur als Fluchtfahrzeug infrage.[29] Stattdessen legt er Konstantin eine andere Idee dar:

> Ich möchte womöglich bei dem Akt selbst nicht beteiligt sein; es müßte also eine Maschine meine Rolle spielen. Nun schwebt mir vor, daß dies eine Schreibmaschine sein könnte. [...] [Es]

---

23 Vgl. ebd.
24 Ebd.
25 Ebd.
26 Vgl. ebd.: 28.
27 Vgl. ebd.: 28, 36.
28 Vgl. ebd.: 35.
29 Vgl. ebd.: 36–37.

> könnte [...] wohl sein, daß ich Deiner verständnisvollen Mithilfe bedürfte, damit die Maschine zweckentsprechend eingerichtet wird, ohne daß der Fabrikant etwas davon erfährt.[30]

Ljus Wunsch, nicht selbst an der Tat teilzuhaben, deckt sich mit der Absicht der Revolutionäre, ihr Ziel zu erreichen, ohne ihr Leben, ihre Freiheit und ihren Ruf aufs Spiel zu setzen.[31] Allerdings scheint ihnen nicht der Gedanke zu kommen, Drohbriefe mit der Schreibmaschine zu tippen, obwohl ihnen die Maschinenschrift dabei helfen würde, ihre Identität zu verbergen. Lju muss sich herausreden, als Welja die Ähnlichkeit seiner Handschrift zu der, in der der zweite Drohbrief geschrieben ist, bemerkt; er behauptet, dass er die Handschrift des Verfassers des Drohbriefs nachgeahmt hätte.[32]

In ihrem Brief an Tatjana vom 2. Juni gibt Lusinja ein Gespräch wieder, das sie mit Lju geführt hat. Als er ihr sagt, dass er sich überflüssig fühle, und sie um seinen Abschied bittet, wendet sie ein, dass ihr Ehemann nach wie vor am Schreibkrampf leide und nicht schreiben könne, so dass er eines Sekretärs bedürfe.[33] Daraufhin bringt Lju die inzwischen von ihm für das Erreichen seines Ziels als förderlich erachtete Anschaffung einer Schreibmaschine wieder ins Spiel: „Er sagte, [...] für meinen Mann würde gewiß das zweckmäßigste sein, wenn er sich an eine Schreibmaschine gewöhnte, dann wäre er von niemand abhängig, und er hätte doch so manche Korrespondenzen, die womöglich geheimbleiben sollten."[34] Lusinja befürwortet diesen Vorschlag, aber äußert Bedenken, was die Gewöhnung des Gouverneurs an die Schreibmaschine angeht.[35] Schließlich einigen sich die beiden darauf, dass Lju noch eine Weile bleiben wird. Lju empfiehlt, dass sich der Gouverneur währenddessen „eine Schreibmaschine kommen lassen und versuchen [könnte], ob er Geschmack daran fände."[36]

Am 7. Juni schildert Jessika Tatjana, wie das Eintreffen der Schreibmaschine am Abend zuvor abgelaufen ist. Als die Gouverneursfamilie nach dem Essen auf der Veranda sitzt, erkundigt sich Lusinja bei Lju nach den in der Gegend vorkommenden Schlangen. Seit ihr Ehemann ihr in dem Versuch, sie zu beruhigen, gesagt hat, dass nur Schlangen glatte Hausmauern hinaufkriechen könnten, „könnte sie die Vorstellung nicht mehr loswerden, wie der feste, glatte, klebrige Schlangenleib sich

---

30 Ebd.: 37.
31 Vgl. ebd.: 23.
32 Vgl. ebd.: 80–81.
33 Vgl. ebd.: 43.
34 Ebd.
35 Vgl. ebd.
36 Ebd.: 44.

am Hause heraufzöge, und sie könnte oft nachts nicht davor einschlafen."[37] Es folgt ein Gespräch über Schlangen, im Rahmen dessen Lju ein südrussisches Märchen erzählt: Ein Zauberer verwandelt sich zeitweise in eine Schlange, um in den Turm zu gelangen, in dem die von ihm geliebte Königstochter eingesperrt ist. Als die Königstochter ihn eines Nachts in seiner Schlangengestalt sieht, erschrickt sie so sehr, dass sie stirbt.[38] Das Ende des Märchens fällt mit dem Klingeln des Paketboten zusammen, der die Schreibmaschine bringt, so dass Lusinja ebenfalls erschrickt. Sie befürchtet zunächst, dass jemand, der ihren Ehemann töten möchte, geklingelt haben könnte.[39] Wie auch Werner Zimmermann feststellt,[40] wird der Zusammenhang zwischen Schlange und Schreibmaschine gerade dadurch besonders hervorgehoben, dass Lusinja später meint, „sie hätte sogar die Schlange vergessen, so hübsch wäre die Schreibmaschine."[41]

An anderer Stelle wird die Verknüpfung zwischen Schlange, Mordwerkzeug und Mörder noch einmal verdeutlicht, als Lusinja in ihrem Brief an Tatjana vom 26. Juni darüber spekuliert, wie der zweite Drohbrief unter ihr Kopfkissen gelangt sein könnte:

> [D]er Mörder muß durch das offene Fenster gekommen sein, am Hause hinaufgekrochen wie eine Schlange, und hat an meinem Bett gestanden, ganz dicht, und hat den Brief unter mein Kissen geschoben. Er muß lautlos gekommen sein, wirklich wie eine Schlange, Du weißt doch, daß ich damals sofort aufwachte, als Lju in unser Schlafzimmer kam, und daß ich überhaupt einen leisen Schlaf habe. Er hatte ein Messer in der Hand oder einen Strick und hätte Jegor auf der Stelle ermorden können; aber er wollte ihm noch eine Frist geben, oder er hatte im Augenblick nicht das Herz dazu, oder er wollte uns nur auf die Folter spannen. Jede nächste Nacht kann die sein, wo er wiederkommt und es ausführt. Und warum hörte Lju nichts?[42]

Erst durch diese letzte Frage wird klar, dass Lusinja Lju und den Mörder nicht für ein und dieselbe Person hält, sondern lediglich ihre Erinnerung an ihre nächtliche Begegnung mit Lju und ihre Vorstellung von dem Mörder undifferenziert und höchstwahrscheinlich unbewusst ineinander übergehen lässt.

In seinem Brief an Konstantin vom 11. Juni stellt Lju erste Überlegungen dazu an, wie die Schreibmaschine als Waffe eingesetzt werden könnte: „[S]ie kann ex-

---

37 Ebd.: 45.
38 Vgl. ebd.: 45–46.
39 Vgl. ebd.: 46.
40 Vgl. Zimmermann. Ricarda Huch: 151.
41 Huch. Der letzte Sommer: 46–47.
42 Ebd.: 68–69.

plosiv wirken oder mit einem Revolverschuß geladen werden."⁴³ Darüber hinaus plant er die Präparierung der Schreibmaschine:

> Ich werde sie demnächst unter dem Vorwande einer Reparatur an die Fabrik schicken, wo sie gekauft worden ist. Sie muß dort hingehen und von dort zurückexpediert werden, damit bei einer späteren Untersuchung keine Spur zu mir führt. Deine Sorge muß es sein, daß sie nicht abgeht, ohne zu unserm Gebrauch eingerichtet zu sein; also wirst Du über einen Angestellten der Fabrik oder über einen Angestellten der Bahn verfügen müssen.⁴⁴

Am 10. Juli erwähnt Welja Peter gegenüber, dass die Schreibmaschine kaputtgegangen sei,⁴⁵ und am 16. Juli meldet Lju Konstantin, dass er sie abgeschickt habe.⁴⁶ Ferner wird in diesem Brief der Plan der Revolutionäre dargelegt:

> Es bleibt also dabei, daß die Explosion durch Druck auf den Buchstaben J zur Entladung kommt. Da wir uns auf einen Buchstaben einigen müssen, soll es der sein, mit dem der Vorname des Gouverneurs beginnt; es ist ausgeschlossen, daß er einen Brief schreibt, ohne ihn zu benutzen.⁴⁷

Damit der Plan gelingt, muss Lju die präparierte Schreibmaschine selbst in Empfang nehmen und aufstellen.⁴⁸

Kurzzeitig wird die Schreibmaschine zum Indikator für Ljus Hadern mit der Ermordung des Gouverneurs: Am 15. Juli schreibt Lusinja Tatjana, dass Lju den Wunsch geäußert habe, dass die Schreibmaschine noch recht lange ausbliebe.⁴⁹

Lju beauftragt Konstantin in seinem Brief vom 23. Juli damit, die Schreibmaschine am 31. Juli zurück nach Kremskoje zu schicken,⁵⁰ und am 1. August trifft sie dort ein; der Paketbote, der sie überbringt, erschreckt Lusinja erneut.⁵¹ Am selben Tag versichert Lju Konstantin, dass niemand außer dem Gouverneur die Schreibmaschine benutzen wird. Er vermutet, dass der Gouverneur innerhalb eines Tages seinen Kindern schreiben wird.⁵²

Tatsächlich kommt es so, wie Lju es vorhergesagt hat: Am 2. August tippt der Gouverneur einen Brief an Welja und Katja. Dabei tritt Lusinja an ihn heran: „Eben

---

43 Ebd.: 50.
44 Ebd.: 50–51.
45 Vgl. ebd.: 82.
46 Vgl. ebd.: 84.
47 Ebd.
48 Vgl. ebd.
49 Vgl. ebd.: 86.
50 Vgl. ebd.: 89.
51 Vgl. ebd.: 93.
52 Vgl. ebd.

tritt sie hinter meinen Stuhl, legt den Arm um mich und tut die nicht mehr neue, aber immer wieder gern gehörte Frage: ‚Warum bist du so blaß, J'[.]"[53] An dieser Stelle bricht der Brief abrupt ab und es ist davon auszugehen, dass es durch die Betätigung der Taste J zur tödlichen Explosion gekommen ist. Der Anschlag erfolgt durch den Anschlag auf der Schreibmaschine. In der Forschung wird häufiger die Kritik angeführt, dass der letzte Brief die Explosion nicht überdauert haben könne.[54] Dieser ist zuzustimmen, sofern man davon ausgeht, dass es sich bei der Erzählung um eine Sammlung konkreter Briefe handelt. Die fehlende Herausgeberinnen- und Herausgeberfiktion könnte jedoch implizieren, dass den Verfasser:innen der Briefe gewissermaßen beim Schreiben über die Schulter geschaut wird. Gegen die ebenfalls verbreitete Annahme, dass der Mechanismus schon zwingend beim Schreiben von „Kremskoje" bei der Datierung des Briefs hätte ausgelöst werden müssen,[55] lässt sich zweierlei einwenden: Zum einen gibt es – wie eingangs erwähnt – bereits seit 1878 Schreibmaschinen mit Umschaltung zwischen Groß- und Kleinbuchstaben. Zum anderen lässt sich die Existenz von Schreibmaschinen belegen, bei denen Groß- und Kleinbuchstaben voneinander getrennt sind.[56]

Zusammenfassend lässt sich feststellen, dass die Schreibmaschine in *Der letzte Sommer* als modernes Medium fungiert, das dazu verwendet wird, eine Vertreterin und einen Vertreter einer alten Gesellschaftsordnung auszulöschen. Die Erfindung, die der Waffenhersteller Remington als einer der ersten in Serie produziert hat, wird selbst zur Waffe. Insofern ähnelt die Funktion der Schreibmaschine in dieser Erzählung der, die ihr etwa in Bram Stokers dreizehn Jahre früher erschienenem Roman *Dracula* (1897) zukommt. In diesem wiederholt von Kittler angeführten Beispiel[57] trägt Mina Harkers Beherrschen von Stenografie und Schreibmaschinenschreiben entscheidend zu dem Sieg über die titelgebende Figur bei. Allerdings erfährt Huchs Gouverneursehepaar selbstverständlich eine andere Charakterisierung als Stokers Vampir und – anders als dieser – bedient der Gouverneur die Schreibmaschine, die den Tod von ihm und seiner Frau herbeiführt, selbst.

---

53 Ebd.: 95.
54 Vgl. Polt-Heinzl. Literarische Geschichte: 246; Leopold. Example: 77; Ratz. Detektivgeschichte: 135, Anm. 12.
55 Vgl. Blasberg. Leistungskraft: 51–52; Leopold. Example: 77. Leopold ist der Ansicht, dass nicht nur das Tippen von „Kremskoje", sondern auch das Tippen von „Welja" und „Katja" den Mechanismus hätte auslösen müssen, und übersieht dabei, dass die Information „Jegor an Welja und Katja" nicht Teil des Briefes, sondern diesem vorangestellt ist.
56 Vgl. etwa Rolf Reventlow: „"Warte Schwabing, Schwabing warte. Dich holt Jesus Bonaparte...'. Aus den Erinnerungen an die Kindheit und an Franziska zu Reventlow". In: *Literatur in Bayern* 22 (2006): 22–34, hier 24.
57 Vgl. Friedrich A Kittler. *Aufschreibesysteme 1800/1900*. 2., erweiterte und korrigierte Aufl. München: Wilhelm Fink Verlag, 1987, 362–366; Kittler. Grammophon: 320.

2 Joe Wrights *Atonement* (2007): Ein folgenschwerer getippter Brief und der Zusammenhang von Schreibmaschine und Autor:innenschaft

In Wrights Literaturverfilmung *Atonement* spielt die Schreibmaschine ebenfalls eine wichtige Rolle. Die beiden von Robbie Turner an Cecilia Tallis verfassten Briefe – ein handschriftlicher und ein auf der Schreibmaschine getippter – setzen die Handlung in Gang und tragen entscheidend zu Robbies fälschlicher Verhaftung und Verurteilung sowie deren Folgen bei. Ferner betätigt sich Cecilias jüngere Schwester Briony Tallis schriftstellerisch und schreibt ihre Werke, zu denen auch ein Roman mit dem Titel *Atonement* gehört, mit der Schreibmaschine.

Der Film übernimmt die Dreiteilung von Ian McEwans gleichnamiger Romanvorlage aus dem Jahr 2001 und ist in drei Abschnitte untergliedert. Während an die drei Teile des Romans eine mit *London, 1999* überschriebene Coda anschließt, in der Briony als autodiegetische Erzählerin fungiert und als Autorin der vorangegangenen Abschnitte identifiziert wird, geht der dritte Teil des Films in ein Fernsehinterview mit ihr über.

In *Atonement* vollzieht sich also ein Medienwechsel und durch die intermediale Bezugnahme auf das Medium der Schreibmaschine im Film werden sowohl dieses als auch das Medium des Films selbst sowie deren jeweilige Medialität reflektiert.[58]

Der erste Teil des Films spielt im Sommer des Jahres 1935 auf dem Anwesen der Familie Tallis in England. Er setzt damit ein, dass die dreizehnjährige Briony ein Theaterstück fertigschreibt, das sie gemeinsam mit ihrer Cousine Lola Quincey und deren beiden jüngeren Brüdern für ihren älteren Bruder Leon aufführen möchte. Daran schließt eine Szene an, die – wie Isabelle Stauffer beobachtet hat – zweimal unmittelbar hintereinander aus zwei verschiedenen Perspektiven gezeigt wird: einmal als *Point-of-View*-Shot Brionys und einmal aus der einer allwissend anmutenden und scheinbar neutralen Kamera.[59] Briony beobachtet von einem Fenster

---

58 Vgl. Thomas Metten und Michael Meyer. „Reflexion von Film – Reflexion im Film". *Film. Bild. Wirklichkeit. Reflexion von Film – Reflexion im Film.* Hg. dies. Köln: Herbert von Halem Verlag, 2016. 9–70, hier 38.
59 Zudem macht Stauffer darauf aufmerksam, dass die Rahmung der beiden Brunnenszenen – im Anschluss an diese blickt Briony jeweils vor einem aufgrund seiner Verschwommenheit nicht zu verortenden Hintergrund wie durch eine Glasscheibe direkt in die Kamera – ein Hinweis auf Brionys Autorinnenschaft der ganzen Geschichte ist. Daher erweist sich auch die zweite Variante der Brunnenszene als nicht neutral, sondern als von der erwachsenen Briony inszeniert. Vgl. Isa-

aus, wie sich Cecilia vor Robbie, dem Sohn der Putzfrau, bis auf den Unterrock auszieht und in den Brunnen springt, um ein Teil einer zuvor zerbrochenen Vase herauszuholen. Ehe Cecilia sich wieder anzieht und wütend davonläuft, wirkt sie nach ihrem Wiederauftauchen aus dem Brunnen durch die nass und deswegen durchscheinend gewordene Unterwäsche wie nackt. Briony kann das Geschehen aus zwei Gründen nicht richtig erfassen: Zum einen hat sie den vorangegangenen Streit zwischen Cecilia und Robbie, währenddessen die Vase kaputtgegangen und ein Bruchstück in den Brunnen gefallen ist, nicht gesehen. Zum anderen ist sie noch ein Kind, so dass die erotischen Verwirrungen der Erwachsenen für sie nicht durchschaubar sind.[60]

Robbies erotischer Brief an Cecilia sowie dessen Verwechslung mit dem ebenfalls an Cecilia gerichteten Entschuldigungsbrief entfalten fatale Konsequenzen.[61] Beide Briefe entstehen infolge der Brunnenszene. In seinem Zimmer versucht Robbie auf seiner Schreibmaschine, einer Royal,[62] einen Entschuldigungsbrief zu tippen.[63] Es gelingt ihm nicht und er vernichtet den Briefentwurf. Dann legt er Musik auf: Giacomo Puccinis Oper *La Bohème*, die von einer Liebe handelt, die ebenso tragisch wie die von Robbie und Cecilia endet, so dass Yvonne Griggs die Opernmusik als Vorausdeutung auf das Ende des Films interpretiert.[64] Wie in *Der letzte Sommer* wird die Schreibmaschine in *Atonement* also mit einer Oper in Bezug gesetzt, deren Handlung mit der des Werks in Verbindung steht. Den zweiten Briefentwurf verwirft Robbie ebenfalls. Der Entstehungsprozess des dritten Briefs, den Robbie tippt, wird in einer Detailaufnahme gezeigt und die Zuschauenden können den Briefinhalt selbst lesen: „In my dreams I kiss your cunt, your sweet wet cunt."[65] Dass diesem teils vulgärsprachlich ausgedrückten Begehren Liebe zu-

---

belle Stauffer. „Ein mediales Spiel um das Erkennen und Verkennen von Gefühlen. Briefe in Max Ophüls' *Letters from an Unknown Woman* und Joe Wrights *Atonement*". *Medienkomparatistik. Beiträge zur Vergleichenden Medienwissenschaft* 2 (2020): 197–211, hier 205. Anders Beatrix Hesse, der zufolge die Brunnenszene zunächst als *Point-of-View*-Shot Brionys und dann aus den Perspektiven Cecilias und Robbies gezeigt wird. Vgl. Beatrix Hesse. „Point of View in *Atonement* – Novel and Film". *Anglistik. International Journal of English Studies* 21.2 (2010): 83–91, hier 87–88.
60 Vgl. ebd.
61 Vgl. ebd.
62 Vgl. *Atonement*. Reg. Joe Wright. Universal Studios, 2008. 00:26:48. In der Romanvorlage handelt es sich hingegen um eine Olympia. Vgl. Ian McEwan. *Atonement*. London: Vintage, 2002, hier 82.
63 Für eine genaue filmanalytische Beschreibung dieser Szene vgl. Stauffer. Mediales Spiel: 205–207.
64 Vgl. Yvonne Griggs. „Writing for the Movies. Writing and Screening *Atonement* (2007)". *A Companion to Literature, Film, and Adaptation*. Hg. Deborah Cartmell. Malden, Mass.: Wiley-Blackwell, 2014. 345–358, hier 353.
65 Wright. Atonement: 00:22:33–00:22:47.

grunde liegt, wird laut Stauffer durch die diegetische Opernmusik symbolisiert.⁶⁶ Der erotische Brief umfasst zwar noch einen weiteren Satz,⁶⁷ doch da dieser nicht gezeigt wird, wohnt dem Punkt am Satzende eine gewisse Finalität inne und es wirkt beinahe so, als ob Robbie damit sein Schicksal besiegelt hätte. Nachdem Robbie den erotischen Brief verfasst hat, lacht er, nimmt das Blatt aus der Schreibmaschine und faltet es. Per Hand schreibt er den Entschuldigungsbrief, der als *Voiceover* mit Robbies Stimme über die Szene, in der Cecilia sich ankleidet, gelegt wird. In der Romanvorlage wird Robbies Entscheidung für die Handschrift mit deren persönlicheren Note begründet.⁶⁸

Versehentlich gibt Robbie Briony später statt des Entschuldigungsbriefs den erotischen Brief für Cecilia mit. Briony liest ihn, ehe sie ihn ihrer Schwester aushändigt. Zusammen mit der beschriebenen Brunnenszene und der Beobachtung der sexuellen Begegnung Robbies und Cecilias in der Bibliothek lässt der Brief Briony annehmen, dass Robbie derjenige wäre, der Lola bei der nächtlichen Suche nach ihren ausgerissenen Brüdern vergewaltigt hat. Sie bezichtigt ihn dieses Verbrechens und legt falsches Zeugnis ab. Robbie wird zu einer Gefängnisstrafe verurteilt. Zu Beginn des Zweiten Weltkriegs entscheidet er sich gegen das weitere Absitzen seiner Strafe und für den Kriegsdienst – mit für ihn tödlichen Folgen.

Auch in *Atonement* ist es also ein getippter Brief, der einem Charakter zum Verhängnis wird. Das Wort *cunt* wird nie ausgesprochen.⁶⁹ Stattdessen wiederholt sich sein Schreibprozess bei Brionys Lektüre des erotischen Briefes Anschlag für Anschlag, wobei das Geräusch der Tasten an Schüsse erinnert,⁷⁰ und wird in Robbies Traum in Dünkirchen Buchstabe für Buchstabe rückgängig gemacht⁷¹ – letz-

---

66 Vgl. Stauffer. Mediales Spiel: 207.
67 „In my thoughts I make love to you all day long." Vgl. McEwan. Atonement: 86. Dass der Brief auch im Film länger ist, ist in einer späteren Szene bei sehr genauem Schauen erkennbar. Vgl. Stauffer. Mediales Spiel: 206.
68 Vgl. McEwan. Atonement: 86. Vgl. auch Stauffer. Mediales Spiel: 207.
69 So auch James Schiff. Vgl. James Schiff. „Reading and Writing on Screen. Cinematic Adaptations of McEwan's *Atonement* and Cunningham's *The Hours*". Critique. Studies in Contemporary Fiction 53.2 (2012): 164–173, hier 171. Christine Geraghty zufolge werden die wirkmächtigsten Wörter in *Atonement* nicht ausgesprochen; stattdessen treten sie als Schrift und in Detailaufnahmen in Erscheinung. Vgl. Christine Geraghty. „Foregrounding the Media. *Atonement* (2007) as an Adaptation". *A Companion to Literature, Film, and Adaptation*. Hg. Deborah Cartmell. Malden, Mass.: Wiley-Blackwell, 2014. 359–373, hier 366.
70 Vgl. Wright. Atonement: 00:27:07–00:27:08. Laut Schiff wird das Wort in einer Detailaufnahme gezeigt. Vgl. Schiff. Reading: 171.
71 Vgl. ebd.: 1:14:24–1:14:25.

teres ist nur im Medium Film möglich.[72] Das verdeutlicht die drastische Wirkung des durch das Medium der Schreibmaschine hergestellten Wortes.

Die von Martin Heidegger geäußerte Annahme, dass die Maschinenschrift die Handschrift und damit den Charakter verberge,[73] bestätigt sich in *Atonement* nicht – im Gegenteil: Der mit der Schreibmaschine geschriebene erotische Brief erweist sich als persönlicher und ehrlicher als der per Hand geschriebene Entschuldigungsbrief,[74] der in der Romanvorlage mit dem Attribut „conventional"[75] versehen wird.

Darüber hinaus hat die Schreibmaschine in *Atonement* noch eine weitere Funktion. Diese geht aus der Eröffnungsszene des Films[76] hervor: Während der Einblendung der *Opening Credits*, für die eine an Schreibmaschinenschrift erinnernde Schriftart gewählt worden ist, hört man, wie ein Blatt Papier in eine Schreibmaschine gelegt und der Schreibwagen eingestellt wird. Der Titel – *Atonement* – wird Buchstabe für Buchstabe in weißer Schrift auf schwarzem Grund getippt. Es folgt eine Großaufnahme eines Puppenhauses, das sich als Nachbildung des Hauses der Familie Tallis herausstellen wird. Die Kamera schwenkt und folgt einigen in einer Reihe aufgestellten Spielzeugtieren durch das Zimmer bis zu einem Schreibtisch, an dem ein Mädchen mit dem Rücken zu ihr sitzt. Das Geräusch des Tippens auf der Schreibmaschine dauert unterdessen an und als die Kamera über die Schulter des Mädchens schaut, sehen die Zuschauenden, dass es etwas mit der Schreibmaschine schreibt, so dass das Geräusch als ein diegetisches identifiziert wird. Daran schließen Großaufnahmen von der oberen Hälfte des Gesichts des Mädchens, seinen Fingern auf den Tasten und der Schreibmaschine, einer Corona,[77] an. Das Mädchen tippt die Worte „The End", die Griggs als potenziellen Hinweis auf die Auflösung gegen Ende des Films deutet.[78] Dann nimmt es das Blatt aus der Schreibmaschine und legt es auf einen Stapel anderer beschriebener Blätter in einer Mappe. Die Mappe liegt wiederum auf mehreren per Hand beschriebenen

---

72 Auch Matthew Bolton verweist auf die Option des Kinos, durch das Zurückspulen des Films die Zeit zurückzudrehen. Vgl. Matthew Bolton. „The Rhetoric of Intermediality. Adapting Means, Ends, and Ethics in *Atonement*". *Diegesis* 2.1 (2013): 23–53, hier 42–43.
73 Vgl. Martin Heidegger. *Gesamtausgabe. II. Abteilung: Vorlesungen 1923–1944. Parmenides.* Hg. ders. und Manfred S. Frings. Band 54. Frankfurt a. M.: Vittorio Klostermann, 1982, hier 119.
74 Vgl. Stauffer. Mediales Spiel: 207. Laut Stauffer fungiert er zudem wie eine Art *écriture automatique*.
75 McEwan. Atonement: 85.
76 Diese erweist sich insofern als typisch und untypisch zugleich, als dass das Tippen auf der Schreibmaschine zwar den Ausgangspunkt des Films markiert, aber kein:e eindeutige:r Schöpfer:in der Geschichte identifiziert wird. Vgl. Grampp. Schreibwerkzeuge: 215.
77 Vgl. Wright. Atonement: 00:01:35.
78 Vgl. Griggs. Writing: 351.

Blättern. Als das Mädchen die Mappe zuklappt, erfahren die Zuschauenden, dass der Titel des Werks *The Trials of Arabella* lautet und das Mädchen Briony Tallis heißt. Das wirft die Frage auf, wer zuvor den Filmtitel getippt hat. Die dadurch entstehende Irritation wird verstärkt, indem das Geräusch des Tippens auf der Schreibmaschine nicht aussetzt, als Briony das Schreiben einstellt und aufsteht, sondern sich stattdessen mit der nichtdiegetischen Musik verbindet und Briony durch das Haus der Familie Tallis folgt.

Derartige Übergänge zwischen diegetischem und nichtdiegetischem Ton gibt es im Laufe des Films immer wieder[79] und das Geräusch des Tippens auf der Schreibmaschine wird mit Briony, ihrer Vorstellungskraft und ihrer Autorinnenschaft assoziiert.[80] Besonders deutlich wird das in der Szene, in der Briony zurückfährt, nachdem sie sich mit Cecilia und Robbie ausgesprochen und den beiden versprochen hat, die wahre Version der Geschichte aufzuschreiben: Ehe die Szene durch Brionys an den Moderator gerichtete Frage „I'm sorry. Could we stop for a moment?"[81] plötzlich unterbrochen wird, geht das diegetische Geräusch des Schienenfahrzeugs in das nichtdiegetische Geräusch des Tippens auf der Schreibmaschine über.[82] Ähnlich wie die Signatur „BT London 1999"[83] am Ende des dritten Teils der Romanvorlage auf die Coda vorausweist, bereitet dieser Übergang das Fernsehinterview vor. Die Schreibmaschine und das Geräusch des Tippens auf ihr dienen in *Atonement* folglich dazu, die überraschende Wende der Handlung – Brionys Autorschaft der ersten drei Teile – von dem Medium des Romans in das Medium des Films zu transponieren.[84]

In dem Interview spricht der Moderator mit Briony, die inzwischen eine erfolgreiche Romanautorin und eine todkranke alte Frau ist, über ihren neuesten und zugleich letzten Roman *Atonement*. Der Roman wird als „autobiographisch"[85] bezeichnet und seine Handlung ist mit der der ersten drei Teile des Films identisch – dadurch, dass die Zuschauenden quasi eine Verfilmung von Brionys Roman sehen, erweist sich *Atonement* als selbstreflexiv. Briony gibt allerdings zu, dass sie nicht das, was tatsächlich passiert ist, erzählt, sondern das Ende abgewandelt hat: In

---

79 Vgl. etwa auch Bolton. Rhetoric: 36–41.
80 Vgl. auch Griggs. Writing: 351; Hesse. Point of View: 90; Schiff. Reading: 170. Anders Bolton, für den diese Zuschreibung weniger eindeutig ist. Vgl. Bolton. Rhetoric: 39. Zur Assoziation des Rhythmus der Schreibmaschine mit Kreativität im Film im Allgemeinen vgl. auch Grampp. Schreibwerkzeuge: 218, Anm. 11.
81 Wright. Atonement: 01:41:55–01:41:57.
82 Vgl. ebd.: 01:41:32–01:41:55.
83 McEwan. Atonement: 349.
84 Bolton zufolge bildet das Geräusch des Tippens auf der Schreibmaschine nur einen Teilaspekt dieser Transponierung. Vgl. Bolton. Rhetoric: 34–45.
85 Wright. Atonement: 01:44:10.

Wirklichkeit hat es ihre Aussprache mit Robbie und Cecilia nie gegeben. Robbie ist in der Nacht vor der Evakuierung von Dünkirchen an einer Blutvergiftung und Cecilia bei der Bombardierung von London gestorben. Folglich handelt es sich bei Brionys Roman um einen autofiktionalen Text, in dem eine Figur zwar denselben Namen wie die Autorin trägt, aber nicht mit dieser identisch ist und in einer fiktionalen Geschichte auftritt.[86]

Das Interview verdeutlicht, dass Robbie und in diesem Fall auch Cecilia nicht bloß im Leben, sondern darüber hinaus in Brionys Roman und somit doppelt zu Opfern der Tasten werden. Zwar nennt Briony ihre Abänderung des Endes der Geschichte der beiden einen „final act of kindness"[87] und spricht davon, ihnen zu ihrem Glück verholfen zu haben.[88] Gleichzeitig hat sie Robbie und Cecilia dadurch aber das Erzählen ihrer tatsächlichen Geschichte verweigert und sie zugunsten ihrer Leser:innen zu Figuren in einer Fiktion gemacht: Briony ist der Auffassung, dass Leser:innen aus dem wahren Ende weder Hoffnung noch Befriedigung ziehen könnten.[89]

3 Fazit: Opfer der Tasten

Zusammenfassend lässt sich festhalten, dass sich sowohl in *Der letzte Sommer* als auch in *Atonement* ein auf der Schreibmaschine getippter Brief als fatal erweist. In *Der letzte Sommer* führt er den Tod von Jegor und Lusinja von Rasimkara direkt herbei, da die Revolutionäre mit der Schreibmaschine eine moderne Erfindung zu einer tödlichen Waffe umgebaut haben, die das eine alte Gesellschaftsordnung verkörpernde Ehepaar auslöscht. In *Atonement* trägt er indessen entscheidend dazu bei, die Ereignisse in Gang zu setzen, die Robbie Turners Tod nach sich ziehen.

In *Der letzte Sommer* differenziert der Gouverneur aufgrund seines Schreibkrampfs nicht zwischen Schreibmaschinenschrift und Handschrift und schreibt offizielle und persönliche Briefe gleichermaßen mit der Schreibmaschine. Die Revolutionäre sehen davon ab, auf die verbergende Wirkung der Maschinenschrift zurückzugreifen; sie verfassen ihre Drohbriefe per Hand. In *Atonement* stellt sich der getippte Brief als ehrlicher und persönlicher als der handschriftliche heraus.

---

86 Zu Autofiktion vgl. etwa Martina Wagner-Egelhaaf. „Einleitung: Was ist Auto(r)fiktion?". *Auto(r)fiktion. Literarische Verfahren der Selbstkonstruktion.* Hg. dies. Bielefeld: Aisthesis, 2013. 7–22; Frank Zipfel. „Autofiktion". *Handbuch der literarischen Gattungen.* Hg. Dieter Lamping. Stuttgart: Kröner, 2009. 31–36.
87 Wright. Atonement: 01:48:20–01:48:22.
88 Vgl. ebd.: 01:48:25–01:48:31.
89 Vgl. ebd.: 01:47:58–01:48:05.

Gängige Erwartungen an Schreibmaschinenschrift und Handschrift werden also weder in der Erzählung noch in dem Film bestätigt.

Ferner erfolgt die Transponierung der überraschenden Wende vom Medium des Romans in das Medium des Films in *Atonement* durch die Schreibmaschine sowie des Geräuschs des Tippens auf ihr. Auf eine indirektere Art und Weise werden Robbie und auch Cecilia Tallis zudem erneut zu Opfern der Tasten, weil Briony Tallis nicht die Wahrheit, sondern eine fiktive Version der Geschichte der beiden verschriftlicht.

Literatur- und Filmverzeichnis

Atonement. Reg. Joe Wright. Universal Studios, 2008.

Blasberg, Cornelia. „Der letzte Sommer. Zur Leistungskraft von Brieferzählungen im 20. Jahrhundert". *Denk- und Schreibweisen einer Intellektuellen im 20. Jahrhundert. Über Ricarda Huch*. Hg. Gesa Dane und Barbara Hahn. Göttingen: Wallstein-Verlag, 2012. 37–55.

Bolton, Matthew. „The Rhetoric of Intermediality. Adapting Means, Ends, and Ethics in *Atonement*". *Diegesis* 2.1 (2013): 23–53.

Geraghty, Christine. „Foregrounding the Media. *Atonement* (2007) as an Adaptation". *A Companion to Literature, Film, and Adaptation*. Hg. Deborah Cartmell. Malden, Mass.: Wiley-Blackwell, 2014. 359–373.

Grampp, Sven. „Schreibwerkzeuge im Film. Pinsel, Feder und Schreibmaschine". *Medienreflexion im Film. Ein Handbuch*. Hg. Kay Kirchmann und Jens Ruchatz. Bielefeld: Transcript, 2014. 213–224.

Griggs, Yvonne. „Writing for the Movies. Writing and Screening *Atonement* (2007)". *A Companion to Literature, Film, and Adaptation*. Hg. Deborah Cartmell. Malden, Mass.: Wiley-Blackwell, 2014. 345–358.

Heidegger, Martin. *Gesamtausgabe. II. Abteilung: Vorlesungen 1923–1944. Parmenides*. Hg. ders. und Manfred S. Frings. Band 54. Frankfurt a. M.: Vittorio Klostermann, 1982.

Hesse, Beatrix. „Point of View in *Atonement* – Novel and Film". *Anglistik. International Journal of English Studies* 21.2 (2010): 83–91.

Huch, Ricarda. *Der letzte Sommer. Eine Erzählung in Briefen*. Frankfurt a. M. und Leipzig: Insel Verlag, 1950.

Jahraus, Oliver. „Der fatale Blick in den Spiegel. Zum Zusammenhang von Medialität und Reflexivität". *Zeitschrift für Ästhetik und allgemeine Kunstwissenschaft* 55.2 (2010): 247–260.

Kittler, Friedrich A. *Grammophon, Film, Typewriter*. Berlin: Brinkmann & Bose, 1986.

Kittler, Friedrich A. *Aufschreibesysteme 1800/1900*. 2., erweiterte und korrigierte Aufl. München: Wilhelm Fink Verlag, 1987.

Leopold, Keith. „Ricarda Huch's *Der letzte Sommer*. An Example of Epistolary Fiction in the Twentieth Century". *Selected Writings*. Hg. Manfred Jurgensen. New York u. a.: Peter Lang, 1985. 69–90.

McEwan, Ian. *Atonement*. London: Vintage, 2002.

Metten, Thomas und Michael Meyer. „Reflexion von Film – Reflexion im Film". *Film. Bild. Wirklichkeit. Reflexion von Film – Reflexion im Film*. Hg. dies. Köln: Herbert von Halem Verlag, 2016. 9–70.

Polt-Heinzl, Evelyne. *Ich hör' dich schreiben. Eine literarische Geschichte der Schreibgeräte*. Mit Zeichnungen von Franz Blaas. Wien: Sonderzahl, 2007.

Ratz, Alfred E. „‚Detektivgeschichte' als geschichtliche Prognose. Ricarda Huchs *Der letzte Sommer*". *Ricarda Huch. Studien zu ihrem Leben und Werk.* Band 3. Hg. Hans-Werner Peter. Braunschweig: PP-Verlag, 1991. 114–136.

Reventlow, Rolf: „‚Warte Schwabing, Schwabing warte. Dich holt Jesus Bonaparte...'. Aus den Erinnerungen an die Kindheit und an Franziska zu Reventlow". In: *Literatur in Bayern* 22 (2006): 22–34.

Sauder, Gerhard. „Briefroman". *Reallexikon der deutschen Literaturwissenschaft.* 3. Aufl. Band 1. 3. Auflage. Hg. Klaus Weimar u. a. Berlin und New York: De Gruyter, 2007. 255–257.

Schiff, James. „Reading and Writing on Screen. Cinematic Adaptations of McEwan's *Atonement* and Cunningham's *The Hours*". *Critique. Studies in Contemporary Fiction* 53.2 (2012): 164–173.

Staitscheva, Emilia. „Das Rußland-Bild im dichterischen Werk Ricarda Huchs". *Ricarda Huch (1864 –1947). Studien zu ihrem Leben und Werk.* Jubiläumsband zu ihrem 50. Todestag anläßlich des internationalen Ricarda-Huch-Forschungssymposions vom 15.–17. November 1997 in Braunschweig. Hg. Hans-Werner Peter und Silke Köstler. Braunschweig: PP-Verlag, 1997. 83–114.

Stauffer, Isabelle. „Ein mediales Spiel um das Erkennen und Verkennen von Gefühlen. Briefe in Max Ophüls' *Letters from an Unknown Woman* und Joe Wrights *Atonement*". *Medienkomparatistik. Beiträge zur Vergleichenden Medienwissenschaft* 2 (2020): 197–211.

Viollet, Catherine. „Mechanisches Schreiben, Tippräume. Einige Vorbedingungen für eine Semiologie des Typoskripts". *„Schreibkugel ist ein Ding gleich mir: von Eisen". Schreibszenen im Zeitalter der Typoskripte.* Hg. Davide Giuriato, Martin Stingelin und Sandro Zanetti. München: Wilhelm Fink Verlag, 2005. 21–47.

Virilio, Paul. *Krieg und Kino. Logistik der Wahrnehmung.* München u. a.: Hanser, 1986.

Wagner-Egelhaaf, Martina. „Einleitung: Was ist Auto(r)fiktion?". *Auto(r)fiktion. Literarische Verfahren der Selbstkonstruktion.* Hg. dies. Bielefeld: Aisthesis, 2013. 7–22.

Zimmermann, Werner. „Ricarda Huch. *Der letzte Sommer* (1910)". *Deutsche Prosadichtungen unseres Jahrhunderts. Interpretationen für Lehrende und Lernende.* Neufassung. Hg. ders. 7., verbesserte Aufl. Band 1. Düsseldorf: Schwann, 1985. 133–154.

Zipfel, Frank. „Autofiktion". *Handbuch der literarischen Gattungen.* Hg. Dieter Lamping. Stuttgart: Kröner, 2009. 31–36.

Michael Meyer
In Cold Blood und *Capote*
Filmische Erzählung und Erzählung im Film

Am 15. November 1959 wurde der angesehene und wohlhabende Farmer Herbert Clutter samt seiner Familie im ländlichen Kansas ohne erkennbares Motiv brutal ermordet; eine Tat, die ganz Amerika schockierte. Später stellte sich heraus, dass die beiden Täter hofften, einen Tresor voller Geld im Haus zu finden – ein fataler Irrtum.[1] Die Medien priesen Truman Capotes neuartigen Tatsachenroman über den Fall, *In Cold Blood* (1965), als literarische Sensation. Das Buch profitierte vom Mordfall, fasziniert aber immer noch durch seinen Stil, der Wirklichkeitsnähe spannend in literarischer und filmischer Schreibweise evoziert. Capotes Stil erklärt sich aus seinem Interesse an Journalismus, Literatur und Film. Er schrieb Reportagen für den *New Yorker*, reüssierte mit *Breakfast at Tiffany's* (1958) und verfasste Filmskripte, beispielsweise das von *The Innocents* (1961), für das er die Arbeit an seinem Tatsachenroman unterbrach. Capote verkaufte geschäftstüchtig die Rechte für die Verfilmung an Columbia Pictures wie zuvor die für *Breakfast at Tiffany's* an Paramount.[2] Es ist nicht auszuschließen, dass er beim Schreiben bereits die Verfilmung im Hinterkopf hatte.

Die erste Verfilmung (1967) von Capotes Roman bemüht sich um dokumentarische Ästhetik mit der Wahl von schwarz-weißem Filmmaterial, unbekannten Schauspielern, die den Tätern sehr ähnlich sehen, mehreren Geschworenen aus dem realen Gerichtsverfahren, die sich selbst spielen, und originalen Schauplätzen, etwa dem Farmhaus der Clutters oder dem Gerichtsgebäude.[3] Diese Verfilmung wird hier wegen ihres Fokus auf die Illusion von Authentizität nicht behandelt. Dagegen ist das Biopic *Capote* (2005) von Bennett Miller insofern interessant, als es den Roman *In Cold Blood* in mehrfacher Hinsicht komplementär ergänzt: Beide sind hybride Genres, die die Wirklichkeit mit auffällig fiktionalen Mitteln repräsentieren.[4] Beide stellen reflexiv die intermediale Konstruktion von Wirklichkeit aus. Der Tatsachenroman bedient sich filmischer Mittel, das Biopic setzt die Entstehung

---

1 Vgl. Gerald Clarke. *Capote: A Biography.* Simon & Schuster, 1988, 317–324.
2 Vgl. ebd.: 334, 362–366.
3 Vgl. ebd.: 386.
4 Zur differenzierten Abgrenzung von Biopic und dokumentarischer Biografie siehe Carsten Heinze. „Das Biopic als Filmgenre. Eine filmsoziologische Deutungsperspektive am Beispiel von CAPOTE". *Methoden der Filmsoziologie.* Hg. Oliver Dimbath und Carsten Heinze. Berlin: Springer, 2021. 93–121, hier 93–94, 102–107.

Open Access. © 2024 bei den Autorinnen und Autoren, publiziert von De Gruyter. Dieses Werk ist lizenziert unter einer Creative Commons Namensnennung 4.0 International Lizenz.
https://doi.org/10.1515/9783110774337-012

dieser Erzählung ins Bild. Der Kriminalfall entwirft eine ebenso filmreife wie filmische Handlung in einer intermedialen Erzählung, nämlich den prospektiven Plan des Verbrechens, dessen retrospektive Ermittlung, Verhandlung und Bestrafung. Das Biopic zeigt doppelt reflexiv die intermediale Konstruktion der Erzählung des Romans als Handlung und damit metonymische Ursache seiner selbst.

Mein Beitrag skizziert zunächst Konzepte reflexiver Intermedialität. Danach folgen die Analysen des Romans und des Films, die insbesondere die Interaktion von Visualität und Erzählung in verschiedenen Medien berücksichtigen.

1 Konzepte reflexiver Intermedialität

Intermediale Beziehungen nehmen nach Irina Rajewsky drei grundlegende Formen an:[5] (1) *Medientransposition* bezeichnet die Transformation eines Mediums in ein anderes. (2) *Medienkombination* verknüpft distinkte Medien, die auch so integriert werden können, dass sie neue oder eigenständige Medien bilden. (3) *Intermediale Referenz* bewegt sich zwischen den Polen der Einzelreferenz als Thematisierung eines anderen Mediums und Systemreferenz als Imitation oder Evokation des anderen Mediums mit den Modalitäten des eigenen. Alle drei Formen sind im Roman *In Cold Blood* und im Film *Capote* zu finden. Hinsichtlich der Medientransposition transformiert Capotes Roman beispielsweise Interviews und Fotos in szenische Beschreibungen, der Film *Capote* u. a. diesen Roman und Clarkes Biografie in laufende Bilder. Medienkombinationen treten insofern auf, als das Cover von Capotes Roman Farbe, Fotografie und Text kombiniert, während der Film Stimme, Klang und Bild integriert. Intermediale Referenzen sind vorhanden, weil der Tatsachenroman Erzählung und Fotografie thematisiert und filmische Qualitäten imitiert. Und das Biopic thematisiert und imitiert Erzählung, Fotografie und auch Film, um nur einige wichtige Medien zu nennen.

Intermedialität basiert einerseits auf historisch spezifischen Unterscheidungen zwischen Medien bzw. konstituiert sich diskursiv über die Differenzierung von deren spezifischen Qualitäten. Diese Differenzierung erfolgt auch diachron im Vergleich alter und neuer Medien. Die Möglichkeiten der Repräsentation werden erweitert, indem Intermedialität konventionell wahrgenommene Grenzen zwischen den Medien überschreitet, etwa über die Transposition oder Evokation von Bildern in Erzählungen.[6] Intermedialität ist in der Regel reflexiv: „Wann immer ein

---

5 Vgl. Irina O. Rajewsky. *Intermedialität*. Tübingen: Francke, 2002, 66–69, 83–117. Vgl. Irina O. Rajewsky. „Intermediality, Intertextuality, and Remediation: A Literary Perspective on Intermediality". *Intermédialités* 6 (2005): 43–64, hier 55.
6 Vgl. Rajewski. Intermediality: 53–55.

Medium in einem anderen Medium auftritt, dient dies der medialen Selbstreflexion, also beispielsweise der Selbsteinschätzung der eigenen Rezipierbarkeit, der eigenen Reichweite, der Verortung in einer Tradition."[7] Dabei kann intermediale Reflexivität vollkommen gegensätzliche Wirkungen erzeugen, die Authentizität der betreffenden Repräsentation belegen oder die ästhetische Illusion durchbrechen.[8]

Zunächst steht die Intermedialität des Romans *In Cold Blood* im Vordergrund und deren phänomenologische, generische und diskursive Funktionen hinsichtlich des Wahrnehmungsangebots, der Romankonzeption und des soziokulturell grundierten Wahrheitsanspruchs.

2 *In Cold Blood:* filmisches Erzählen

Der Krimi ist ein transmediales Genre über Verbrechen und Aufklärung mit verwandten Erzählstrukturen, Figuren und Handlungen in Romanen wie Filmen. Die Kriminalgeschichte hat schon immer die Rolle von Medien bei der Wahrnehmung und Ermittlung von Spuren und Indizien thematisiert. Kriminalromane haben außerdem vom Film das Spiel mit Licht und Schatten wie mit begrenzten Perspektiven übernommen und dadurch Beobachtung reflektiert.[9] Capotes Tatsachenroman folgt der Kriminalgeschichte im Allgemeinen und im engeren Sinne dem Subgenre der juristischen Fallgeschichte, als *Courtroom Drama* von besonderer Bedeutung in den USA, in dem häufig eine Jury aus Laien über Schuld und Unschuld entscheidet. Die juristische Fallgeschichte rekonstruiert das Verbrechen vor Gericht, kann aber auch die Vorgeschichte der Täter einschließen, wie hier die von Perry Edward Smith und Richard Eugene Hickock. Die juristische Fallgeschichte

---

[7] Oliver Jahraus. „Der fatale Blick in den Spiegel. Zum Zusammenhang von Medialität und Reflexivität". *Zeitschrift für Ästhetik und allgemeine Kunstwissenschaft* 55.2 (2010): 247–260, hier 256. Vgl. die systemtheoretisch fundierte Reflexivität bei Kay Kirchmann und Jens Ruchatz. „Einleitung: Wie Filme Medien beobachten. Zur kinematographischen Konstruktion von Medialität". *Medienreflexion im Film: Ein Handbuch.* Hg. Kay Kirchmann und Jens Ruchatz. Bielefeld: Transcript, 2014. 9–42, hier 9–26.

[8] Vgl. Werner Wolf. „Metareference Across Media: The Concept, Its Transmedial Potential and Problems, Main Forms and Functions". *Metareference Across Media: Theory and Case Studies; Dedicated to Walter Bernhart on the Occasion of His Retirement.* Hg. Werner Wolf, Katharina Bantleon und Jeff Thoss. Amsterdam: Rodopi, 2009. 1–88, hier 67–68. Vgl. Michael Meyer und Thomas Metten. „Reflexion von Film – Reflexion im Film". *Film. Bild. Wirklichkeit.* Hg. Thomas Metten und Michael Meyer. Köln: Herbert von Halem Verlag, 2016. 9–70, hier 28–53.

[9] Vgl. Andreas Blödorn. „Narratologie". *Handbuch Kriminalliteratur: Theorien – Geschichte – Medien.* Hg. Susanne Düwell, Andrea Bartl, Christof Hamann und Oliver Ruf. Stuttgart: Metzler, 2018. 14–23, hier 21–22.

zeigt narrative Strukturen in Analogie zur Fiktion, und ihre fiktionale Erzählung richtet reflexiv die Aufmerksamkeit auf das Erzählen selbst, „die Konstruiertheit und Kontingenz eines vermeintlich faktenorientierten und juristisch bezeugten Berichts"[10]. Dieser Bericht eines singulären Falls lasse sich jedoch nicht nahtlos in eine allgemeine Ordnung überführen, was die Leser:innen in die Position der Geschworenen bzw. letztendlich in die des „kritisch urteilenden Richters"[11] versetze.

In Cold Blood imitiert und transformiert Muster des Kriminalfilms in der Reihenfolge einer Verbrechensgeschichte, Detektivgeschichte und eines Gerichtsfilms. Der Roman ist in seinen präzisen, stimmungsgesättigten Beschreibungen bildstark und arbeitet mit filmisch anmutender Parallelmontage. Zuerst zur filmischen Komponente von Capotes Darstellung der Verbrechensgeschichte: „Employing the skills he had learned as a screenwriter, he presents his characters in short, cinematic scenes: the Clutters, unsuspectingly awaiting their fate in the shadows of those dignified grain elevators, and their killers, racing across Kansas to meet them."[12] Nach der Tat beschreiben der zweite und dritte Teil des Romans im Modus des Detektivfilms die Fluchtbewegungen der Mörder in kurzen Sequenzen parallel zu den Ermittlungen bis zur Festnahme mit dem ersten Geständnis. Das *Courtroom Drama* des letzten Teils zeigt den langen Prozess von der Bestellung der Pflichtverteidiger und der Jury zur komplexen Wahrheitsfindung und Urteilsbildung in juristischen Verhandlungen mit psychologischen Gutachten und (auto-)biografischen Retrospektiven bis zur Hinrichtung. Die Filmgenrespezifische Strukturierung der Handlung sorgt für Spannung.

Wahrheit und Wirklichkeitsnähe beansprucht der Roman durch eine doppelte intermediale Strategie: Erstens referenziert er markierte Quellen und zweitens evoziert er filmische Szenen. Der Text transformiert, zitiert oder imitiert Tagebücher, Briefe, Fotos, Presseartikel, Radionachrichten, Interviews, Protokolle, psychiatrische Gutachten und sogar den wissenschaftlichen Artikel „Murder Without Apparent Motive – A Study in Personality Disorganization."[13] Die vielen Medien und Perspektiven geben manchmal parallel Informationen und bestätigen sich so wechselseitig, ergänzen sich und füllen die Lücken, die andere Medien offengelassen haben. Oder die verschiedenen Medien widersprechen sich, nicht zuletzt in dem wichtigen Punkt, welche Konsequenzen das Verbrechen haben soll: Psychia-

---

10 Nicolas Pethes. „Fallgeschichten". *Handbuch Kriminalliteratur: Theorien – Geschichte – Medien.* Hg. Susanne Düwell, Andrea Bartl, Christof Hamann und Oliver Ruf. Stuttgart: Metzler, 2018. 43–48, hier 45–47.
11 Pethes. Fallgeschichten: 47.
12 Clarke. Capote: 356. Vgl. Ralph F. Voss. *Truman Capote and the Legacy of in Cold Blood.* Tuscaloosa: University of Alabama Press, 2011, 63, 74.
13 Truman Capote. *In Cold Blood.* New York: Vintage, 1993, 298–301.

trie, Gefängnis oder Tod. Über Intermedialität und Multiperspektivität stellt der Text klar, dass gesellschaftliche Wirklichkeit nur über die Einschreibung und Wahrnehmung von Spuren und Medien auf je eigene Weise konstituiert wird. Die folgende Analyse richtet sich nun auf reflexive Intermedialität am Schnittpunkt zwischen Erzählung, Foto und Film in Ermittlung, Vernehmung und Geständnis.

Der erste Teil des Romans zeigt in wechselnden Szenen den Tagesablauf der ahnungslosen Opfer und der Täter, spart aber die Tat aus und schildert weiter die Entdeckung der Tat durch die Freundinnen der ermordeten Tochter Nancy Clutter. Parallel wird Hickocks Sonntagsessen mit seinen Eltern gezeigt, während Smith sich im Hotel ausruht. Der zweite Teil widmet sich in ebenfalls wechselnden Szenen den Tätern auf der Flucht, den schockierten Reaktionen der Bevölkerung und der Medien und den Ermittlern bei ihrer ziemlich aussichtslosen Suche nach einer Lösung dieses rätselhaften Falles, zu dem es nur wenige Spuren gibt. Die intermediale Detektivgeschichte parallel zur Flucht kommt im dritten Teil zum Ziel: Aufgrund einer Radiomeldung, dass es für Hinweise zum Fall eine Belohnung gebe, enthüllt Hickocks früherer Mithäftling dessen Plan zum Raubmord. Der magere narrative Plan und Fotos von Stiefelspuren am Tatort bilden noch keinen Beweis, um die per Polizeifoto Gesuchten für das Geschehen verantwortlich zu machen.

Allerdings erwischen die Verfolger per Zufall Hickock und Smith mit einem Paket der Stiefel vom Tatort. Beide werden getrennt vernommen und konstruieren Geschichten im szenischen Diskurs mit den Ermittlern. Hickock erzählt den Vermittlern ein Märchen als Alibi für die Mordnacht. Die Ermittler erhöhen den Druck, indem sie – in filmisch prägnanter Weise – ihre Version der Geschichte mit der Evidenz von Spur und Medium beweisen:

> „…The killers made only two mistakes. The first one was they left a witness. The second – well, I'll show you." Rising, he retrieved from a corner a box and a briefcase [...]. Out of the briefcase came a large photograph. „This," he said, leaving it on the table, „is a one-to-one reproduction of certain footprints found near Mr. Clutter's body. And here"—he opened the box—„are the boots that made them. Your boots, Hickock." Hickock looked, and looked away. He rested his elbows on his knees and cradled his head in his hands.[14]

Hickocks Körpersprache ist ein Indiz, dass er die Spuren am Tatort als seine anerkennt. Der Hinweis auf ein zweites Foto, passend zu Smiths Stiefeln, an denen noch Blut klebe, lässt Hickock einknicken. Des vorsätzlichen Mordes beschuldigt, bezichtigt Hickock seinen Kumpel Smith aller Morde. Erst dessen Geständnis bestätigt die Geschichte des Plans des Informanten und des Verdachts der Ermittler, ohne sie allerdings ganz zufrieden zu stellen.

---

[14] Ebd.: 229.

Auch die zweite Vernehmung Smiths ist filmisch angelegt. Die Ermittler Dewey und Duntz überführen Smith von Arizona nach Kansas im Auto. Die Erzählung richtet sich auf drei Perspektiven, den Blick aus dem Fenster, die Situation im Auto und die retrospektive Konstruktion der Tat. Der Blick des zunächst ungerührten Gefangenen richtet sich gegenwärtig nach draußen durch die Wagenfenster auf eine Landschaft, die (wie ein Film vor dem Zuschauer) vorbeizieht, und in der vereinzelte Elemente herausgegriffen werden, wie Werbeschilder für Rasiercreme mit Reimen oder erschossene Koyoten: „He continues to contemplate the scenery, to read Burma-shave doggerel, and to count the carcasses of shotgunned coyotes festooning ranch fences."[15] Die ironische Alliteration über Kadaver, die Zäune schmücken, verrät wohl mehr über den sprachlich-bildlichen Gestaltungswillen des unsichtbaren, personalen Erzählers als Smiths Stimmung. Smith ist mit seinen Handschellen eng an den Sicherheitsgurt auf dem Beifahrersitz gekettet. Die Ermittler versuchen, Smith zu provozieren, um die Geschichte aus ihm heraus zu kitzeln. Ihnen gelingt es, indem sie Hickocks Aussage zitieren, Smith sei ein „natural-born killer"[16], der aus Spaß jemanden mit einer Fahrradkette erschlagen hätte. Smith hatte ihm diese Geschichte selbst erzählt[17], tut sie aber jetzt als Lüge ab. Die Verweise auf die geschlossenen Augen des Erzählers Smith unterstreichen die – audiovisuell prägnante – Erinnerung an die Geschichte, die Orte, Figuren, Objekte und Handlungen evoziert. Diese wiederholen zum Teil die als Romanhandlung im ersten Teil eingeführte Vorbereitung des Verbrechens. Smiths Geschichte füllt auch die Lücken der Vorbereitung der Tat im ersten Teil und stellt bildlich erzählend den größeren Handlungszusammenhang her, der den Ermittlern im zweiten Teil des Romans ein Rätsel war. Immer wieder werden Beobachtungen und Beobachter erster und zweiter Ordnung (Smith in der Geschichte und die Ermittler als gelegentlich intervenierende Zuhörer) aufeinander bezogen, so dass wir als Beobachter dritter Ordnung gleichsam wie im Film Sehen und Gesehenes beobachten können. Beispielsweise blicken Hickock und Smith durch die Autofenster auf das nächtliche Anwesen, das vom Mond beleuchtet wird. Ihre emotionale Anspannung intensiviert ihre Wahrnehmung von Atmosphäre, Räumen, Gesichtern, Stimmen oder Geräuschen:

> A side door. It took us into Mr. Clutter's office. Then we waited in the dark. Listening. But the only sound was the wind. There was quite a little wind outside. It made the trees move, and you

---

15 Ebd.: 232.
16 Ebd.
17 Vgl. ebd.: 54–55.

could hear the leaves. The one window was curtained with Venetian blinds, but moonlight was coming through. I closed the blinds, and Hickock turned on his flashlight. We saw the desk.[18]

Die differenzierte phänomenologische Beschreibung der Wahrnehmung evoziert Kino im Kopf des Lesepublikums. Der FBI-Agent Dewey steht hier stellvertretend für die Leser:innen.

Ironischerweise verdoppelt sich die Erfahrung von Immersion und Distanz in Erzähler und Figur. Weil Smith dem Farmer Clutter glaubt, dass es keinen Safe im Haus gibt, will er aussteigen. Smith sieht sich wiederholt am Tatort selbst so, als sei er eine Figur in einem dummen Film oder würde nur eine Geschichte lesen.[19] Die Figur erlebt sich als anderer: „It was like I wasn't a part of it. More as though I was reading a story. And I had to know what was going to happen. The end."[20] Der Erzähler figuriert sich quasi als Leser, der – wie die Ermittler und das Lesepublikum (ebenso wie Capote im gleichnamigen Film) – erfahren will, wie die Geschichte verläuft und endet, als ob er persönlich nichts damit zu tun hätte. Das auszugsweise zitierte psychiatrische Gutachten und ein einschlägiger Artikel, der allerdings im Verfahren keine Rolle spielt, beschreiben genau diese befremdliche Selbstbeobachtung von Mördern ohne offensichtliches Motiv als dissoziative Persönlichkeitsstörung. Die intermediale, wissenschaftliche Bestätigung von Smiths Geschichte stellt die Todesstrafe in Frage.

Das Empfinden innerer Distanz mit Referenz auf einen Film geht in eine immersive filmische Beschreibung der Tat über. Hickock drängt auf die Ermordung der Opfer, zögert aber. Smith hingegen handelt:

> ... I didn't realize what I'd done till I heard the sound. Like somebody drowning. Screaming under water. [...] I told Hickock to hold the flashlight, focus it. Then I aimed the gun. The room just exploded. Went blue. Just blazed up. Jesus, I'll never understand why they didn't hear the noise twenty miles around. Dewey's ears ring with it – a ringing that almost deafens him to the whispery rush of Smith's soft voice. But the voice plunges on, ejecting a fusillade of sounds and images.[21]

Die überwältigende Sinneserfahrung verzögert das Verstehen. Die audiovisuelle Dynamik des Geschehens kontrastiert zunächst mit der leisen Stimme des Erzählers, dann aber verschmelzen Sprache, Geräusche und Bilder im *Beschuss* des kinematographischen Erzählens der weiteren Morde in hastigen, teilweise unvoll-

---

18 Ebd.: 236.
19 Vgl. ebd.: 240.
20 Ebd.
21 Ebd.: 244–245.

ständigen Sätzen. Die Stimme des Erzählers und die Stimmung der Situation wie des Zuhörers Dewey bzw. des Lesers affizieren sich im gegenwärtigen Ereignis ästhetischer Wahrnehmung, markiert durch Präsens und Verlaufsformen. Smiths Geschichte überzeugt weniger durch Motiviertheit und Logik als schiere ästhetische Präsenz. Dewey findet das Ende der Geschichte – ähnlich wie Smith – befremdlich.[22] Statt Konsistenz und Kohärenz von Motivation und Handlung herrscht Kontingenz, denn die Geschichte hätte an vielen Stellen eine andere Wendung nehmen können. Vier Morde für eine lächerliche Beute von 40–50$ mit dem Risiko der Todesstrafe machen wenig Sinn. Ein weiteres Problem ist, dass Smith sich später weigert, sein Geständnis zu unterschreiben. Er behauptet, er habe nur deshalb alle Morde zugegeben, um Hickocks Familie vor der Wahrheit zu schützen, dass Hickock ein Mörder sei.[23] Dann wiederum erzählt er seinem einzigen Freund aus der Zeit bei der Armee, er habe alle umgebracht, da Hickock nicht Manns genug gewesen sei, dies zu tun.[24] Auch wenn sein Geständnis wahr zu sein scheint, besteht die Möglichkeit, dass er wieder die ganze Schuld auf sich lädt, um einer veralteten und destruktiven Vorstellung von Männlichkeit zu entsprechen.

Der dritte Teil des Romans offenbart reflexiv den Zusammenhang von diskursiver Erzählung im Geständnis und szenischem Zeigen. Die Vorbereitung des Verbrechens kann Capote nur deswegen so überzeugend *transparent* inszenieren, weil sie auf der späteren Erzählung von Smith beruht. Zwar deutet Capote wiederholt an, daß sich jemand später erinnerte bzw. erzählte, was geschah oder empfunden wurde, aber dies tritt wegen der detaillierten Schilderung in den Hintergrund.

Das anschließende *Courtroom Drama* im vierten Teil konzentriert sich auf die Beschreibung bzw. Transposition legaler und psychologischer Verfahren und Diskurse, um die Motive der Täter zu verstehen und die Folgen der Tat juristisch angemessen zu bewerten, sprich: die Vor- und Nachgeschichte der Tat zu einer stimmigen Erzählung zu vervollständigen. Dabei wird um die Bedeutung und Funktion von Dokumenten gerungen, beispielsweise Fotos oder Gutachten. Nach einigem Hin und Her erlaubt der Richter den Geschworenen, die schrecklichen Fotos vom Tatort als Beweismittel betrachten zu lassen.[25] Die Fotos werden nicht beschrieben, sondern nur der Schock auf den Gesichtern der Jury-Mitglieder gezeigt, eine im Film häufig verwendete Technik, um Spannung zu erzielen.[26] Die

---

22 Vgl. ebd.: 245.
23 Vgl. ebd.: 255.
24 Vgl. ebd.: 290.
25 Vgl. ebd.: 281.
26 Vgl. Naomi Miyazawa. „Photography, Unconscious Optics, and Observation in Capote's *In Cold Blood*". *Arizona Quarterly: A Journal of American Literature, Culture, and Theory* 75.2 (2019): 37–54, hier 38, 43.

Leser:innen kennen den Inhalt der Fotos aus der Erzählung des *Under*-Sheriffs[27] und Smiths Geständnis nur ungefähr, denn der Text repräsentiert die Fotos nicht. Die Frage, wer ein psychologisches Gutachten erstellen darf, welche Informationen im Verfahren zugelassen werden bzw. keine Beachtung finden, verlangen kritische Reflexion im Gerichtssaal wie bei der Lektüre des Buches. Die Erzählung im vierten Teil bleibt inkonsistent, da der Widerspruch der Geständnisse, wer wen getötet hat, nicht mit hundertprozentiger Sicherheit aufgelöst wird, und der legale Diskurs den durchaus plausiblen psychologischen, der zumindest Smith teilweise entlastet, übergeht. Das psychologische Gutachten erklärt Smiths Mord an Clutter in Analogie zu psychologischen Fallstudien als unbewusste, traumatisch motivierte Rache einer dissoziativen Persönlichkeit an einer unbeteiligten Person, die beispielsweise für den Vater steht.[28] Dadurch werden vermindert schuldfähige Personen als Täter schuldig: Die Psycho-Logik droht die rechtliche Logik außer Kraft zu setzen. Der Artikel über paranoid-schizophrene Mörder bestätigt intermedial Smiths Gefühl, nicht er selbst bzw. *im falschen Film* gewesen zu sein.

So steht am Ende die Todesstrafe für ein Verbrechen, das die Täter zwar geplant und durchgeführt haben, das aber auch einem Dickicht ökonomischer, sozialer und psychologischer Faktoren wie Zufällen entspringt, in dem sich die Täter verheddern. Daher stehen trotz des schockierenden Mordes individuelle Verantwortung bzw. Zurechnungsfähigkeit wie gesellschaftliche Ungleichheiten und Gerechtigkeit auf dem Prüfstand und der Leser ist aufgefordert, die verschiedenen Versionen von Wahrheit und Schuld gegeneinander abzuwägen und zum Richter zu werden.[29] Damit überträgt sich intermediale Reflexivität von der textuellen Konstruktion der Wirklichkeit als Aufgabe auf die Rezeption.

3 *Capote:* Erzählen im Film

Die Rede von der Kinematographie des Erzählens ruft nach dem Vergleich mit dem Erzählen im Kino. Der Film *Capote* schildert das Erzählen des Romans *In Cold Blood* im weitesten Sinne von der Recherche bis zum Tippen der letzten Seiten des Manuskripts. Der Film invertiert den Fokus des Romans, denn Capote taucht im

---

27 Vgl. Capote. Cold Blood: 64–65.
28 Vgl. ebd.: 298–302.
29 Dies definieren Pethes und Neuhaus als allgemeines Merkmal des Kriminalfalls, vgl. Pethes. Fallgeschichten: 47. Vgl. Stefan Neuhaus. *Der Krimi in Literatur, Film und Serie: Eine Einführung.* Tübingen: Narr Francke Attempto, 2021, 45–48.

Haupttext des Buchs nicht als persönlicher Erzähler oder Figur auf, sondern ist nur im gelegentlich lyrisch-evokativen Stil spürbar.[30]

Genau hier setzt der Film *Capote* mit kongenialer Ästhetik gleich in seiner ersten Szene – vom Ende des Buchs – an. Das Ende des Romans lässt die Vergangenheit hinter sich, denn der Fall ist gelöst, der Ermittler trifft die junge Freundin der getöteten Tochter, deren Leben weiter geht. Der Ermittler dreht den Gräbern den Rücken zu und verlässt den Friedhof.[31] Die letzten, lyrisch-evokativen Worte des Romans können in ihrer Ästhetik weniger dem pragmatischen Ermittler als dem anonymen Erzähler zugeschrieben werden: „[...] the big sky, the whisper of wind voices in the wind-bent wheat."[32] Der Film beginnt mit lebhaft schwankenden Weizenhalmen im Wind. Die Perspektive aus Untersicht ohne Zuordnung zu einer Figur verweist auf die gelungene Transformation poetischer Sprache in eine atmosphärische Szene ohne Worte, also die fotografische Qualität des Films. Die Bewegung im Bild bei stehender Kamera dokumentiert Wahrnehmungsnähe.[33] Weitere kurze Aufnahmen des Hauses, Autos und dem Mädchen vor der Tür sind mit stehender Kamera wie Fotos geschossen und entsprechen der szenischen Beschreibung des neutralen Beobachters und unsichtbaren Erzählers im Buch.

Die Filmhandlung beginnt aber nicht wie das Buch mit dem Tag des Verbrechens, sondern am folgenden Morgen mit der Entdeckung des Verbrechens durch das Mädchen, das ihre Freundin Sonntag früh mit in die Kirche nehmen will.[34] Der Film kann dies wesentlich detaillierter als das Buch zeigen und führt *nebenbei* die Familie der Opfer über eine Nahaufnahme von Fotos auf dem Kaminsims für die Zuschauer ein. Die Stille beim langsamen Gang durchs Haus erhöht die Spannung und kontrastiert mit dem unterdrückten Schrei beim Anblick der toten Freundin im Bett und der Flucht aus dem Haus. Also zeigt der Film gleich am Anfang intermedial und selbstreferenziell sein audiovisuelles Potenzial auch über Stille als bedeutungsgenerierendes Zeichen. Damit erweist sich der Film reflexiv dem Foto und dem Buch überlegen. Genauer: das schwarz-weiße Porträtfoto ist eine stumme Momentaufnahme, aber der Farbfilm zeigt Sehen von Personen in Bewegung als Subjekte und Objekte des Blicks. Dieser Film simuliert in Farbgebung, Settings, Kostümierung und Spiel die 1960er Jahre immersiv, während schwarz-weiße Fotos heute Distanz anzeigen. Der Roman bildet das Nicht-Gehörte und Nicht-Gezeigte nur

---

30 Vgl. Capote. Cold Blood: 72–73.
31 Clarke schreibt in *Capote:* 359, dieses Ende hätte Capote erfunden, um den Roman mit einer etwas optimistischeren Note ausklingen zu lassen.
32 Capote. Cold Blood: 343.
33 Vgl. *Capote*. Reg. Bennett Miller. United Artists/Sony Pictures, 2006, hier 01:15–01:25.
34 Vgl. ebd.: 01:50–02:39.

monomodal ab, weil er Abwesenheit benennen muss und nicht multimodal ästhetisch erfahrbar werden lässt.

Umgekehrt dokumentiert der Film in einer der nächsten stillen Szenen reflexiv seine Grenzen der überzeugenden Darstellung einer Innenperspektive, gefolgt von seinen Stärken als realistischer Tonfilm. Capote liest still den Artikel in der *New York Times* über den Mord an den Clutters in seiner Bibliothek und ruft danach seinen Redakteur an.[35] Wir sehen das neutrale Gesicht, die Brille und Augen des Lesers in Nah- und Detailaufnahme, ohne aber an ihnen *ablesen* zu können, wie er das Geschehen wahrnimmt. Da der Leser den Artikel, dessen Foto und Grundinformation wir problemlos erkennen können, in Detailaufnahme ausschneidet, schließen wir auf seine Wirkung. Diese wird aber erst dann deutlich, wenn der Leser dem Redakteur der *New York Times* am Telefon vorschlägt, über die Auswirkung der Morde vor Ort zu recherchieren. Gleichzeitig dient diese Szene dazu, die Medialität des Films reflexiv als ins Lichtbild gesetzte Erzählung zu bestimmen, denn wir sehen den Leser im Licht des Fensters vor seiner Bücherwand als Metonymie der Buchvorlage für die Kinematographie des Biopics.[36] Zudem macht der Film über die Wiedergabe von Capotes Worten ins Telefon auf seine überlegene Qualität als Tonfilm aufmerksam, weil das (alte) Telefon die natürliche Stimme reduziert.

Der Film montiert häufig alternierende Sequenzen des Recherchierens und Schreibens. Etliche Nahaufnahmen thematisieren das Lesen von Zeitungen und Tagebüchern sowie das Betrachten von Fotos als quasi-dokumentarische Grundlage des Tatsachenromans, denn wahrscheinlich sind diese Dokumente Faksimiles und keine Originale. Gelegentlich verraten Mimik und Gestik, was der Leser oder Betrachter denken oder fühlen könnte. Die Deutung erfolgt aber überwiegend in Situationen vor oder nach der direkten Rezeption, in denen Capote – oft im Gespräch mit Harper Lee oder Dewey – die Relevanz dieser Quellen antizipiert oder nachträglich bewertet. Der Film präsentiert also viele dokumentarische Medien, ihre materielle und semiotische Dimension wie ihre soziokulturelle Kommunikationsfunktion, während der Roman Medien nicht zeigen kann, sondern oft über ihre subjektive Wahrnehmung und soziale Kommunikation repräsentiert.

Schreiben erweist sich als mühsamer und parasitärer Prozess, in dem Capote oft Gespräche und Interviews aus der Erinnerung oder seinen nachträglichen handschriftlichen Notizen in seine mechanische Schreibmaschine hämmert, deren

---

35 Vgl. ebd.: 04:44–05:50.
36 Vgl. Michael Meyer. „Zur Ästhetik des Biopics CAPOTE: Intermedialität und Reflexivität". *Methoden der Filmsoziologie*. Hg. Oliver Dimbath und Carsten Heinze. Berlin: Springer, 2021. 157–176, hier 169–170.

oft überlaute Anschläge die Arbeit des Schreibens deutlich *hörbar* machen.[37] In einer intermedial bemerkenswert konzentrierten Szene liest Capote aus Smiths Tagebuch, dessen schöne Schrift wir für einen Moment in Nahaufnahme sehen, Lee Harper am Telefon vor.[38] Sie hinterfragt Capotes Beziehung zum (noch) vertrauensvollen Smith, er preist Smith als Goldmine für sein literarisches Werk. Die Kamera steht oberhalb und seitlich vom sitzenden Schriftsteller, wird also zum Augen- und Ohrenzeugen des Gesprächs. Wir hören glasklar die hohe Stimme Capotes und Lees telefonisch gequetschte und gedämpfte Stimme. So markiert der Film die historische Beschränkung des Telefons im Vergleich zum brillanten Ton dieses Films. Direkt nach diesem Gespräch hören wir Smiths dunkle Stimme in *Voice-over*, also in Capotes Gedächtnis, deren Worte Capote parallel in die Schreibmaschine hämmert.[39] Smiths Stimme wird allmählich leiser und unverständlich, aber die Schreibmaschine marschiert weiter: Der Ich-Erzähler und Urheber des Worts verliert die Kontrolle über seine Lebensgeschichte, die der Autor in den Text von *In Cold Blood* transformiert. So evoziert der Film hier intermedial, multimodal und multiperspektivisch den linearen Produktionsprozess des Buchs und damit metonymisch seinen eigenen Weg von Wort zu Schrift zu Film. Der Film ist allerdings in der Lage, Laut-, Schrift- und Bildsprache parallel zu führen. Der Film zeigt seine kritische Distanz zum Autor u. a. in Capotes ambivalenter Interaktion mit Smith, Lees und Deweys kritischen Kommentaren und des Öfteren in distanzierter Halbtotale des Autors von hinten beim Schreiben. Das Biopic changiert häufig zwischen Capotes Blick und dem Blick auf Capote, die Figur als bevorzugtes Subjekt, Beobachter und Erzähler, und als Objekt der Blicke anderer.

Der Film verdoppelt das Problem des Endes im Roman. Der Film hebt die doppelte *Deadline* der Hinrichtung und des Buchmanuskripts hervor. Smith hat Capote die Nacht der Tat noch nicht erzählt und könnte gehängt werden, bevor Capote den genauen Hergang für sein Buch erfahren konnte. Ohne die Mordnacht und die immer wieder verschobene Hinrichtung könne er das Manuskript nicht fertig stellen. Die Fallgeschichte benötigt ein geschlossenes Ende, hier: den wortwörtlichen Fall der Delinquenten am Strang.

Der Film verschiebt Smiths differenziertes Geständnis gegenüber Dewey und seinem Co-Ermittler im Auto. Capote ist es hier, der die genaueste Version der Mordnacht von Smith wenige Tage vor seiner Hinrichtung erfährt. Dies mag so

---

37 Heinze behauptet, es sei nicht viel von den Mühen des Schreibens zu sehen. Vgl. Heinze. Das Biopic: 106. Dagegen steht, dass Capotes aufwändige Recherche zum Schreiben gehört, ihn das Problem des Endes quält, und das Klappern seiner Schreibmaschine geradezu leitmotivischen Charakter im Film gewinnt.
38 Vgl. Miller. Capote: 52:20–53:17.
39 Vgl. ebd.: 53:18–53:54.

gewesen sein, aber die genauen Parallelen lassen zweifeln, ob der Film nicht die Fakten verlagert, um die problematische Beziehung zwischen Capote und Smith als Freund oder auszubeutende Quelle für die Dramaturgie der doppelten Deadline zuzuspitzen.

Wenige Tage vor der Hinrichtung gibt Smith Capotes Drängen nach, von der Mordnacht zu berichten.[40] Anfangs erzählt Smith, der mit seinen Gefühlen von Scham und Schuld kämpft, zögernd seinem schweigenden Zuhörer Capote. Beide sitzen im Halbdunkel einander gegenüber. Die Nahaufnahmen wechseln zwischen ihren halb verschatteten Gesichtern, was die Intimität der Situation unterstreicht. Smith erläutert stockend den Widerstreit seiner Gefühle dem aggressiven Hickock und den netten Clutters gegenüber. Der Mord wird als düsterer Film und in *Voice-over* erzählt.[41] Smiths Erzählstimme evoziert quasi einen Strom zunächst stummer, expressiver Bilder in wechselnden Perspektiven auf nervöse Täter und Opfer. Die stummen Bilder mit harten Kontrasten von Licht und Schatten gehen mit dem ersten Schuss, der laut knallt und blendet, in Tonfilm über. Im Film ergänzen sich also Smiths angegriffene Stimme und Gesicht in der Gegenwart, die Capote wahrnimmt, und Smiths subjektive Erinnerung, in der er alternierend involviert und befremdet ist – Beobachter und Beobachteter. Dies entspricht kongenial dem Bekenntnis aus dem Buch, in dem sich Smith als Figur im *falschen Film* empfindet und von seiner eigenen Tat schockiert ist. Nur hört hier Capote statt Dewey zu. Capote ist am Ende ähnlich bewegt wie Smith und betroffen über die vier Morde für ein paar wenige Dollar. Beide haben Tränen in den Augen. Capote ist ergriffen, aber gleich danach sitzt er wieder an seiner Schreibmaschine, was erstens seine Anteilnahme relativiert und zweitens nach dem kinematographischen Feuerwerk des Geständnisses nüchtern und kalt wirkt. Das emotionale Geständnis lässt Smith schuldlos schuldig erscheinen. Capotes hier – und als Zeuge der Hinrichtung – gezeigte empathische Reaktion kontrastiert mit dem kalkulierten Nutzen, den er aus Smith zieht. Die Kälte bezieht sich also nicht nur auf den Mord, sondern wurde ihm auch wegen seiner literarischen Ausschlachtung vorgeworfen.[42]

Ähnlich wie das Buch endet der Film nicht mit der Hinrichtung, aber auch nicht mit Deweys Begegnung mit einer jungen Frau auf dem Friedhof, welche die Botschaft suggeriert: Das Leben geht weiter. In der letzten Szene des Films fliegt Capote nach Hause. Er öffnet Smiths Tagebuch mit einem eingelegten Foto und einer

---

40 Vgl. ebd.: 1:20:20–1:24:28.
41 Vgl. Sophie Luise Bauer. „Der Film ‚Capote' als moderne Literaturverfilmung. Zwischen Biographie und Roman". *Studien zum Postmodernen Kino: David Lynchs „Inland Empire" und Bennett Millers „Capote"*. Hg. Kerstin Stutterheim. Frankfurt a. M.: Peter Lang, 2011. 85–176, hier 161–162. Vgl. Meyer. Ästhetik des Biopics CAPOTE: 174–175.
42 Vgl. Clarke. Capote: 364; Heinze. Biopic als Filmgenre: 115–116.

Zeichnung. Die letzten Seiten des Tagebuchs sind leer: der Tote hinterlässt keine eigenen Spuren mehr. Capote betrachtet das schwarz-weiße Foto von Smith und seiner Schwester als Kinder, auf dem Smith sich kaum selbst erkannte. Ähnlich wie im *falschen Film* fand Smith dieses Foto befremdlich. Man kann dies psychologisch auf den Altersunterschied zurückführen. Die Wirklichkeitsnähe eignet dem analogen Medium Fotografie, aber der Blick des Betrachters zählt mehr. Jetzt erinnert es Capote nur mehr an den Tod. Das analoge Schwarz-Weiß-Foto im Farbfilm macht das Defizit des früheren Mediums deutlich und hebt kontrastiv die Qualität des Films hervor.[43] Neben dem Foto liegt Smiths schwarz-weiße Kohlezeichnung eines Porträts von Hoffmann als Capote.[44] Da die Zeichnung eindeutig nicht den historischen Capote zeigt, fragt sich, ob das Foto den historischen Smith zeigt. Diese intermediale Reflexion verweist auf Ähnlichkeiten und Unterschiede zwischen Aufnahmen der historischen Personen und den Schauspielern im Film. Dies ruft noch einmal reflexiv den hybriden Status des Biopics zwischen Dokumentation und Fiktion auf.

Zusammenfassend: Der Film deckt also das Verborgene des Tatsachenromans auf, nämlich die Involviertheit des Autors in die intermediale Konstruktion der Fallgeschichte. Allerdings geht der Film bei aller Reflexivität nicht so weit, den Drehbuchautor und die Filmcrew bei der Arbeit zu zeigen, sondern suggeriert, dass die Arbeit am Roman (wahrscheinlich) so gewesen ist. Der Roman changiert zwischen illusionsstiftender, filmischer Erzählung mit Systemreferenzen auf den Kriminalfilm und dessen Subgenres und potenziell illusionsstörender Reflexion. Ermittler, Verdächtige, Nachbarn und Medien verhandeln über die *richtige* Erzählung des Geschehens als Geschichte und offenbaren dadurch alternative Möglichkeiten der sozialen Konstruktion von Wirklichkeit. Die Ebene der Verhandlung von Wahrheit und Gerechtigkeit bleibt trotz oder gerade wegen ihrer ausgestellten Intermedialität realistisch. Dies schafft der Roman, indem er Interviews und Geständnisse, die der Autor selbst durchgeführt oder gelesen hat, häufig in direkter Rede und szenischer Erzählung präsentiert. Schließlich suggeriert die Wahrnehmung des Geschehens durch Augenzeugen (auch wenn diese in Wirklichkeit notorisch unzuverlässig sind) und die weitgehende Korrespondenz von Geschehen und einer am Ende überwiegend akzeptierten Version der Geschichte die hohe Wahrscheinlichkeit des intermedialen Tatsachenromans, auch wenn Details der Verantwortung für die Morde und die Gerechtigkeit der Strafe in Zweifel stehen.

---

43 Zur Funktion der Fotografie in *Capote* siehe ausführlicher Meyer. Ästhetik des Biopics CAPOTE: 171–173.
44 Vgl. Miller. Capote: 1:43:07.

Das Biopic zeichnet sich durch die ästhetisierte Simulation weniger ausgewählter Orte der 1960er Jahre aus. Die stehende Kamera auf sorgfältig komponierte Szenen evoziert reflexiv die hohe fotografische Qualität des Biopics. Der Film zeigt seine überragende Leistung wirklichkeitsnaher Repräsentation, indem er traditionelle Medien mit ihren begrenzten Möglichkeiten der Repräsentation referenziert bzw. evoziert, beispielsweise Stimme über alte Telefone, Schriftbild im Tagebuch, Druckbuchstaben der Schreibmaschine, Druck und Fotografie in der Zeitung, Zeichnung auf Papier, schwarz-weiße Fotografie als Papierabzug. Der Film beweist reflexiv seine intermediale und multimodale Fähigkeit, indem er Stimme, Geräusch und Schrift in Tagebuch, Schreibmaschine oder Zeitung gleichzeitig evozieren kann und dadurch ästhetische Dichte herstellt. Schließlich stellt der Film metonymisch seinen eigenen Konstruktionsprozess aus, wenn Smiths Erzählung der Mordnacht selbst mit *Voice-over* in eine Filmszene übergeht, die Capote gleich darauf in seiner Schreibmaschine tippt. Das Manuskript, wie wir wissen, dient als Vorlage des Buchs und des Biopics. So reflektieren sich am Ende der filmische Roman und die Filmerzählung wechselseitig: Der Roman ist proto-filmisch, der Film erzählerisch. Auch wenn der Film den verborgenen Beobachter der Fallgeschichte beobachtet und seine Motivation hinterfragt, bestätigt er die Wahrscheinlichkeit des Buchs als gut recherchiert. Der Tatsachenroman und das Biopic sind hybride Genres, die reflexiv ihre intermediale Konstruktion von *Wirklichkeit* ausstellen. Sie regen zur kritischen Reflexion an, aber beide erzählen *Wirklichkeit* mit illusionsstiftenden, ästhetisch-fiktionalen Mitteln.

Literatur- und Filmverzeichnis

Bauer, Sophie Luise. „Der Film ‚Capote' als moderne Literaturverfilmung. Zwischen Biographie und Roman". *Studien zum postmodernen Kino: David Lynchs „Inland Empire" Und Bennett Millers „Capote"*. Hg. Kerstin Stutterheim. Frankfurt a. M.: Peter Lang, 2011. 85–176.

Blödorn, Andreas. „Narratologie". *Handbuch Kriminalliteratur: Theorien – Geschichte – Medien*. Hg. Susanne Düwell, Andrea Bartl, Christof Hamann und Oliver Ruf. Stuttgart: Metzler, 2018. 14–23.

Capote. Reg. Bennett Miller. United Artists/Sony Pictures, 2006.

Capote, Truman. *In Cold Blood*. New York: Vintage, 1993.

Clarke, Gerald. *Capote: A Biography*. New York: Simon & Schuster, 1988.

Heinze, Carsten. „Das Biopic als Filmgenre. Eine filmsoziologische Deutungsperspektive am Beispiel von CAPOTE". *Methoden der Filmsoziologie*. Hg. Oliver Dimbath und Carsten Heinze. Berlin: Springer, 2021. 93–121.

In Cold Blood. Reg. Richard Brooks. Columbia, 1967.

Jahraus, Oliver. „Der fatale Blick in den Spiegel. Zum Zusammenhang von Medialität und Reflexivität". *Zeitschrift für Ästhetik und allgemeine Kunstwissenschaft* 55.2 (2010): 247–260.

Kirchmann, Kay und Jens Ruchatz. „Einleitung: Wie Filme Medien beobachten. Zur kinematographischen Konstruktion von Medialität". *Medienreflexion im Film: Ein Handbuch.* Hg. Kay Kirchmann und Jens Ruchatz. Bielefeld: Transcript, 2014. 9–42.

Meyer, Michael und Thomas Metten. „Reflexion von Film – Reflexion im Film". *Film. Bild. Wirklichkeit.* Hg. Thomas Metten und Michael Meyer. Köln: Herbert von Halem Verlag, 2016. 9–70.

Meyer, Michael. „Zur Ästhetik des Biopics CAPOTE: Intermedialität und Reflexivität". *Methoden der Filmsoziologie.* Hg. Oliver Dimbath und Carsten Heinze. Berlin: Springer, 2021. 157–176.

Miyazawa, Naomi. „Photography, Unconscious Optics, and Observation in Capote's *In Cold Blood*". *Arizona Quarterly: A Journal of American Literature, Culture, and Theory* 75.2 (2019): 37–54.

Neuhaus, Stefan. *Der Krimi in Literatur, Film und Serie: Eine Einführung.* Tübingen: Narr Francke Attempto, 2021.

Pethes, Nicolas. „Fallgeschichten". *Handbuch Kriminalliteratur: Theorien – Geschichte – Medien.* Hg. Susanne Düwell, Andrea Bartl, Christof Hamann und Oliver Ruf. Stuttgart: Metzler, 2018. 43–48.

Rajewsky, Irina O. *Intermedialität.* Tübingen: Francke, 2002.

Rajewsky, Irina O. „Intermediality, Intertextuality, and Remediation: A Literary Perspective on Intermediality". *Intermédialités* 6 (2005): 43–64.

Voss, Ralph F. *Truman Capote and the Legacy of in Cold Blood.* Tuscaloosa: University of Alabama Press, 2011.

Wolf, Werner. „Metareference Across Media: The Concept, Its Transmedial Potential and Problems, Main Forms and Functions". *Metareference Across Media: Theory and Case Studies; Dedicated to Walter Bernhart on the Occasion of His Retirement.* Hg. Werner Wolf, Katharina Bantleon und Jeff Thoss. Amsterdam: Rodopi, 2009. 1–88.

David Klein
Pedro Almodóvars abgehobene Medienapparatur

Spielarten der Intermedialität in *Los amantes pasajeros*

1 Intermedialität und Metaisierung

Was den Autor dieses Beitrags im Aufruf zur Eichstätter Tagung, die diesem Sammelband im Sommer 2021 voranging, gefesselt und stutzig gemacht hat, war die eigentümliche Metapher vom Rattern eines, wie es in der Überschrift hieß, „Kinematograph des Textes"[1]. Denn auf sehr elegante Weise wurde hier ein Leitgedanke der Intermedialitätsdebatte *performiert*, nämlich die Idee von der im intermedialen Spiel aufblitzenden ‚Metaisierung': Wo mindestens zwei als verschieden wahrgenommene Medienverbundsysteme[2] in Berührung kommen, bietet sich die Möglichkeit, „metareferentiell auf Elemente oder Aspekte [...]"[3] des jeweils anderen Mediums zu rekurrieren. Damit verbunden sind häufig Momente der ‚Deautomatisation'[4]: Die Überschrift macht stutzig. Sie lädt ein zum Innehalten, will zweimal

---

[1] o. A. *Der Kinematograph des Textes rattert: Intermediale Reflexivität in Literatur und Film der Gegenwart.* https://www.ku.de/events/der-kinematograph-des-textes-rattert-intermediale-reflexivität-in-literatur-und-film-der-gegenwart. (11. August 2022).
[2] Zu den Spielarten von Intermedialität vgl. Irina O. Rajewsky. *Intermedialität*. Tübingen u. a.: Francke, 2002.
[3] Nach Werner Wolf. „Metaisierung als transgenerisches und transmediales Phänomen. Ein Systematisierungsversuch metareferentieller Formen und Begriffe in Literatur und anderen Medien". *Metaisierung in Literatur und anderen Medien. Theoretische Grundlagen – Historische Perspektiven – Metagattungen – Funktionen.* Hg. Janine Hauthal, Julijana Nadj, Ansgar Nünning, Henning Peters. Berlin und New York: De Gruyter, 2007, 25–157, hier 31 bedeutet „Metaisierung' im Kontext der Literatur und anderer Medien das Einziehen einer Metaebene in ein Werk, eine Gattung oder ein Medium, von der aus metareferenziell auf Elemente oder Aspekte eben dieses Werkes, dieser Gattung oder dieses Mediums als solches rekurriert wird. Dies geschieht in Form ausdrücklicher oder wenigstens angedeuteter (rationaler) Aussagen, Kommentare usw., die ein Medien- bzw. Literaturbewusstsein voraussetzen." Im Kontext der hier angestellten Überlegungen ist vor allem der mediale Aspekt von Belang, wobei generische oder intertextuelle Referenzen ebenso eine Rolle in Bezug auf Phänomene der Metaisierung spielen.
[4] Unter Deautomatisation verstehe ich das Außerkraftsetzen eines alltäglichen Sprachgebrauchs mit Mitteln des sprachlichen Artefakts. Vgl. Viktor Sklovskij. *Theorie der Prosa*. Frankfurt a. M.: Fischer, 1966, 14. Sowie Rolf Kloepfer. *Poetik und Linguistik. Semiotische Instrumente*. München: Fink, 1975, 46–47.

gelesen werden. Sie lässt das textuelle Artefakt in seiner ästhetischen Eigenqualität in den Vordergrund treten und eröffnet einen Raum, in den sich hineinphantasieren lässt, oder: in den hineinphantasiert werden muss, was mit dem *Kinematograph des Textes* überhaupt gemeint sein könnte.

Ein solches Moment der Metaisierung zeigt sich nicht nur in der, wie der Name schon sagt, Metapher, sondern ist auch und insbesondere mit dem Phänomen des Intermedialen verbunden. Dies gilt es im Folgenden zu zeigen. Theoretisch und methodisch möchte ich daher beginnen mit einer kurzen und auf die Textanalyse zugeschnittenen Diskussion des Intermedialitätsbegriffs. Die hieraus gewonnenen Impulse sollen in einem zweiten Schritt am Beispiel der schrill-bunten Flugzeugkomödie des spanischen Starregisseurs Pedro Almodóvar *Los amantes pasajeros* von 2013 exemplarisch zur Anwendung gebracht werden. Denn hier bewirken Dialog- und Transferprozesse unterschiedlicher Medien eine ganz eigene Lesart des Dargestellten, während auf Handlungsebene unterschiedliche Apparaturen und kommunikative Routinen in einen wild-komischen Streit um mediale Deutungshoheit geraten, der sich zuletzt fröhlich-relativierend in einer lustvollen Medien-Orgie auflöst. Die verrückte Flugreise wird damit lesbar als Allegorie einer modernen und durchaus gespaltenen Medienapparatur, die um ihre welterzeugende und Sinnstabilität garantierende Funktion bangen muss, zumal sie nicht in der Lage scheint, dringende Probleme zu lösen, sondern nurmehr von ihnen abzulenken.[5] Das Flugzeug erweist sich dabei als Heterotopie im Sinne Foucaults, in der die besagte Medienapparatur und die an sie geknüpften Erwartungen gleichzeitig repräsentiert, angefochten und in sich verkehrt werden – „à la fois représentés, contestés et inversés"[6]. Kurzum: die Heterotopie des Flugzeugs als hochkomplexer technischer Apparat macht die Dysfunktionalitäten der zeitgenössischen Medienapparatur sichtbar.

2 Stufen der Intermedialität

Beginnen wir mit der Intermedialität und der Frage, was mit dem Begriff gemeint ist: „Wer von ‚Intermedialität' reden will", so Andreas Mahler in einer sinnfällig strukturierten Erörterung zu dem Thema, „muss wissen, was er mit ‚Medium'

---

5 Zu *Los amantes pasajeros* als Allegorie eines nach Orientierung suchenden Spaniens vgl. Belén Hernandez Marzal. „Azafatos al borde de la catarsis. Los amantes pasajeros de Pedro Almodóvar". *El cine de la crisis. Respuestas cinematográficas a la crisis económica española en el siglo XXI*. Hg. María José Hellín García und Helena Talaya Manso. Barcelona: Editorial UOC, 2018, 141–157.
6 Michel Foucault. „Des espaces autres". *Architecture, Mouvement, Continuité* 5 (1984): 46–49, zitiert nach: https://www.foucault.info/documents/heterotopia/foucault.heteroTopia.fr/ (13. Juni 2023).

meint."⁷ Angesichts der notorischen Vielfältigkeit des Medienbegriffs unterscheidet Mahler provisorisch vier Ebenen, auf denen für gewöhnlich von Medien und medialer Vermittlung gesprochen wird. Es sind dies das (1) Material, wie beispielsweise Leinwand, Pinsel, Stift, Papier sowie Bild- und Tongestaltung im Film; das (2) Artefakt, das sich aus Materialien zusammensetzt, wie Bild, Foto, Text und Film; (3) Apparaturen, in denen sich „Vermittlung organisiert findet"⁸, wie Zeitung, Radio, Fernsehen, Kinosaal oder der Computer; und zuletzt (4) „Organisationsräume, in denen [...] Vermittlung institutionell stattfindet"⁹, wie das Museum, das Theater, das Kaffeehaus, das Kino oder der Streamingdienst. Material, Artefakt, Apparaturen und Institutionen sind die mehr oder wenig großen Bereiche, in denen der Medienbegriff zum Tragen kommt. Dies macht Medien zu menschengemachten, zweckgerichteten, kommunikationsgebundenen, materiellen, historisch bedingten und funktionsgebundenen Dingen, so Mahler weiter, die, egal auf welcher der genannten Ebenen, Material und Vorstellung miteinander korrelieren. Sie selbst sind dabei weder ganz Material noch ganz Vorstellung, sondern ein „merkwürdiges, gedoppeltes Relationierungsphänomen, das in der Lage ist [...] etwas als etwas anderes auszugeben."¹⁰ Dabei bleiben Medien in der Regel im Vollzug unsichtbar. Sie machen sichtbar, ohne notwendigerweise (mit-)gesehen zu werden.¹¹ Sie garantieren Sinn, ohne selbst sinnhaft zu werden. Diese Eigenschaft gilt es im Hinblick auf die hier anvisierte Bestimmung von Intermedialität im Auge zu behalten: „Dann wo zwei [...] ‚Medien' [...] zugleich im Spiel sind, scheint immer auch die Gefahr gegeben, dass eines davon [...] sich zu erkennen gibt."¹²

Was den Begriff der Intermedialität anbelangt, so gilt, dass die bloße Kombination oder Kollokation zweier unterschiedlicher Medien allein noch nicht in ihren Bereich fällt. Denn dann wäre jeder Film, jede Theateraufführung, jedes betitelte Bild, jedes plurimediale Artefakt ein gesondert zu untersuchendes Phänomen und monomediale oder nicht-intermediale Artefakte die Ausnahme. Demzufolge setzt der Begriff der Intermedialität voraus, dass mindestens zwei Medien gleichzeitig vorliegen *und* dabei als distinkt wahrgenommen oder ausgezeichnet werden.¹³ Zur

---

7 Andreas Mahler. „Probleme der Intermedialitätsforschung: Medienbegriff, Interaktion, Spannweite". *Poetica: Zeitschrift für Sprach- und Literaturwissenschaften* 44.3–4 (2012): 239–260, hier 240.
8 Ebd.: 242.
9 Ebd.
10 Ebd.: 245.
11 Vgl. Sybille Krämer. „Das Medium als Spur und als Apparat". *Medien, Computer, Realität: Wirklichkeitsvorstellungen und neue Medien*. Hg. Sybille Krämer. Frankfurt a. M.: Suhrkamp, 1998. 73–94, 74.
12 Mahler. Probleme der Intermedialitätsforschung: 252.
13 So auch der Kerngedanke bei Rajewsky. *Intermedialität*.

genaueren Differenzierung unterschiedlicher medialer Kopplungsweisen beruft sich Mahler daher auf die Taxonomie von Uwe Wirth. Dieser unterscheidet (0) „eine Nullstufe der Intermedialität in der bloßen *Thematisierung* [meine Hervorhebung, D. K.] anderer Medien im Eigenmedium, etwa der Erwähnung eines Bildes [...] in einem Roman"[14]; eine (1) erste Stufe der „medialen Modulation der Konfiguration eines Zeichenverbundsystems"[15], die sich bei der *Übertragung* von Sinn oder Information von einen Medium ins andere ergibt, wie beispielsweise beim Übergang von der geschriebenen Sprache eines Vortragsmanuskripts in die gesprochene Sprache des Vortrags; eine (2) zweite Stufe von Intermedialität, die durch *Kopplung* unterschiedlicher, aber eigenständiger Zeichenverbundsysteme erreicht ist wie bei der Theateraufführung oder dem Film; sowie eine (3) dritte Stufe der „konzeptionelle[n] Übertragung"[16], bei der es zu einer „monomediale[n] *Anverwandlung* [meine Hervorhebung, D. K.] eines stets im Bewusstsein gehaltenen Fremdmediums im Eigenmedium"[17] kommt, wenn also ein Text mit rein textuellen Mitteln *das Filmische* evoziert oder umgekehrt ein Film Eigenschaften und Qualitäten der Schrift *imitiert*.

Für eine Auseinandersetzung mit dem Intermedialen scheinen die zweite und die dritte Stufe vielversprechend. Denn während die Nullstufe nichts weiter darstellt als ein bloßes Zitat eines Fremdmediums in monomedialer Verfassung, und die erste Stufe nichts weiter als eine Verschiebung des Materials auf ein wiederum einzelnes Zielmedium, so kommt es in der zweiten und dritten Stufe überhaupt erst zu medialen Doppelungs- und Überlagerungseffekten und damit zur „Inbezugsetzung der beteiligten Medien"[18]. Dass die erste und zweite Stufe dabei Triggerfunktion haben können, indem sie die Rezipienten für das Phänomen des Medialen überhaupt sensibilisieren, ist nicht von der Hand zu weisen. Ich werde bei der folgenden Lektüre von *Los amantes pasajeros* daher versuchen, alle vier Stufen zu berücksichtigen. Von besonderem Interesse soll dabei der intermediale Dialog sein, der in dem Werk auf Handlungsebene auf absurd komische Weise entsponnen und auf die Spitze getrieben wird (Stufe 0). Ferner soll das Augenmerk auf die Darstellungsebene gelenkt werden, auf der sich aufgrund der betont kulissenhaften *mise-en-scène* und der überzeichneten Performance ähnliche intermediale Reibungseffekte (nun Stufe 3 und 4) ergeben, mit denen „das gegenseitige, wechselseitige Ausspiegeln und Ausspielen der differenten Möglichkeiten wie auch der jeweiligen

---

14 Mahler. Probleme der Intermedialitätsforschung: 255.
15 Uwe Wirth. „Intermedialität". *Grundbegriffe der Medientheorie*. Hg. Alexander Roesler und Bernd Stiegler. München: Fink, 2005. 114–121, 118.
16 Ebd.
17 Mahler. Probleme der Intermedialitätsforschung: 256.
18 Ebd.

Weltzugriffe"[19] unterschiedlicher Medien in einer fulminanten Bruchlandung buchstäblich zu Schaum geschlagen werden. Auf die, wie Mahler schreibt, jeweiligen Weltzugriffe der unterschiedlichen Medien, soll dabei das Hauptaugenmerk gelegt werden. Medien, so ein Argument des Filmes, lügen und verstecken sich. Die Dysfunktionalität der zur Schau gestellten sowie der zur Schau stellenden Medien pfropft dem vermeintlich Dargestellten einen anderweitigen Signifikanten über, der, wie bei der Allegorie, nach einem andersartigen Lektüremodus verlangt.

3 Almodóvars Spielwelt

Kommen wir zu *Los amantes pasajeros* oder den, wie in der deutschen Fassung betitelten, *Fliegenden Liebenden*. Dem Film geht ein *Disclaimer* voran, wonach alles, was es zu sehen geben wird, fiktiv sei. Die Titelsequenz stimmt sodann den freudigen Ton wie auch das Leitmotiv medialer und intermedialer Reflexion an, in dem die Fiktionalität des Werks einmal mehr hervorgekehrt wird. In kunterbunten Farben kreuzen Pfeile und Piktogramme (Abb. 1) das Bild, wie man sie von dem bis in den letzten Winkel beschilderten Innenraum des Flughafens kennt, der – wie kaum ein anderer gesellschaftlicher Ort – von Apparaturen und den durch sie vorgeprägten Verhaltensroutinen gekennzeichnet ist. Stilistisch sind diese Piktogramme jedoch ihres Ernstes beraubt. Sie wirken wie von Kinderhand gezeichnet, während ihr ungelenker Reigen, in den sich stilähnliche Skizzen von Cocktail- und Champagnergläsern unterhaken, von Ludwig van Beethovens Motiv *Für Elise* begleitet wird, das seinerseits auf einer klapprigen Gitarre gezupft von einem tanzbaren Salsa Rhythmus angetrieben wird.

Im visuellen wie im auditiven Kanal[20] vollzieht die Titelsequenz eine intermediale Übertragung der ersten Stufe: Was im visuellen Ursprungsmedium als Piktogramme die straffe Koordination komplexer logistischer Menschen- und Dingbewegungen auf dem Flughafen gewährleisten und sicherstellen soll, wird durch intermediale Übertragung in eine Spielwelt hineingezogen, in der es chaotisch aber fröhlich zugeht. Was im auditiven Kanal einen festen Platz im Kanon musikalischer Hochkultur innehat und für gewöhnlich sitzend rezipiert wird, lädt ein zum Tanz.

Von Beginn an ist klar: Hier ist nichts ernst zu nehmen. Die intermediale Übertragung der Titelsequenz verkehrt die ursprünglichen Funktionen der Dinge

---

19 Ebd.
20 Zur Beschreibung filmästhetischer Phänomene verwende ich die grundsätzlich zwischen einem visuellen und auditiven Kanal unterscheidende Taxonomie von Seymour Chatman. *Coming to Terms: The Rhetoric of Narrative in Fiction and Film.* Ithaca, New York: Cornell University, 1990.

Abb. 1: Piktogramme der Titelsequenz, Screenshot aus *Los amantes pasajeros*, (00:01:00).

ins Komische und unterstreicht zugleich die Inszeniertheit des Dargestellten. Sie vollzieht bewusst jenen oben erwähnten Schritt der Metaisierung und ermöglicht auf diesem Weg, das Dargestellte nicht im buchstäblichen, sondern im doppelt kodierten oder gar allegorischen Sinn zu verstehen.[21] Entsprechend erweist sich das Vorgestellte von nun an als wesentlich verschoben. Was wir zu sehen bekommen, zeigt sich *literal*-sinnig als absurd überzeichneter, fast schon blödsinniger Flugzeugklamauk.[22] Es dementiert seine vordergründige Komik jedoch zugleich, um sich figural-sinnig als etwas sehr Ernstes und ganz anders Gedachtes zu *erschaffen*.[23] Nicht der Klamauk steht nunmehr im Vordergrund, sondern ein durch ihn repräsentiertes, ernstzunehmendes Prinzip, welches es in den darauffolgenden 90 Minuten zu deuten gilt. Meine Vermutung ist, dass dieses in der Allegorese zu entdeckende Prinzip die welterzeugenden und *weltzerspielenden* Verfahren der thematisierten und verwendeten Medien sind, sprich: das, was sie ermöglichen und verunmöglichen, in McLuhan'scher Formulierung: ihre *Botschaft*.

---

21 Vgl. hierzu die Überlegungen zu *Los amantes pasajeros* als „consciously ‚staged' world" und Allegorie des (finanz-)krisengeplagten Spaniens bei Maria Delgado. „*Los amantes pasajeros/I'm So Excited!* (2013): Performing *la crisis*". *Performance and Spanish Film*. Hg. Dean Allbritton, Alejandro Melero, Tom Whittaker. Manchester: Manchester University Press, 2016. 252–268, hier 252.
22 „[U]na de las películas más tontas que he visto en mucho tiempo" [einer der dümmsten Filme, die ich seit Langem gesehen habe], wie Carlos Boyero, der der allegorischen Falle offenbar aufgesessene Chefkritiker der spanischen Tageszeitung *El País* jüngst schimpfte. Carlos Boyero. „¿Qué he hecho yo para merecer esto?". *El País* (18. März 2009). https://elpais.com/diario/2009/03/18/cine/1237330802_850215.html (13. Juni 2023).
23 Methodisches zur Allegorie bei Andreas Mahler. „Allegorie und Aisthesis. Zur Genealogie von Alteritätsagenturen". *Allegorie: DFG-Symposion 2014*. Hg. Ulla Haselstein. Berlin: De Gruyter, 2016. 354–381.

4 Los amantes pasajeros

Wenn für Medien gilt, dass sie im Vollzug verschwinden, dann gilt für *Los amantes pasajeros*, dass hier das Selbstverständliche und das Verheimlichte hervorgekehrt werden. Dies geschieht bereits in der ersten Szene, die unmittelbar auf die Titelsequenz folgt. Sie zeigt das durch Pedro Almodóvar zu Weltruhm gelangte Schauspielerduo Penélope Cruz und Antonio Banderas als auf dem Rollfeld arbeitendes Pärchen, dessen in andalusischem Akzent vorgetragenes Liebesgeturtel einige folgenschwere Pannen verursacht. Als sich die beiden auf dem Rollfeld zuwinken, überfährt Jessi (Penélope Cruz) einen Gepäckarbeiter, der, von seinem Handy abgelenkt, auf dem Rollfeld umhersteht. Nurmehr leicht verletzt, konstatiert dieser betont lakonisch seinen bevorstehenden Verblutungstod, um sich dann mit deutlich größerem Eifer auf die Suche nach seinem Handy zu machen, mit dem er sodann eine SMS an den Betriebsarzt absetzt. Die Dringlichkeit der Nachricht steht dabei in frappierendem Kontrast zum gewählten Kommunikationsweg, zumal der Arbeiter die SMS Silbe für Silbe laut buchstabierend und betont langsam eintippt: „Me– es– toy de– san– gran– do vi– vo [Ich ver– blu– te bei le– ben– di– gem Lei– be]"[24]. Nachrichtenwürdiger als der Unfall erscheint selbst dem Verunglückten die Tatsache, dass Jessis Unachtsamkeit daher rührt, dass sie schwanger ist. Angesichts der freudigen Nachricht vergisst der stark lispelnde León die Radsperren eines Flugzeuges der schlüpfrig betitelten Fluglinie *Península* zu entfernen, das später aufgrund des beschädigten Fahrgestells nicht wieder wird landen können.

An dieser misslichen Lage arbeitet sich die Handlung im Flugzeug ab, das kurz darauf seine Motoren anwirft und ins Rollen gerät. Die Kamera verweilt an dieser Stelle auffallend lange auf dem hypnotisch sich drehenden von einschläfernder Musik begleitetem Spiralmuster, das auf der Spitze der Turbine eines Triebwerks angebracht ist (Abb. 2).

Die Medienapparatur, die das Flugzeug verkörpert, dient offensichtlich der Ablenkung. Sie soll ihren Benutzerinnen und Benutzer Vergnügen bereiten, verliert dabei jedoch den Kontakt mit der Realität/dem Boden. Um von der technischen Panne abzulenken, verabreicht die mit unkonventionellen Mitteln arbeitende Crew den Fluggästen der Economy-Class ein Schlafmittel. Allein die wenigen Passagiere der Business-Class bleiben wach und müssen sich *nolens volens* als Schicksalsgemeinschaft von den dauerhaft heiteren Flugbegleitern unterhalten lassen.

Mit ihren eher typenhaft ausgeprägten Extravaganzen haben die verbliebenen Passagiere nichts mehr von *echten* Menschen, sondern gemahnen an das Ensemble eines *Whodunits* in der Tradition von Agatha Christie und den Verfilmungen wie

---

24 *Los amantes pasajeros*. Reg. Pedro Almodóvar. Warner Bros., 2013, 00:03:45.

Abb. 2: Die Kamera fährt auf die Spirale zu und endet im Close-up, Screenshot aus *Los amantes pasajeros*, (00:04:40).

Murder on the Orient Express, (Regie: Sidney Lumet, Vereinigtes Königreich 1974). Sie sind am besten verstanden als allegorische Figuren, deren Kunstcharakter gerade nicht dissimuliert werden, sondern einen hintergründigen, eigentlich gemeinten Sinn verkörpern soll. Als allegorische Figuren agieren sie stets auf zwei Ebenen: „eine[r] Ernst-Ebene, in der die wahre *voluntas* [i. e. die intendierte Bedeutung] gemeint ist, und eine[r] Spiel-Ebene, in der eine andere *voluntas* vordergründig gemeint ist, die selbst nur als Ausdrucksmittel der Ernst-*voluntas* dient"[25]. Die kunterbunt-künstlich fliegenden Liebenden spielen und überspielen somit durchaus ironisch eine ernst gemeinte Problemlage, die gerade nicht verdeckt, sondern der kundigen Leserin *qua* Allegorie als anderweitiges (*allos*) Lektüreangebot präsent gehalten wird. Komische Effekte sind dann zu erwarten, wenn es den Figuren nicht gelingen will, die besagte Ernst-Ebene des allegorischen Verfahrens im Verborgenen zu halten. Mit anderen Worten: Lustig wird es dann, wenn es ernst wird.

Das Ensemble bilden die ehemalige Edelprostituierte Norma Boss (Cecilia Roth, Abb. 3), die vorgibt, kompromittierende Videos sämtlicher mächtiger Männer Spaniens zu besitzen, ein mexikanischer Auftragskiller namens Infante (José María Yazpik), der Norma umbringen soll, um ihre potenziellen Erpressungsopfer zu schützen, der im Zuge der Finanzkrise skandalös gescheiterte Bankier Más (José Luis Torrijo), der sich nach Mexiko absetzen möchte, um der Justiz zu entgehen, der gealterte Seifenoperndarsteller und Charmeur Ricardo Galán, sowie die kindlich wirkende Bruna (Lola Dueñas), die sich als Medium ausgibt und über das gleich-

---

[25] Heinrich Lausberg. *Handbuch der literarischen Rhetorik: Eine Grundlegung der Literaturwissenschaft.* Stuttgart: Franz Steiner, 1990, 441.

Abb. 3: Close-up von Norma, Screenshot aus *Los amantes pasajeros*, (00:46:37).

zeitige Anfassen der Penisse von Pilot und Copilot den bevorstehenden und – wie sie sagt – in seiner Signifikanz alle Fluggäste angehenden Verlust ihrer Jungfräulichkeit prognostiziert.

Alle Figuren des Ensembles haben etwas zu verbergen. Sie tragen dies samt der Attribute, die sie als Allegorien eigener Art identifizierbar machen, jedoch offen zur Schau. Dies hat Maria Delgado sehr schön herausgearbeitet:[26] Für sie erinnern Normas überzeichnete Erscheinung, ihre vollen Lippen, großen Augen sowie die Behauptung, im Besitz von Erpressungsvideos zu sein, an Bárbara Rey (Abb. 4), eine ehemalige Schönheitskönigin, Schauspielerin und mutmaßliche Geliebte des spanischen Königs Juan Carlos.

Der auf Norma angesetzte Killer Infante könnte mit seinem schwarzen Oberlippenbart und gleichfarbigem Anzug samt schmaler Krawatte ebenso gut aus Tarantinos *Reservoir Dogs* (USA 1992) stammen. Er ist zudem ein ausgewiesener Leser von Roberto Bolaños *2666* von 2004. Das *Opus magnum* des chilenisch-barcelonensischen Schriftstellers steht wie kaum ein zweites für eine Gegenwartsliteratur, die den schwierigen Brückenschlag zwischen politischem Engagement und ästhetischem Anspruch virtuos bewältigt, indem sie Realhistorisches mit Fiktionalem geschickt miteinander verknüpft.[27] Der kahlköpfige Fluggast und flüchtige Bankier Más verweist indes mit Beruf und Namen (auf Deutsch: *Mehr*) auf die spanische Finanzkrise, auf die mehrfach über die im Flugzeug konsumierten Tageszeitungen

---

[26] Die folgenden Überlegungen sind an den ihren angelehnt und um einige Beobachtungen erweitert. Vgl. Delgado. Performing *la crisis*: 255.
[27] Zu Roberto Bolaños Werk und Ästhetik vgl. grundlegend Benjamin Loy. *Roberto Bolaños wilde Bibliothek: Eine Ästhetik und Politik der Lektüre*. Berlin: De Gruyter, 2019.

Abb. 4: Barbara Rey, https://www.lecturas.com/famosos/barbara-rey (15. Juni 2023).

angespielt wird.[28] Häufig kommt es bei diesen Anspielungen zu ungewollten Missverständnissen, die durch die Nähe unterschiedlicher Medien hervorgerufen werden. So zum Beispiel wenn sich Más im Cockpit auf die Warnsignale der Steuergeräte bezieht, der Pilot den Hinweis jedoch als Kommentar auf eine Schlagzeile zum Bilanzskandal versteht, die in der Zeitung auf seinem Schoß zu lesen ist. Die Medien und Apparaturen mögen sich unterscheiden, die Probleme tun es offenbar nicht. Zu analogen Referenz- und Verständigungsschwierigkeiten intermedialer Provenienz kommt es bei Ricardo Galán, dem gealterten Seifenoperndarsteller, der – seinem Namen alle Ehre machend – nicht mehr sinnvoll unter seinen Geliebten zu unterscheiden weiß, wie man später noch sehen wird. Von allen Figuren am wenigsten markiert ist Bruna, das Medium. Sie zeichnet sich weniger durch äußere Merkmale, als durch ihr Verhalten und ihre vergleichsweise zurückgenommene Performance aus, in der sich subtil amüsiertes Beobachten und kindliche Naivität die Waage halten.

Derselbe allegorische Charakter, der die Figuren anhand spezifischer Attribute kennzeichnet, zeigt sich auch in der Figurenrede, die sich, wenig überraschend, als schlüpfrig doppelt kodiert erweist. So erkennen und hören die drei homosexuell überzeichneten Flugbegleiter Joserra (Javier Cámara), Ulloa (Raúl Arévalo) und

---

28 Zu den realpolitischen Bezugnahmen in *Los amantes pasajeros* vgl. Paul Julian Smith. „Pedro Almodóvar's Los Amantes Pasajeros (I'm So Excited)". *Film Quarterly* 66.3 (2013): 49–52.

Fajas (Carlos Areces) in nahezu jeder Bemerkung über die Belange der Passagiere oder technische Dinge, die das Flugzeug und die bevorstehende Katastrophe betreffen, Fragen nach und Kommentare zu sexueller Orientierung, homoerotischem Begehren und entsprechenden *Sexkapaden*. Die Frage eines Passagiers, ob ein Telefonanruf möglich sei, sp. *llamada*, versteht einer der Flugbegleiter als Frage nach einem *Blowjob*, sp. *mamada*. Die Referenzebenen überlagern sich ferner, indem sich die Kommunikationsteilnehmer auf unterschiedliche Medienangebote beziehen. Neben dem oben genannten Verweis auf die Finanzkrise, zeigt sich dies beispielsweise im Gespräch zwischen den beiden Piloten, bei dem sich die Sprechkommandos, die den riskanten Landeanflug einleiten sollen fortwährend mit einem Gespräch über die Frage vermischen, ob der Copilot nun schwul sei oder nicht. Auf die Spitze getrieben wird die doppelte Codierung der Diskurse durch apparative Intermedialität und zwar durch die Verwendung des einzig noch halbwegs funktionierenden Telefons an Bord. Es erlaubt einzelnen Figuren angesichts der drohenden Katastrophe letzte Anrufe abzusetzen. Aufgrund eines technischen Fehlers sind die Gesprächspartner am anderen Ende der Leitung jedoch über die Lautsprechanlage für die anderen Fluggäste hörbar. Das ganz und gar Private und Verborgene wird auf diesem Weg zur durchweg öffentlichen Angelegenheit. Die derart seltsam konfigurierte Medienapparatur, die es Unbeteiligten erlaubt, am Intimsten der Anderen teilzuhaben, entfesselt dabei jedoch keinen platten Sensationalismus, sondern zeigt den Figuren echte Lösungen auf. So vermag sich Más dank der Hilfe aller Mithörenden mit seiner Tochter zu versöhnen, die sich einige Jahre zuvor einer Sekte angeschlossen hat – ein Handlungsmotiv, das Almodóvar in seiner drei Jahre später erschienenen *Julieta* (ES 2016) verarbeitet. Norma, die im Flugzeugunglück einen Anschlag auf ihre Person vermutet, will ihrem Assistenten telefonisch dazu anweisen, einen Minister zu erpressen. Die schlechte Verbindung macht die Übertragung der Botschaft jedoch unmöglich, was sich im Nachhinein als Segen herausstellt. Denn da den anderen Fluggästen Normas Pläne nun bekannt sind, vermag sie einerseits zu gestehen, dass sie im Besitz des brisanten Materials ist, nur um nach erfolgreicher Landung das befreiende Geständnis abzulegen, dass es dieses Material gar nicht gibt. Das Telefon befreit außerdem den Piloten Alex Acero (Antonio de la Torre Martín) und den Schauspieler Ricardo Galán von der Last, lügen zu müssen. Ersterer sagt seiner Frau, dass er sie liebt, tut dies jedoch im Beisein seines damit einverstandenen schwulen Liebhabers, dem ersten Steward Joserra, der ihm nach erfolgter Landung gesteht, dass seine Frau über die beiden Männer längst im Bilde ist. Letzterer setzt einen Anruf an seine Freundin ab und wird auf diesem Weg gleich zwei Frauen seifenoperartig los. Denn er erreicht die eine, als diese im Begriff ist sich von einer Brücke zu stürzen, um sich das Leben zu nehmen. Am Geländer hängend fällt ihr das Telefon aus der Hand und landet in der offenen Handtasche einer Fahrradfahrerin, die sich ebenfalls als Exfreundin des

Anrufers erweist. Während die erste in die Nervenklinik eingewiesen wird, vermag die zweite am Ende das Lügengebilde, das ihr der Schauspieler aufgetischt hat, zu durchschauen, um sich zuletzt davon loszusagen.

Entlarvende wie befreiende Funktion haben die drei schwulen Flugbegleiter (Abb. 5) bei der systematischen Offenlegung sämtlicher Geheimnisse. Allem voran liegt dies an dem Umstand, dass ihr Leiter Joserra unfähig ist zu lügen. Muss er dies tun, überfällt ihn Brechreiz, weswegen er sämtliche ihm bekannte Geheimnisse ungeschönt ausplaudert. Der damit verbundene komische Effekt hat jedoch einen ernsten Hintergrund. Einst hatten er und die Crew einen Passagier ermordet und hierüber einen Schweigepakt vereinbart. Die Tatsache, dass Joserra auch dies bereitwillig ausplaudert und sich gewissermaßen als weiteres Attribut ans Kostüm hängt, zeichnet auch ihn als allegorische Figur aus. Diese Figur verkörpert ihrerseits den spanischen *pacto del olvido* oder *pacto de silencio*, in dem die politischen Kräfte der rechten und linken des Post-Franquismus informell übereinkamen, die faschistische Vergangenheit Spaniens ruhen zu lassen.[29] Mit der schillernden Performance Joserras wird dieser Pakt nicht erfüllt, sondern ins Lächerliche gezogen. Liebenswürdig und ehrlich wie er ist, kann ihm keiner der Fluggäste die Plaudereien wirklich böse nehmen. Und selbst seine Versuche, vom Ernst der Lage abzulenken, sind unbeholfen und somit ehrlich. Dies zeigt sich vor allem in der Performance des Songs *I'm so excited* (1982) der *Pointer Sisters*, die die drei Stewards aufführen, um die Fluggäste zu erheitern. Die teilweise asynchrone Lippenbewegung des Playback-Gesangs der drei Männer sowie der Blick in die Kamera unter-

Abb. 5: Fajas, Ulloa und Joserra beim Unterhalten der Gäste, Screenshot aus *Los amantes pasajeros*, (00:47:31).

---

29 Vgl. Ismael Satz. *Fascismo y franquismo*. Valencia: Publicacions de la Universitat de València, 2004, 284.

streichen den theatralen Charakter der durchaus geschmeidigen Choreographie. Wie alle in der Medienapparatur des Flugs enthaltenen Zeichenverbundsysteme sind hier Bild und Ton durch ihre Asynchronität nicht integrierbar und büßen ihre welterzeugende Funktion – ihr *excitement* – sichtbar ein. Die Fluggäste zeigen sich mehrheitlich konsterniert. Más möchte die Fluglinie im Anschluss wegen ihrer verwirrenden Informationspolitik sogar verklagen.

In der Summe erzeugen die fortwährenden intermedialen Reibungen und Interferenzen unterschiedlicher konkurrierender Zeichenverbundsysteme, die im Flugzeug um Deutungshoheit konkurrieren, den Eindruck, dass der Medienapparat der 2010er Jahre *abgehoben* und dysfunktional geworden ist. Für ihn gilt, was Niklas Luhmann den Massenmedien in der Postmoderne insgesamt attestiert: „Was wir über die Gesellschaft, ja über die Welt, in der wir leben, wissen, wissen wir durch die Massenmedien. [...] Andererseits wissen wir über die Massenmedien, dass wir diesen Quellen nicht trauen können."[30] Das Einzige, was dieses logische Dilemma postmoderner Informationslogik aus dem Passagierraum der *Amantes pasajeros* fernzuhalten verspricht, sind das Vergnügen und die Zerstreuung aller Beteiligten. Angefeuert durch eine Runde *Agua de Valencia*, das die drei Flugbegleiter zuvor mit einer guten Dosis Meskalin würzen, kommt es zu einer wilden Sexorgie. Norma schläft mit ihrem mutmaßlichen Killer, Joserra mit Alex, der Copilot mit einem der Flugbegleiter und Bruna mit einem der betäubten Passagiere der Touristenklasse.

5 Bruchlandung ‚mit ohne' Folgen

Die Probleme löst die Orgie jedoch nicht. Sie verschiebt sie nur noch ein weiteres Mal bis zu dem Punkt, an dem jede der Figuren – wie einzeln beschrieben – sich gezwungen sieht, ihr Geheimnis aufzugeben. Nachdem sämtliche Knoten entwirrt wurden, setzt der Flieger zur Landung an. Er tut dies ausgerechnet auf dem Flughafen von Ciudad Real in La Mancha, der, ähnlich dem Berliner Projekt, zum Symbol von Korruption und Finanzkrise geworden ist. Mit La Mancha wird zudem nicht nur auf die Herkunft des Regisseurs, sondern auch intermedial auf Miguel de Cervantes *Don Quijote* (1605/1615) verwiesen, der wie kein zweiter Text das Motiv der Metaisierung, sprich: des Verhältnisses von Fiktion und außertextueller Realität, aufruft.[31]

---

30 Niklas Luhmann. *Die Realität der Massenmedien*. Wiesbaden: Springer, 2017, 9.
31 Im zweiten Teil des Romans von 1615 werden Don Quijote und Sancho Panza zu Lesern des ersten Teils und reflektieren dabei sowohl über die vermeintlich eigenen Abenteuer als auch über deren literarische Bearbeitung durch den Autor Miguel de Cervantes. Zu den epistemologischen

Thematisiert wird dieses Verhältnis in *Los amantes pasajeros* als solches jedoch nicht. Anders als der Don Quijote, der sich im zweiten Teil selbst als literarische Figur des ersten Teils erkennt, ist sich das Flugzeugensemble zu keinem Zeitpunkt seines vermeintlich fiktiven Status bewusst. Die verschiedenen intermedialen Spielarten kehren diesen für die Zuschauerinnen und Zuschauer jedoch hervor, indem die unterschiedlichen Spielarten der Intermedialität in mehr oder weniger starker Ausprägung zum Tragen kommen. Diese Spielarten waren (0) das bloße Vorkommen von Medien auf der Diegese, (1) die nachvollziehbare Übertragung von einem Material ins andere, (2) die ausgestellte Kopplung unterschiedlicher Medien und (3) die konzeptionelle Anverwandlung eines Mediums im anderen. Sie alle werden in *Los amantes pasajeros* mal mehr und mal weniger deutlich ausgespielt und wirken dabei insofern metaisierend, als sie das Verhältnis von Fiktion und außertextueller Realität erkennbar problematisieren, angefangen auf der Diegese (0) beim Ausfall des Entertainment Systems, weiter über den Schaden am Flugzeug, dem sonderbar verdrahteten *Board*telefon, den mutmaßlichen Erpresservideos oder dem Handy, das aus der Hand der einen Exfreundin fällt, um in der der Tasche der anderen Exfreundin zu landen; weiter auf nächster Stufe der Übertragung von einem Material ins andere (1) wie dies bei der Titelsequenz zu sehen ist; weiter über die sichtbar ausgestellte Kopplung unterschiedlicher Medien (2) wie bei der asynchronen Gesangsnummer; bis hin zur konzeptionellen Anverwandlung eines Mediums im anderen (3), die sich in der allegorischen Signatur und der übertriebenen Figurenzeichnung des Ensembles zeigt. Indem die Medienapparatur ihrer eigentlichen Funktion, das Publikum (bzw. die Fluggäste) entweder zu informieren oder zu unterhalten, ungewollt entgegenarbeitet, wird, neben der komischen Entlastungsfunktion, auch der betäubende Ernst einer enthobenen Medienkultur hervorgekehrt, die hilflos umherirrend und chronisch krisengeschüttelt nach zukunftsweisenden Impulsen ringt.

Literatur- und Filmverzeichnis

Borges, Jorge Luis. „Magias parciales del ‚Quijote'. *Obras completas II (1952–1972)*. Hg. María Kodama. Buenos Aires: Emecé, 2009. 54–57.

Boyero, Carlos. „¿Qué he hecho yo para merecer esto?". *El País* (18. März 2009), https://elpais.com/diario/2009/03/18/cine/1237330802_850215.html (13. Juni 2023).

Chatman, Seymour. *Coming to Terms: The Rhetoric of Narrative in Fiction and Film*. Ithaca, New York: Cornell University, 1990.

Implikationen dieser narrativen Metalepse vgl. Jorge Luis Borges. „Magias parciales del ‚Quijote'. *Obras completas*. Bd. II (1952–1972). Hg. María Kodama. Buenos Aires: Emecé, 2009. 54–57, hier 57.

Delgado, Maria. „*Los amantes pasajeros/I'm So Excited!* (2013): Performing *la crisis*". *Performance and Spanisch Film*. Hg. Dean Allbritton, Alejandro Melero, Tom Whittaker. Manchester: Manchester University Press, 2016. 252–268.

Michel Foucault. „Des espaces autres". *Architecture, Mouvement, Continuité* 5 (1984): 46–49, zitiert nach: https://www.foucault.info/documents/heterotopia/foucault.heteroTopia.fr/ (13. Juni 2023)

Hernandez Marzal, Belén. „Azafatos al borde de la catarsis. Los amantes pasajeros de Pedro Almodóvar". *El cine de la crisis. Respuestas cinematográficas a la crisis económica española en el siglo XXI*. Hg. María José Hellín García und Helena Talaya Manso. Barcelona: Editorial UOC, 2018. 141–157.

Kloepfer, Rolf. *Poetik und Linguistik. Semiotische Instrumente.* München: Fink 1975.

Krämer, Sybille. „Das Medium als Spur und als Apparat". *Medien, Computer, Realität: Wirklichkeitsvorstellungen und neue Medien*. Hg. Sybille Krämer. Frankfurt a. M., Suhrkamp, 1998. 73–94.

Los amantes pasajeros. Reg. Pedro Almodóvar. Warner Bros., 2013.

Lausberg, Heinrich. *Handbuch der literarischen Rhetorik: Eine Grundlegung der Literaturwissenschaft.* Stuttgart: Franz Steiner, 1990.

Loy, Benjamin. *Roberto Bolaños wilde Bibliothek: Eine Ästhetik und Politik der Lektüre.* Berlin: De Gruyter, 2019.

Luhmann, Niklas. *Die Realität der Massenmedien.* Wiesbaden: Springer, 2017.

Mahler, Andreas. „Probleme der Intermedialitätsforschung: Medienbegriff, Interaktion, Spannweite". *Poetica: Zeitschrift für Sprach- und Literaturwissenschaften* 44.3–4 (2012): 239–260.

Mahler, Andres. „Allegorie und Aisthesis. Zur Genealogie von Alteritätsagenturen". *Allegorie: DFG-Symposion 2014*. Hg. Ulla Haselstein. Berlin: De Gruyter, 2016. 354–381.

o. A. *Der Kinematograph des Textes rattert: Intermediale Reflexivität in Literatur und Film der Gegenwart.* https://www.ku.de/events/der-kinematograph-des-textes-rattert-intermediale-reflexivität-in-literatur-und-film-der-gegenwart. (11. August 2022).

o. A. *Barbara Rey: Age, Wiki, and Biography.* https://celebs.filmifeed.com/wiki/barbara-rey/. WikiYork. (13. Juni 2023).

Rajewsky, Irina O. *Intermedialität.* Tübingen u. a.: Francke, 2002.

Satz, Ismael. *Fascismo y franquismo.* Valencia: Publicacions de la Universitat de València, 2004

Sklovskij, Viktor. *Theorie der Prosa.* Frankfurt a. M.: Fischer 1966.

Smith, Paul Julian. „Pedro Almodóvar's Los Amantes Pasajeros (I'm So Excited)". *Film Quarterly* 66.3 (2013): 49–52.

Wirth, Uwe. „Intermedialität". *Grundbegriffe der Medientheorie.* Hg. Alexander Roesler, Bernd Stiegler. München: Fink, 2005. 114–121.

Wolf, Werner. „Metaisierung als transgenerisches und transmediales Phänomen. Ein Systematisierungsversuch metareferentieller Formen und Begriffe in Literatur und anderen Medien". *Metaisierung in Literatur und anderen Medien. Theoretische Grundlagen – Historische Perspektiven – Metagattungen – Funktionen*. Hg. Janine Hauthal, Julijana Nadj, Ansgar Nünning, Henning Peters. Berlin und New York: De Gruyter, 2007, 25–157.

Beiträgerinnen und Beiträger

VERONIKA BORN ist Stipendiatin der Maximilian-Bickhoff-Universitätsstiftung an der Katholischen Universität Eichstätt-Ingolstadt. Von 2021–2024 war sie wissenschaftliche Mitarbeiterin für Neuere deutsche Literaturwissenschaft an der Katholischen Universität Eichstätt-Ingolstadt. Forschungsschwerpunkte: Literatur um 1900 (insb. Autorinnen), Inszenierungen von Autor:innen, Intermedialität (Literatur, Film) sowie Religion in der Literatur (ab ca. 1900). Promotion: *Weibliche Boheme in Europa um 1900* (Arbeitstitel). Zuletzt erschienen: „Rezension zu Fricke, Lucy: *Töchter.* Roman, Reinbek bei Hamburg 2018". *Jahrbuch für Internationale Germanistik* 53.1 (2021): 171–182.

VINCENT FRÖHLICH ist Post-Doc und Leiter des DFG-Projekts *Seeing Film between the Lines. Remediation and Aesthetics of the Film Magazine,* das am Institut für Medienwissenschaft der Philipps-Universität Marburg beheimatet ist und Teil der Forschungsgruppe 2288 *Journalliteratur.* Forschungsschwerpunkte: Medienbeziehungen; Visuelle Kultur; Serialität und serielle Narration; Fotografie; Zeitschrift; Fernsehserie; Verschwörungstheorie. Promotion: *Der Cliffhanger und die serielle Narration. Analyse einer transmedialen Erzähltechnik.* Bielefeld: transcript, 2015. Zuletzt erschienen: (zusammen mit Michael Mertes) *#Der neue Konspirationismus. Wie digitale Plattformen und Fangemeinschaften Verschwörungserzählungen schaffen und verbreiten.* Marburg: Büchner-Verlag, 2022.

KIRSTEN VON HAGEN, Professorin für Romanische Literatur- und Kulturwissenschaft an der Justus-Liebig-Universität Gießen. Forschungsschwerpunkte: Intermedialitätsforschung; Figuren des Fremden; Inter- und Transkulturalität; Roma-Literaturen/-Kulturen; Poetik Brief- und E-Mail-Romane; Mythos Vampir, Autor:innen der Moderne, Literatur und Ökonomie. Promotion: *Intermediale Liebschaften: Mehrfachadaptionen von Choderlos de Laclos' Briefroman „Les Liaisons dangereuses".* Tübingen: Stauffenburg-Verlag, 2002. Habilitation: *Inszenierte Alterität: Zigeunerfiguren in Literatur, Oper und Film.* Paderborn: Fink, 2009. Zuletzt erschienen: (zusammen mit Corinna Leister) *Théophile Gautier: Ein Akteur zwischen den Zeiten, Zeichen und Medien.* Berlin: Erich Schmidt Verlag, 2022.

FELIX HÜTTEMANN ist Postdoktorand und wissenschaftlicher Mitarbeiter im DFG-Projekt *Einrichtungen des Computers* am Lehrstuhl Fernsehen und digitale Medien an der Universität Paderborn. Zuvor war er Post-Doc und wissenschaftlicher Mitarbeiter am Lehrstuhl für „Virtual Humanities" am Institut für Medienwissenschaft und Post-Doc und wissenschaftlicher Mitarbeiter am DFG-Graduiertenkolleg *Das Dokumentarische. Exzess und Entzug* an der Ruhr-Universität Bochum. Der studierte Germanist und Philosoph war Stipendiat der Mercator Research Group „Räume anthropologischen Wissens" in der AG *Medien und anthropologisches Wissen.* Seine Forschungsschwerpunkte sind u. a. Kultur- und Mediengeschichte des Dandyismus, Philosophische Anthropologie und Existenzphilosophie, Design-, Technik- und Medienphilosophie, Medienökologie, Technologien des Umgebens, Anthropozän-Theorie, Akzelerationismus und Posthumanismus. Promotion: *Der Dandy im Smart Home. Ästhetiken, Technologien und Umgebungen des Dandyismus.* Bielefeld: transcript, 2021.

DAVID KLEIN ist wissenschaftlicher Mitarbeiter am Institut für Romanische Philologie der Ludwig-Maximilians-Universität München mit einem Habilitationsprojekt zur Emergenz frühneuzeitlicher Literatur aus der doppelten Buchführung. Forschungsschwerpunkte: Phantastische Literatur; Fiktionstheorie; Literatur und Ökonomie; Geschichte und Epistemologie der doppelten Buchführung; Lyrik der Frühen Neuzeit; Literatur- und Medientheorie. Promotion: *Medienphantastik. Phantastische Literatur im Zeichen* *medialer Selbstreflexion bei Jorge Luis Borges und Julio Cortázar.* Tübingen: Narr 2015. Zuletzt erschienen: „Das Phantastische als Symptom und Bewältigung medialer Krisen. Einige Bemerkungen zur französischen Netflix Serie *Osmosis* (2019)". *Impending Crises. Contemporary Fantastic Narratives between Language, Image and Sound.* Hg. Julia Brühne u. a. Freiburg im Breisgau: Rombach, 2023. 63–75.

MICHAEL MEYER war von 2002 bis 2023 Professor für englische Literaturwissenschaft und Fachdidaktik an der Universität Koblenz. Forschungsinteressen: englische, koloniale und postkoloniale Literaturen und Kulturen vom 18. bis zum 21. Jahrhundert, insbesondere unter intermedialen, interkulturellen und geschlechterspezifischen Fragestellungen. Promotion: *Struktur, Funktion und Vermittlung der Wahrnehmung in Charles Tomlinsons Lyrik.* Frankfurt am Main: Lang, 1990. Habilitation: *Gibbon, Mill und Ruskin. Autobiographie und Intertextualität.* Heidelberg: Winter, 1998. Zuletzt erschienen: (zusammen mit Thomas Metten) *Film. Bild. Wirklichkeit. Reflexion von Film – Reflexion im Film.* Köln: Halem, 2016.

ALEXANDRA MÜLLER ist Habilitandin am Fachbereich Allgemeine und Vergleichende Literatur- und Kulturwissenschaft der Justus-Liebig-Universität Gießen. Forschungsschwerpunkte: Intermedialität und Inter Arts Studies; Literatur und Neue Medien; Medienkomparatistik; Schrift- und Bild-Beziehungen; Trauma- und Trauertheorien; Repräsentationen von Arbeit und Büro in Literatur und Film. Promotion: *Trauma und Intermedialität in zeitgenössischen Erzähltexten.* Heidelberg: Winter, 2017. Zuletzt erschienen: „Atmende Faxgeräte, widerspenstige Schreibtischlampen und Schreibtisch-Sekretärin-Hybride: Büromaterialien und Bürodinge in Kunst und Literatur". *Medienkomparatistik* 5 (2023): 87–121.

JUDITH NIEHAUS ist wissenschaftliche Mitarbeiterin im Graduiertenkolleg ‚Gegenwart/Literatur. Geschichte, Theorie und Praxeologie eines Verhältnisses' an der Universität Bonn. Forschungsschwerpunkte: Präsenz- und Kopräsenz-Effekte; Theorien der Schrift und Schriftlichkeit; Literatur und Visuelle Kultur; Materialität und Medialität; Paratextualität in Literatur und Film; Narratologie; deutschsprachige Literatur des 20. und 21. Jahrhunderts; Textualität und Textil. Promotion: *Typographisches Verfremden – verfremdete Typographie. Zur Ästhetik der Schrift in der deutschsprachigen Erzählliteratur der Gegenwart.* Göttingen: Wallstein, 2022). Zuletzt erschienen: „Handgeschrieben. Grafische Inszenierungen des Schreibens im Gegenwartsroman". *Schreiben, Text, Autorschaft I. Zur Inszenierung und Reflexion von Schreibprozessen in medialen Kontexten.* Hg. Carsten Gansel u. a. Göttingen: V&R unipress, 2021. 223–244.

CLAUDIA SCHMITT ist Lehrkraft für besondere Aufgaben am Lehrstuhl für Allgemeine und Vergleichende Literaturwissenschaft der Universität des Saarlandes, Saarbrücken. Forschungsschwerpunkte: Literatur- und Erzähltheorie, Literatur und Film, Literatur und Ökologie. Promotion: *Der Held als Filmsehender. Filmerleben in der Gegenwartsliteratur.* Würzburg: Königshausen & Neumann, 2007. Zuletzt erschienen: „‚Twin Peaks' auf Spätburgunder'. Europäische Fernsehserien in der Nachfolge eines Serien-Klassikers". *Mysterium Twin PEAKS. Zeichen-Welten-Referenzen.* Hg. Caroline Frank und Markus Schleich. Wiesbaden: Springer, 2020. 301–319.

ANNETTE SIMONIS ist Professorin für Allgemeine und Vergleichende Literaturwissenschaft sowie Neuere deutsche Literatur an der Justus-Liebig-Universität Gießen. Forschungsschwerpunkte: Literatur- und Kulturtheorie; Intermedialität, Mythentheorie, phantastische Literatur, Gattungstheorien, Gender Studies, Ökologische Literaturwissenschaft, *Comparative arts.* Promotion: *Kindheit in Romanen um 1800.* Bielefeld: Aisthesis, 1992. Habilitation: *Literarischer Ästhetizismus. Theorie der arabesken und hermetischen Kommunikation der Moderne.* Tübingen: Niemeyer, 2000. Zuletzt erschienen: „Web Novels as Vehicles of Cultural Transfer across the Globe. Re-negotiations of Cultural Values and Aesthetics between East and West". *Komparatistik* (2023): 69–81.

ISABELLE STAUFFER ist Professorin für Neuere deutsche Literaturwissenschaft an der Katholischen Universität Eichstätt-Ingolstadt. Forschungsschwerpunkte: Geschichte der Mode (insb. Dandytum), Kulturgeschichte der Höflichkeit (insb. Galanterie), Kulturaustausch in Europa, Intermedialität (Literatur, Zeitschriften, Film), Theorien und Ästhetisierungen der Oberfläche in den Künsten sowie Religion in der Gegenwartsliteratur. Promotion: *Weibliche Dandys, blickmächtige Femmes fragiles. Ironische Inszenierungen des Geschlechts im Fin de Siècle*. Köln u. a.: Böhlau, 2008. Habilitation: *Verführung zur Galanterie. Benehmen, Körperlichkeit und Gefühlsinszenierungen im literarischen Kulturtransfer 1664–1772*. Wiesbaden: Harrassowitz, 2018. Zuletzt erschienen: „Briefe, brennende Bücher, Fotografien und Reality-TV: zwei Adaptionen von Goethes *Werther*". *Komparatistik* (2021): 249–260.

BARBARA STRAUMANN ist Professorin für Englische Literaturwissenschaft an der Universität Zürich. Forschungsschwerpunkte: Englische Literatur seit 1800, das lange 19. Jahrhundert und sein kulturelles Nachleben, Gender, Intermedialität (Literatur, Film, Visual Culture), Queenship, Celebrity Culture, Economic Criticism und Debt Studies. Promotion: *Figurations of Exile in Hitchcock and Nabokov*. Edinburgh: Edinburgh University Press, 2008. Habilitation: *Female Performers in British and American Fiction*. Berlin, Boston: De Gruyter, 2018. Zuletzt erschienen: „Long Live the Queen! Queen Victoria as a National Icon in Film". *Brexit and Beyond: Nation and Identity*. Hg. Daniela Keller und Ina Habermann. Tübingen: Narr, 2021. 41–60.

Personen- und Werkregister

Alcott, Luisa May   127, 137–141
– *Little Women*   127, 137–138, 140
Al-Mansour, Haifaa   12, 127, 130–134, 141–144
– *Mary Shelley*   9, 12, 111, 127, 130–133, 140
Almodóvar, Pedro   14, 237, 241, 243, 247
– *Los amantes pasajeros*   14, 237–238, 240–243, 246, 249, 250
– *Julieta*   247
Andymation   156
– *Dot Challenge*   156, 159
Austen, Jane   126, 140

Banderas, Antonio   243
Barreto, Bruno
– *Reaching for the Moon*   126
Barrett Browning, Elizabeth   126
Barthes, Roland   69–70, 112, 116–117, 127, 132
– *Der Tod des Autors*   112, 116, 127
– *S/Z*   132
– *Die Lust am Text*   132
Bataille, Georges   11, 75–76, 84
– *Die Tränen des Eros*   76
Baudelaire, Charles   86, 104
Baudrillard, Jean   48
Beauvoir, Simone de   126
Beerbohm, Max   86
Beethoven, Ludwig van   241
– *Für Elise*   241
Benjamin, Walter   37, 73–74, 77, 154–155, 165
– *Das bucklichte Männlein*   154
– *Der Erzähler*   155
– *Das Kunstwerk im Zeitalter seiner technischen Reproduzierbarkeit*   154
– *Berliner Kindheit um neunzehnhundert*   154
– *Berliner Chronik*   155
Bergroth, Zaida
– *Tove*   111, 126
Bergson, Henri   62, 97
Bernhardt, Curtis
– *Devotion*   126
Bishop, Elizabeth   126

Blake, Scott   158
– *Blue Dream*   158
– *Fire*   158
Blixen, Karen   126
Blumenberg, Hans   107
Blyton, Enid   126, 141
Bolaño, Roberto   245
– *2666*   245
Bolter, Jay David   9, 41, 47, 51, 56, 143–144, 152, 190
Branagh, Kenneth
– *All is true*   111
Brontë, Anne   12, 126–127, 134–137
Brontë, Charlotte   12, 126–127, 134–137
– *Jane Eyre*   134–135
Brontë, Emily   12, 126–127, 134–137
Buñuel, Luis   26, 49
– *Un chien andalou*   49
– *Tristana*   26
Button, Chanya
– *Vita & Virginia*   111, 126
Byron, George Gordon   133

Campion, Jane   126
– *An Angel at my Table*   126
– *Bright Star*   111
Camus, Albert   103–104
– *Noces*   103–104
Capote, Truman   221–224, 227–235
– *Breakfast at Tiffany's*   221
– *In Cold Blood*   14, 221–224, 229, 232
Casarosa, Enrico
– *Luca*   177
Cervantes, Miguel de   14, 249
– *Don Quijote*   14, 249
Chandler, Raymond   66
Christie, Agatha   243
Clayton, Jack
– *The Innocents*   221
Cohen, Ilan Duran
– *Les amants du Flore*   126
Coleridge, Samuel Taylor   119
Colette   126

Colp, Norman B. 156
– *Stopping Time (the movie)* 156
Cruz, Penélope 243

Daldry, Stephen
– *The Hours* 111, 126, 142
D'Aurevilly, Barbey 86
Davies, Terence
– *A Quiet Passion* 126
Deleuze, Gilles 11, 61–63, 65, 71
Deneuve, Catherine 21–22, 26–27, 34–36, 38
De Palma, Brian 13, 160
– *Blow Out* 13, 160, 163–164
Dickinson, Emily 126
Doctorow, Edgar Lawrence 159, 161
– *Ragtime* 159, 161
Dominik, Andrew
– *Blond* 187
Duchamp, Marcel 159
– *Fountain* 159
Dürer, Albrecht 104
– *Melancolia* 104

Eisner, Lotte 79
Ellis, Bret Easton 87
– *Less than Zero* 87
– *American Psycho* 87
Eyre, Richard
– *Iris* 111, 126, 142

Fiennes, Ralph
– *The invisible women* 111
Fischer Christensen, Pernille
– *Astrid* 111, 126
Fitzgerald, F. Scott 118, 120
Fleming, Ian 67
Flippist, The 157
– *Flipbook Proposal with Hidden Engagement*
– *Ring Compartment* 157
– *In Our Live* 157
Foer, Jonathan Safran 163
– *Extremely Loud and Incredibly Close* 163
Forster, Marc 8
– *Stranger than Fiction* 7–9
Foucault, Michel 112, 238
Frame, Janet 126
Franco, Francisco 51

Franklin, Sidney
– *The Barretts of Wimpole Street* 126
Friedkin, William
– *The Exorzist* 182
Friedrich, Caspar David 100

Gerwig, Greta 12, 127, 137–144
– *Lady Bird* 142
– *Little Women* 9, 12, 127, 137–140, 142
Gilbert, Sandra 128, 142
Goethe, Johann Wolfgang von 119
Godwin, William 131–133
Grandage, Michael 118
– *Genius* 9, 12, 111–112, 118–119, 121
Greenaway, Peter
– *The Pillow Book* 149
Grusin, Richard 9, 41, 47, 51, 56, 143–144, 152, 190
Gubar, Susan 128, 142

Hall, Stuart 13, 164–165
– *The Raw Shark Texts* 13, 164–165
Hauff, Wilhelm 44
– *Die Geschichte vom Kalif Storch* 44
Hawes, James
– *Enid* 126, 141
Heidegger, Martin 215
Heller, Marielle
– *Can you ever forgive me?* 123
Hemingway, Ernest 118, 120–121
Herder, Johann Gottfried 119
Heston, Charlton 182
Hirohito 82
Hoffmann, E. T. A. 48, 104
– *Der Sandmann* 48
Hoffmann, Michael
– *The Last Station* 111
Hogg, Joana 142
– *The Souvenir* 142
– *The Souvenir: Part II* 142
Horaz 107
– *Carmen III, 30 (An Melpomene)* 107
Huch, Ricarda 14, 203–204, 211
– *Die Geschichten von Garibaldi* 204
– *Das Risorgimento* 204
– *Das Leben des Grafen Federigo Confalonieri* 204

– *Der letzte Sommer* 14, 204–205, 207, 211, 213, 217
Hugenberg, Alfred 74–75, 79–80
Humboldt, Alexander von 102

Jackson, Shirley 126
Jansson, Tove 126
Jarrold, Julian
– *Becoming Jane* 111, 126
Jeffs, Christine
– *Sylvia* 111, 126, 142
Jünger, Ernst 11, 78–80, 85–87, 103–104
– *In Stahlgewittern* 78
– *Kampf als inneres Erlebnis* 78
– *Der Arbeiter* 78, 87
– *Über den Schmerz* 78–79
– *Annäherungen. Drogen und Rausch* 103
Jonze, Spike
– *Adaptation* 9

Kablitz-Post, Cordula
– *Lou Andreas-Salomé* 111
Kafka, Franz 49
– *Die Verwandlung* 49
Karukoski, Dome
– *Tolkien* 111
Kassovitz, Mathieu
– *Hass La Haine* 183
Kentridge, William 161–163
– *Cyclopedia of Drawing* 161–162
– *Cyclopedia of Mechanics* 161–162
– *Second-Hand Reading* 161–162
Kittler, Friedrich A. 5, 14, 80–81, 203, 211
Kracauer, Siegfried 79
Kracht, Christian 6–9, 11, 73–82, 84–88, 149
– *Faserland* 87
– *1979* 87
– *Ich werde hier sein im Sonnenschein und im Schatten* 87
– *Imperium* 6, 9, 149
– *Die Toten* 9, 11, 73, 79, 82, 84, 87
Kren, Marvin
– *Freud* 175
Kurys, Diane
– *Bonjour Sagan* 126

Lang, Fritz 74
– *Das Testament des Dr. Mabuse* 74
Lavater, Johann Caspar 37
Leduc, Violette 126
Lehr, Thomas 9
– *September. Fata Morgana* 9
Lindgren, Astrid 126
Lovering, Jeremy
– *Miss Austen Regrets* 111, 126
Luhmann, Niklas 249
Lumet, Sidney 244
– *Murder on the Orient-Express* 244

Maguire, Tobey 182
Manet, Éduard 113
– *Portrait von Émile Zola* 113
McEwan, Ian 212
– *Atonement* 212, 214–216
McLuhan, Marshall 152, 242
McTiernan, John
– *Stirb langsam* 182
Metz, Christian 196
Miller, Bennett 14, 221
– *Capote* 14, 111, 221–222, 227, 229–230, 234
Milton, John 133
– *Paradise Lost* 133
Mishima, Yukio 11, 73–75, 77–79, 81–87
– *Bekenntnisse einer Maske* 75, 84
– *Sonne und Stahl* 79
– *Yukoku* 11, 73, 81–82
– *Yukoku: Patriotism or the Rite of Love and Death* 81
Mortensen, Viggo
– *Falling* 178
Murdoch, Iris 126

Noonan, Chris
– *Miss Potter* 111, 126

O'Connor, Frances
– *Emily* 126–127
Olnek, Madeleine
– *Wild Nights with Emily* 126, 127
Orwell, George 50, 52
– *1984* 50, 52

Palma, Brian de   13, 160
– *Blow Out*   13, 160, 163–164
Parker, Dorothy   123
Pinochet, Augusto   51
Plath, Sylvia   126
Pointer Sisters   248
– *I'm so excited*   248
Polanski, Roman   22, 58
– *Repulsion*   22
– *D'après une historie vraie*   58
Pollack, Sydney
– *Out of Africa*   126
Potter, Beatrix   126
Potter, Sally   125, 127, 141
– *Orlando*   125, 127, 141
Proust, Marcel   69–70
Provost, Martin
– *Violette*   126
Puccini, Giacomo   213
– *La Bohème*   213

Rajewsky, Irina   3, 6, 55–56, 63, 69, 125, 152–153, 222, 239
Redondo, Laercio/Lipinski, Birger   157
– *The Final Cut*   157
Reni, Guido   84
– *Heiliger Sebastian*   84
Repin, Ilja Jefimowitsch   113
– *Leo Tolstoi in seinem Arbeitszimmer in Jasnaja Poljana*   113
Ridley, John
– *Shirley*   126, 142
Rousseau, Jean-Jacques   97, 102
Rozema, Patricia   140
– *Mansfield Park*   140
Russell, Ken
– *Gothic*   126
Russo, Anthony/Russo, Joe
– *The Gray Man*   187

Sagan, Françoise   126
Salinger, J. D.   113
Schneider, Aaron
– *Greyhound*   176
Schrader, Maria
– *Vor der Morgenröte*   111
Scorsese, Martin   3

Scott, Tony   22
– *The Hunger*   22, 35
Shelley, Mary   12, 126, 130–133
Shelley, Percy Bysshe   130–133
– *Frankenstein*   130–133
Smith, Alena
– *Dickinson*   126
Spielberg, Steven   164
– *Jaws*   164
Spil, May   160
– *Zur Sache, Schätzchen*   160
Spitzweg, Carl   113
– *Der arme Poet*   113
Stein, Benjamin   5, 9, 11, 41, 46, 49, 51
– *Die Leinwand*   5
– *Replay*   9, 11, 41, 46–51
Steinaecker, Thomas von   9, 11, 41–43, 46, 51
– *Geister*   9, 11, 41–45, 51
Stölzl, Philipp
– *Goethe!*   111
Stoker, Bram   211
– *Dracula*   211
Swinton, Honor   142
Swinton, Jessica   125
Swinton, Tilda   125, 142

Tarantino, Quentin   245
– *Reservoir Dogs*   245
Tausendundeine Nacht   162–163
Tawada, Yoko   9–10, 21–24, 27, 34, 37–39
– *Eine leere Flasche*   36
– *Das nackte Auge*   9–10, 21, 24, 37
Téchiné, André
– *Les Soeurs Brontë*   126
Tesson, Philippe   95
Tesson, Sylvain   12, 93–98, 102–105, 107–108
– *Une vie à coucher dehors*   95
– *Sur les chemins noirs*   95
– *Un été avec Homère*   95
– *La Panthère des neiges*   95
– *6 Mois de cabane au Baïkal*   9, 12, 93, 98–101, 103–106
– *Dans les forêts de Sibérie*   93, 98
– *J'ai vécu six mois en ermite au bord du lac Baïkal*   94, 98
Thackeray, William Makepeace   136

Theweleit, Klaus   85
– *Männerphantasien*   85
Thoreau, Henri David   102
Tolkien, John Ronald Reuen   59
– *Lord of the Rings*   59
Toro, Guillermo del   48, 50, 52
– *Pans Labyrinth*   48, 50, 52
Tran, Florence   98

Van Sant, Gus   113
– *Finding Forrester*   9, 12, 111–113, 121
Vigan, Delphine de   58
– *D'après une histoire vraie*   58
Vinterberg, Thomas
– *Der Rausch*   178–180

Wachowski, Lana und Lily
– *The Matrix*   165
Wagner, Richard   83, 207
– *Tristan und Isolde*   83, 207
Wainwright, Sally   12, 127, 141
– *To Walk Invisible*   9, 12, 127, 134, 136–137, 140
Wargnier, Régis   27, 30
– *Est-Ouest*   30–31
– *Indochine*   26–27, 30–31
Wedge, Chris/Saldanha, Carlos   64
– *Ice Age*   64

Westmoreland, Wash
– *Colette*   111, 126
Weston, Heather   158
– *Flip Read*   158
Wilde, Oscar   86
Winterbottom, Michael
– *A cock and a bull story*   9
Wolf, Werner   9, 42, 50, 55
Wolfe, Thomas   118–120, 122
Wollstonecraft, Mary   130
– *A Vindication of the Rights of Women*   130–131
Woolf, Virginia   125, 126–129, 142
– *Orlando*   125, 127–128
– *A Room of One's Own*   127–128
Wordsworth, William   119
Wright, Joe   14, 203–204, 212
– *Atonement*   9, 14, 203–204, 212–218
Young, Edward   119

Zeniter, Alice   9, 11, 55, 57–59, 61, 63, 65–66, 68–70
– *L'art de perdre*   55
– *Juste avant l'oubli*   9, 11, 55, 57
Zweig, Janet/Anderson, Holly   162–163
– *Sheherezade*   162–163, 165

www.ingramcontent.com/pod-product-compliance
Lightning Source LLC
Chambersburg PA
CBHW050531300426
44113CB00012B/2045